高职高专机电类专业规划教材

机电一体化技术及应用

龚仲华　杨红霞　编著

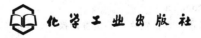

化学工业出版社

·北京·

本书从应用型人才培养的实际要求出发，对工业控制领域所涉及的机电一体化技术及应用进行了全面介绍，内容涵盖机械、液压与气动、位置检测等基础技术与应用，步进驱动、交流伺服等运动控制技术与应用，PLC、CNC、工业机器人等机电一体化系统与应用等。书中的全部案例均来自工程实际。

　　本书可作为高职高专院校机电一体化、电气自动化技术、机电设备维修、机械制造与自动化、数控技术应用等专业的教材，同时可供工程技术人员参考。

图书在版编目（CIP）数据

机电一体化技术及应用/龚仲华，杨红霞编著. —北京：
化学工业出版社，2018.7（2024.1重印）
高职高专机电类专业规划教材
ISBN 978-7-122-32255-5

Ⅰ.①机… Ⅱ.①龚…②杨… Ⅲ.①机电一体化-高等
职业教育-教材 Ⅳ.①TH-39

中国版本图书馆 CIP 数据核字（2018）第 110626 号

责任编辑：潘新文　　　　　　　　　　装帧设计：韩　飞
责任校对：王素芹

出版发行：化学工业出版社（北京市东城区青年湖南街 13 号　邮政编码 100011）
印　　刷：三河市航远印刷有限公司
装　　订：三河市宇新装订厂
787mm×1092mm　1/16　印张 15¾　字数 387 千字　2024 年 1 月北京第 1 版第 5 次印刷

购书咨询：010-64518888　　　　　　　售后服务：010-64518899
网　　址：http：//www.cip.com.cn
凡购买本书，如有缺损质量问题，本社销售中心负责调换。

定　　价：45.00 元

随着科学技术的进步，高附加值、多功能、智能化已成为众多产品的发展方向，技术的综合与集成已成为必然，机电一体化技术在工业生产中的应用越来越广泛，"机电一体化技术及应用"课程在职业院校人才培养中的重要性正在日益显现。

本书按照应用型人才培养的实际要求，从实用的角度出发，对机电一体化涉及的机械、液压与气动、位置检测、步进驱动、交流伺服、PLC、CNC、工业机器人等主要技术与应用进行了较全面的介绍，避免繁琐的理论分析。

全书按项目式教材体例编写，分 8 个项目、15 个任务。每一任务均有明确的知识、能力目标，并通过从基础知识学习到技能训练等教学环节的设计，使教学内容由理论到实践、从知识到能力，循序渐进，教学设计层次分明、易教易学。

通过项目一的学习，可了解机电一体化、机电一体化系统、机电一体化技术等基本概念，具备机电一体化系统的基本分析能力。

通过项目二的学习，可了解滚珠丝杠、直线导轨、回转刀架等机电一体化系统常用的机械传动部件结构原理，初步具备安装、调整机械传动部件的基本能力。

通过项目三的学习，可了解机电一体化系统常用的液压、气动部件结构原理，具备液压、气动系统的设计、安装、调试等基本应用能力。

通过项目四的学习，可了解机电一体化系统常用的接近开关、光栅、磁栅等传感器的结构原理，具备传感器选择、安装、调整等基本应用能力。

通过项目五的学习，可了解机电一体化系统常用的步进电机、交流伺服电机的结构及控制原理，掌握步进驱动系统、伺服驱动系统的连接、调试、维修等基本应用能力。

通过项目六的学习，可了解机电一体化设备常用的 PLC 控制系统原理，初步具备 PLC 控制系统电路设计、连接调试、应用程序设计等基本应用能力。

通过项目七的学习，可掌握机电一体化典型产品——数控机床的结构原理，初步具备数控系统电路设计、连接调试等基本应用能力。

通过项目八的学习，可了解机电一体化典型产品——工业机器人的结构与控制原理，为工业机器人的编程操作、连接调试、维护修理等奠定技术基础。

本书由龚仲华、杨红霞编著。项目一、项目四～项目八由龚仲华编著；项目二、项目三由杨红霞编著；马骁参与了本书的整理编写。编写过程中得到了三菱、安川、KND等公司的大力支持，在此表示衷心感谢。

由于我们水平有限，书中难免存在不足之处，恳请广大读者批评指正。

编著者

2018.3

项目六　PLC 技术与应用 ························· 129

项目一

→ 机电一体化系统分析

一般认为，机电一体化（Mechatronics）一词源于1971年日本的《机械设计》杂志副刊，它是由英文 Mechanics（机械学）与 Electronics（电子学）两词复合而成的新名词，由此可见，机电一体化的确切含义应是一个新兴的学科名称，即机械电子学，这一学科又被人们称为机电一体化学科。

一门新学科的诞生意味着一种新技术的出现，而新技术的应用必然会形成新的产品。因而，人们平时所说的机电一体化一词在不同场合使用时，便有了机电一体化学科、机电一体化技术、机电一体化产品及机电一体化控制装置、机电一体化控制系统等不同层次的含义。

任务 认识机电一体化系统

知识目标：

1. 熟悉机电一体化的含义，了解机电一体化学科、机电一体化系统、机电一体化技术、机电一体化产品的基本概念；

2. 掌握机电一体化技术的基本内容；

3. 熟悉机电一体化系统的组成和常见机电一体化系统。

能力目标：

1. 能区分机电一体化系统和过程控制系统；

2. 能区分机电一体化产品、家电产品、普通机电产品；

3. 能区分机电一体化控制装置与机电一体化控制系统，并指出其不同；

4. 能分析机电一体化控制系统。

【相关知识】

一、机电一体化的含义

在工业自动化领域，机电一体化一词不但可用来表示学科，而且还经常被用作系统、技术和产品的名称，这些名称的含义分别介绍如下。

1. 机电一体化学科

学科是以知识体系划分的科学门类。机电一体化是一个发展中的学科。在我国，机电一体化技术原隶属于"电子、通信与自动化控制技术（代码 510）/自动控制技术（代码 51080）"，学科代码为 5108030；在新的学科分类与代码标准 GB/T 13745—2008 中，已将其调整为"信息与系统科学相关工程与技术（代码 413）/控制科学与技术（代码 41310）"，学科代码为 4131030。

但是，随着科学技术的进步，高附加值、多功能、智能化已成为众多产品的发展方向，技术的综合与集成已成为必然，现代的机电一体化技术和产品不仅包括了机械、电子、信息技术，在很多场合往往还涉及光学、气动、液压等方面的内容，因此，又有了"光机电一体化"、"机电液一体化"等多种提法。总之，机电一体化技术是一种融合了"机械工程"、"电子、通信与自动化控制技术"、"计算机科学与技术"等多学科知识，有自身技术基础、设计理论和研究方法的综合性交叉学科，它强调多学科知识的融合与渗透。

2. 机电一体化系统

从广义上说，系统是"与实现一定目的相关的要素组合"。系统一词几乎可以用来描述任何可想象的情况，其组成要素不仅可以为物理实体，而且还可以是经济学、生物学等抽象与动态的现象。

机电一体化系统是一种实现机械运动控制的工程系统，它由机电一体化控制系统（或控制装置）与其控制对象构成。机电一体化系统的控制装置应以微电子器件为主体。机电一体化系统的控制对象应是具有运动特性的机械装置，因此，像石油、化工、冶金、电力等行业常用的温度、压力、流量、液位等控制系统，是以表征生产过程的参量为控制对象，并使之接近给定值或保持在给定值范围内的自动控制系统，由于其控制对象不为具有运动特性的机械装置，故称为过程控制系统（Process control system），总体上说，它们不属于机电一体化系统的范畴。但是，由于"系统"范围可大可小，在大型、复杂过程控制系统或其他系统中，往往也包含有某些具有运动特性的机电一体化子系统。

3. 机电一体化技术

技术是为了实现特定目的所采用的方法与手段，是产品发展与进步的基础。机电一体化技术是从系统工程的观点出发，将机械、电子和信息等技术有机结合，以实现产品整体最优的综合性技术。

机电一体化技术是一个技术群的总称，其涵盖范围非常广。从广义上说，机电一体化技术包括了机械、检测、运动控制[1]、计算机控制、信息处理、网络通信等技术，但对于特定的机电一体化产品，则需要根据其功能与控制要求，或采用多种技术或只采用其中的几种

---

[1] 对于传统的位置（伺服）控制，目前国际上已经开始较多地采用"运动控制（Motion control）"一词。

技术。

4. 机电一体化产品

通常而言，产品应是具有一定功能与用途的实体。顾名思义，机电一体化产品是具有一定的机械结构和直接的功能与用途、采用电子控制的实体，如果此类产品是为了工业目的而成套使用，则称为机电一体化设备。

机电一体化产品在我们日常生活中随处可见，如全自动洗衣机、数码相机、打印机、汽车、自动售货机等民用产品，数控机床、工业机器人、自动生产线等工业设备，列车、飞机、轮船、卫星、导弹等交通运输工具、航空航天设备与国防用武器装备。

机电一体化产品可将机械的强度高、载荷大、结构变化容易等优点与电子控制的方便灵活、精度高、运算处理容易等优点有机结合，使产品的操作更方便、使用更灵活、运动更快捷、控制更准确。

需要注意的是：机电一体化产品与机电产品应是不同的概念，机电产品所包含的范围更广。机电一体化产品属于机电产品的范围，产品有大有小，功能可多可少，控制可简单可复杂，但都应具有机械运动（Mechanism）和电子控制（Electronic control）两大特征。

① 机械运动。机电一体化产品的机械装置应具有运动特性。机械装置的运动可以是相机的镜头伸缩、洗衣机的缸体旋转等简单动作，也可是飞机与卫星的飞行等复杂动作；而像手机、电话、电视机等只有机械外壳而无机械运动特性的产品，则只能称为 IT 产品或电器（家用）产品，一般不宜称为机电一体化产品。

② 电子控制。机电一体化产品的控制器应以微电子器件为主。控制器可以是由二极管、三极管、集成电路组成的简单装置，也可以是由微处理器、微型计算机与大型计算机所构成的复杂装置；但是，普通的开关、按钮、接触器、继电器等，只是一些"控制电器"，而不属于电子控制器的范畴，因此，没有采用微电子控制的产品，像电风扇、老式洗衣机、普通卷扬机、普通机床等，只是普通的机电产品，不能称为机电一体化产品。

二、机电一体化系统的控制装置

机电一体化设备或产品需要采用电子控制装置或控制系统进行控制。

1. 机电一体化控制装置

如果机电一体化设备或产品所使用的电子控制器只具有某一方面的功能，这样的控制器称为控制装置。例如，图 1.1 所示的 PLC（Programmable Logic Controller，可编程序逻辑控制器）、CNC（Computerized Numerical Controller，计算机数字控制装置）、伺服驱动器等，都是机电一体化产品常用的控制装置。机电一体化控制装置既可单独使用，也可与其他控制装置组合后构成复杂的机电一体化系统。

随着社会化分工的日益细化，目前，大多数机电一体化控制装置都已由专业厂家批量生产，如工业自动控制用的 PLC、CNC、伺服驱动器、变频器，家电产品全自动洗衣机用的控制器等。对于机电一体化控制装置的生产厂家来说，控制装置就是其产品，但是，控制装置必须依附于特定的机械装置才能实现其功能，从这一意义上说，控制装置就像轴承、电机、阀等机械部件一样，只是组成机电一体化产品的"零部件"，而非真正意义上具有运动特性及直接功能或用途的机电一体化产品。

2. 机电一体化控制系统

复杂的机电一体化设备或产品需要控制器具有多种控制功能，往往需要使用多种控制装

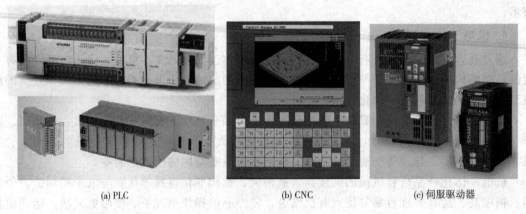

(a) PLC   (b) CNC   (c) 伺服驱动器

图 1.1 机电一体化控制装置

置才能实现其控制要求，这些机电一体化控制装置与相关部件所构成的整体，称为机电一体化控制系统。

工业上所使用的机电一体化控制系统一般由微电子控制装置、测量装置、执行装置、操作显示装置等部分组成。其中，微电子控制装置是系统的核心，单片机、工业计算机、数控装置（CNC）、可编程序逻辑控制器（PLC）等是工业控制常用的微电子控制装置，接近开关、编码器、光栅等传感器是常用的检测装置，直流电机、感应电机、伺服电机、步进电机、液压气动系统等是常用的执行装置，LCD 显示器和键盘、触摸屏是常用的操作显示装置。

用于金属切削机床控制的机床数控系统组成如图 1.2 所示。

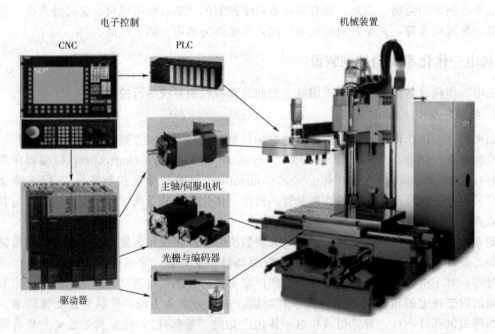

电子控制   机械装置

CNC   PLC

主轴/伺服电机

光栅与编码器

驱动器

图 1.2 机床数控系统组成

在金属切削数控机床上，机械装置包括用来实现刀具切削运动和轮廓运动的机床主机以及用于自动换刀、安全防护、冷却润滑等的辅助部件；电子控制部分是以 CNC 为核心的完整系统，它包括了 CNC、PLC、驱动器等控制装置，伺服电机、主轴电机、电磁阀等执行装置，以及光栅、编码器等测量装置。

机电一体化控制系统可能复杂与庞大，但同样需要依附于主机才能实现其功能，如上述的 CNC 系统必须与机床主机结合后才能使用。因此，机电一体化控制系统本质上是以实现控制为目的的大型、复杂、多功能控制器。

机电一体化控制系统（或控制装置）与其控制对象共同构成了机电一体化系统，而机电一体化产品则需要在机电一体化系统的基础上增加用于安装运输、安全防护、外观装饰的产品附属装置。

三、机电一体化技术的特征与内容

1. 基本特征

机电一体化产品是电子控制与机械装置的结合物，产品设计时突出体现了两方面思想：一是通过机械、微电子、计算机控制等技术的结合，来实现依靠单一技术无法实现的功能，二是在多种技术方案中，通过综合分析与评价，选择其中的最佳方案。

机电一体化技术是机电一体化产品得以发展的基础，产品的特点决定了它所涉及的技术范围非常广，要予以准确界定，目前还存在一定的难度。总体而言，机电一体化技术应具有"综合性"与"系统性"两大主要特征。

① 综合性。机电一体化是各种技术的有机集成与综合，它们之间需要相互融合与渗透，而不是简单的叠加。机电一体化除了基本的机械、微电子与计算机控制技术外，还需要在自动控制过程中，综合应用信息处理技术、检测技术与网络控制技术等。

例如，在前述的数控机床上，在机床布局、工作台运动、主轴系统、刀具交换等的设计上就需要采用精密机械技术；CNC、PLC、驱动器等控制装置则需要应用计算机控制、运动控制、电力电子等技术；同时，还需要通过网络控制技术，对所有的控制部件进行集成控制。刀具等辅助部件的控制还涉及液压、气动等技术。

② 系统性。机电一体化产品是综合应用各种技术所形成的产物，在产品设计阶段就需要运用系统工程的观点来分析研究产品的要求，合理匹配各组成部分的功能，充分发挥各部分的作用，才能使得产品的整体效能达到最佳。此外，从经济社会发展的要求上看，还需要从资源利用、环境保护、可持续发展等角度，综合考虑机电一体化产品生产制造、使用维修、报废处理、循环利用等各方面的要求。

2. 主要技术

机电一体化技术是一个技术群的总称，但是在具体的机电一体化产品上，根据功能与用途的不同，所采用的技术可多可少。像自动洗衣机等简单产品，可能只涉及计算机控制与机械技术；而数控机床则还包括了机械、气动液压、计算机控制、检测、运动控制等多种技术；在飞机卫星等航空航天设备上，还需要应用遥控、遥测等技术，其涉及范围更广；如再进一步分析，计算机控制又需要应用信息处理、网络控制等技术；运动控制又离不开电力电子、晶体管脉宽调制等技术。作为日常生活与工业生产中常见的机电一体化产品，应用普遍的共性关键技术大致包括以下内容。

① 机械技术。机械装置是任何机电一体化产品必不可少的组成部分，机电一体化离不开机械技术。机电一体化产品注重的是技术融合与功能互补。提高精度与效率、减轻重量与

节约资源、改善操作与使用性能是机电一体化控制的主要目的，因此，通过结构的改进与创新、新材料的应用等手段来提高精度与刚性，减轻重量，缩小体积，是机电一体化产品机械技术的主要特点与研究的方向。

② 液压与气动技术。液压系统具有驱动力大、运动平稳、惯性小、调速方便等特点，在机床、工程机械、农业机械等行业的机电一体化产品上应用广泛。液压系统控制简单，使用方便，可通过继电器、PLC 的控制实现各种机械动作，是机电一体化控制常用的控制技术之一。但是，由于液压油具有可压缩性并容易泄漏，因此，液压系统对元器件的制造精度要求高，并容易产生环境污染。

气动系统的功能类似液压系统，它同样可通过继电器、PLC 的控制实现各种机械动作。与液压系统相比，气动系统具有气源容易获得、工作介质不污染环境，以及执行元件反应快、动作迅速、管路不容易堵塞、无须补充介质等优点，其使用维护简单，运行成本低，环境适应性、清洁性和安全性好。但是，气动系统的工作压力一般低于液压系统，其执行元件的输出力较小，且容易压缩和泄漏，噪声均较大。

③ 检测技术。自动控制需要获取对象的实际工作状态信息，以便进行监测、分析与控制，因此离不开自动检测技术。检测技术主要包括测量传感器与信号处理两方面。传感器（检测元件）是检测技术的关键，它的性能直接决定了控制的准确性与精度；信号处理的目的是将传感器所获取的信息转换为显示、分析、控制所需要的数据。光电编码器与光栅、磁性编码器与磁栅是机电一体化产品常用的速度与位置检测元件。

④ 计算机控制技术。自动控制是机电一体化产品的显著特征之一，它需要人们利用各种技术来代替人去完成各种测试、分析、判断和控制工作。

机电一体化产品种类繁多，控制要求各异，因此，机电一体化的自动控制需要运用现代控制理论，通过数字控制、自适应控制、最优控制、系统仿真、自诊断等方法与手段，来满足产品的自动化、智能化、网络化等要求，其控制已经越来越多地依赖于计算机，控制软件的作用日益显现。CNC、PLC、工业机器人控制器等都是采用计算机控制的典型产品。数控技术、PLC 技术、工业机器人技术，被称为现代工业自动化的三大支持技术。

以计算机为核心的自动控制装置需要通过计算机的软件与硬件对系统中的各种信息进行处理，如数据的通信与传输、数据的输入与输出、数据运算与处理等，这就是人们平时所说的信息处理技术。单片机、工业计算机是机电一体化产品常用的信息处理装置。

网络控制技术的普及是 20 世纪计算机技术的突出成就之一。网络不仅使全球的信息逐步共享、经济渐趋一体，给人们的日常生活带来了巨大的变化，而且也给机电一体化注入了新的动力。网络控制技术推动了自动控制向分散控制、集中管理的方向快速发展，基于现场总线的设备集中控制、分布式控制系统已越来越引起人们的重视；传统的接口正在被快速淘汰，串行数据通信、开放性现场总线已逐步成为当代机电一体化控制装置的基本功能；机电一体化系统已越来越多地通过现场总线（Field Bus）来实现系统内部的信息交换。

⑤ 运动控制技术。机械运动是机电一体化产品的基本属性，运动控制（Motion control）是机电一体化最基本的控制技术之一。运动控制的目的是将控制命令转换为执行装置的运动，实现对象的位置、速度、转矩等控制，其执行装置有各类电动机、液压/气动阀等。除了简单的定点定位移动控制外，机电一体化设备的绝大多数运动控制都需要控制较多的执行器参数，如电动机的电压、电流、相位、转速、转角等，它涉及计算机控制、网络控制以及电力电子、晶体管脉宽调制（Pulse Width Modulated，PWM）、检测等诸多技术，

并构成相对独立的系统，因此，机电一体化控制系统也可称为运动控制系统。

交流伺服驱动器、步进驱动器、变频器是当代机电一体化产品常用的运动控制装置。与直流电机❶相比，交流电机具有转速高、功率大、结构简单、运行可靠、体积小、价格低等一系列优点，但其控制远比直流电机复杂，因此，在一个很长的时期内，直流电机控制系统始终在运动控制领域占据主导地位。交流伺服驱动是随电力电子技术、PWM 技术与矢量控制理论发展起来的新型技术，经过 30 多年的发展，交流电机的控制理论与技术已经日臻成熟，各种高精度、高性能的交流电机控制系统不断涌现，交流伺服已经在数控机床、工业机器人上全面取代直流伺服，变频器已在越来越多的场合代替直流调速装置。

【任务实施】

机电一体化系统是由机电一体化控制系统或控制装置及其控制对象构成，它是一种实现机械运动控制的工程系统。只有从控制对象入手，才能对机电一体化系统的组成有清晰的认识，若泛泛谈论系统的功能要素与构成要素，容易导致概念的模糊。

一、认识机电一体化系统的组成

机电一体化系统的规模可大可小，功能有多有少。一般而言，机电一体化产品中的每一具有运动特性的控制对象都对应着一个子系统。因此，大型、复杂的机电一体化系统往往包含有若干个子系统，子系统有时还可能包含下级子系统，这些子系统在中央控制器的组织与管理下有序工作，各自实现其功能。然而，不论将一个系统分解为多少子系统，都必须具备以下基本要素，才能称之为机电一体化系统，否则它只是一种控制装置或部件。

① 控制对象。机电一体化产品的控制对象应是具有运动特性的机械装置。机械装置是任何机电产品的基本构成要素，它所涵盖的范围非常广，既包括机械运动部件，也包括与系统分析无关的产品机体或机架、外壳、安装连接件等附属装置。机电一体化系统的控制对象特指机械运动部件（包括与运动相关的连接、传动件）；那些只是为了外观造型、部件支撑、安装运输等目的而设计的机体或机架、外壳等附属装置虽是机电一体化产品的构成要素，但不属于机电一体化系统的范畴。

② 控制装置。控制装置是进行信息处理与发出控制命令的部分，是机电一体化控制系统的核心，系统根据控制装置的控制命令有序运行。

③ 驱动装置。驱动装置是进行控制命令的转换与功率放大的装置，它为执行装置的动作提供所需的能量与动力，典型的有伺服驱动器、步进驱动器、液压气动装置等。

④ 执行装置。执行装置是机械运动的动作实施与执行者，是机电一体化控制系统的输出端，执行装置所产生的运动可直接变换为机械部件的运动；典型的有伺服电机、步进电机、液压油缸、气缸等。

以上四部分是一个机电一体化控制系统的最低要求，如果系统需要根据对象的实际动作进行自动调节，则还需要检测运动部件的速度与位置等相关参数的检测装置。

根据机械装置的运动特点与要求，最常见的机电一体化系统有逻辑顺序控制系统与连续轨迹控制系统两类。

逻辑顺序控制系统是实现机械装置的动作顺序控制的自动控制系统，图 1.3 所示的自动

---

❶　电机包括"电动机"与"发电机"两类，本书中的电机专指"电动机"。

生产线就是典型的逻辑顺序控制系统。PLC是20世纪70年代初研发的机电一体化控制装置，由于现代逻辑顺序控制系统几乎都采用PLC控制，因此，现代逻辑顺序控制系统也可称为PLC控制系统；目前，PLC技术已经成为工业自动化的三大支持技术之一，在工业自动化的各领域得到了极为广泛的应用。

图1.3　自动生产线

　　逻辑顺序控制系统的执行装置通常以电磁阀、接触器等通/断开关电器为主；机械装置的运动大多由电机、气动或液压系统驱动；系统所使用的检测装置多为反映位置是否到达的开关类器件。PLC控制系统的输入、输出以开关量为主，对机械装置的运动不需要进行轨迹的连续控制，故又称"开关量控制系统"或"断续控制系统"。

　　连续轨迹控制系统是以机械装置的运动轨迹、定位位置、移动速度为控制对象的自动控制系统，图1.4所示的数控机床、工业机器人等自动化设备所使用的控制系统就是典型的连续轨迹控制系统。

　　连续轨迹控制系统需要对机械运动部件，如数控机床的刀具或工件、机器人的作业工具

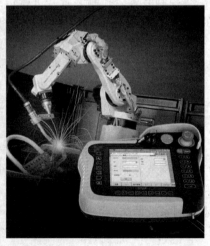

(a) 数控机床　　　　　　　　　　　　　　　　　(b) 工业机器人

图1.4　采用连续轨迹控制系统的自动化设备

等进行轨迹控制，才能加工所需要的零件或完成规定的作业，因此，系统需要对控制对象的位置、速度进行连续的控制，控制系统必须具有伺服控制（旧称位置随动控制）功能，机械装置的运动大多由伺服电机驱动，系统所使用的检测装置必须为能实时检测位置、速度的光栅、编码器等测量装置。

二、机电一体化系统分析

机电一体化系统的组成可能十分复杂与庞大，确定控制对象是分析机电一体化系统的前提。为了便于理解，下面以全自动洗衣机与数控机床控制系统为例来说明机电一体化系统的基本分析方法。

① 全自动洗衣机控制系统分析。在全自动洗衣机的控制系统中，控制对象通常有进水阀、排水阀、洗衣缸 3 个。洗衣缸需在漂洗、脱水时以不同转速、转向旋转，它是具有运动特性的机械部件，是机电一体化系统的构成要素之一。进水与排水阀的控制对象是水位，它不属于机械运动部件，因此，从机电一体化系统的角度看，它只是辅助控制部分，不能构成机电一体化子系统。

由此可见，洗衣机控制系统是以洗衣缸体为控制对象、电动机为执行装置、电机调速器为驱动装置、程序控制器为控制装置的逻辑顺序控制系统。洗衣机一般不需要闭环控制速度，通常不需要检测缸体实际转速，因此，它又是一个开环速度控制系统。

② 数控机床控制系统分析。图 1.5 所示的数控机床（立式加工中心）的控制复杂，其控制系统是由若干子系统所构成的机电一体化系统，系统分析可从控制对象（机械运动部件）出发，依次进行。

图 1.5 所示的数控机床包括工作台（刀具）、主轴、刀具及自动排屑、冷却润滑装置等机械运动部件。其中，工作台和刀具移动、主轴旋转、刀具自动交换、自动排屑均具有机械运动特性。由于自动排屑只需要通过排屑电机的正反转便可实现，控制装置为接触器等非微电子器件，故不属于机电一体化系统的范畴；而冷却、润滑系统的控制对象亦非机械运动部件，也只能视为机电一体化系统的辅助部件。因此，图 1.5 所示的数控机床控制系统可分为工作台和刀具移动系统、主轴旋转系统、刀具自动交换系统 3 个一级子系统。

数控机床的刀具移动是多维运动，它由工作台的 X 向运动和安装刀具的主轴 Y、Z 向运动合成，因此，刀具移动系统实际上包含了 X、Y、Z 轴移动 3 个子系统，其控制对象分别为工作台左右移动的 X 轴、主轴上下移动的 Z 轴和前后移动的 Y 轴。3 个二级子系统除控制对象不同外，其他组成部件相同，其执行装置分别为 X、Y、Z 轴伺服电机，驱动装置分别为 X、Y、Z 轴伺服驱动器，控制装置同为 CNC（数控装置）；交流伺服驱动需要进行速度、位置的闭环控制，因此，子系统还包含了各自的速度、位置检测编码器或光栅。

刀具移动
工作台移动
自动换刀装置
主轴旋转
自动排屑器

图 1.5 数控机床

图 1.5 所示的数控机床只有单一的主轴，主轴旋转系统的控制对象为主轴转速和转向、执行装置为主轴电机、驱动装置为主轴驱动器、控制装置为 CNC；由于数控机床的主轴转速一般需要闭环控制，故它也包含了主轴速度、位置检测编码器。

加工中心的刀具自动交换系统一般包括刀库旋转（选刀）和刀具装卸（换刀）两部分，可分为选刀、换刀 2 个子系统。选刀控制系统是一个以刀库回转定位为控制对象的运动控制系统，其执行装置为刀库回转电机，驱动装置为刀库调速器（一般为变频器），控制装置为 CNC 集成 PLC（二级控制器），选刀只需要进行定点定位，它是一个逻辑顺序控制系统，通常使用接近开关或编码器等作为检测装置。换刀控制子系统的控制对象通常为刀具的松夹和移动，执行装置为电磁阀，驱动装置为气缸或油缸，控制装置为 CNC 集成 PLC（二级控制器）。换刀控制一般只需要进行电磁阀动作的顺序控制，它也是一个逻辑顺序控制系统，需要使用接近开关等检测装置。

以上各级子系统在 CNC 集中、统一控制下有序运动，便构成了完整的机电一体化系统。至于数控机床的床身、底座、立柱、防护罩等部件，均不具有运动特性，它们只是产品（机床）的附属部件，而不是机电一体化系统的构成要素。

【思考与练习】

图 1.6 所示是一台采用通用型交流伺服驱动、变频器调速主轴的国产普及型数控车床，需要有 X 和 Z 轴进给、主轴转速、刀架换刀运动，试分析其机电一体化系统的结构，说出系统组成与子系统类型，说明主要采用了哪些技术。

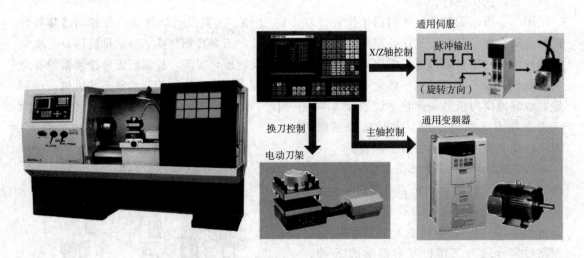

图 1.6　国产普及型数控车床组成图

项目二

机械技术与应用

机械技术是机电一体化技术的一重要组成元素，它包含机械传动与支承导向、防护等技术，主要起到传递运动和负载、匹配转矩和转速、隔离环境和振动，以及支承和防护等作用。与传统的机械系统相比，机电一体化系统的机械部件除要具有较高的定位精度外，它还应具有较好的动态响应特性，因此，机械部件的设计不仅要考虑强度与刚性，还需考虑机械结构与整个伺服系统性能参数和电气参数的匹配，讨论它们的精度、游隙、摩擦、惯量、抗振性、稳定性以及可靠性等，以获得良好的伺服性能。

任务1　直线运动及传动部件认识

知识目标：

1. 了解直线运动常见的传动形式；
2. 熟悉滚珠丝杠副间隙的调整及施加预紧力的方法；
3. 掌握滚珠丝杠副的选型及计算方法。

能力目标：

1. 能制定数控车床进给轴滚珠丝杠副的装配计划，编制工艺文件；
2. 能装配滚珠丝杠副；
3. 能进行滚珠丝杠间隙的调整及预紧。

【相关知识】

一、直线运动及传动部件

在机电一体化产品中，实现空间直线运动轨迹的传动部件有多种形式，在设计直线运动传动部件时，无论采用哪种直线运动形式，一般都有标准化的部件可供选用。常见的直线运动部件主要有以下几种类型。

① 螺旋传动机构。常用于旋转运动转动化为直线移动的机构，移动速度和范围都不能大。滑动螺旋有自锁作用，噪声小，运动平稳。精密加工的滑动螺旋和滚动螺旋能够达到很高的精度，可以用于精密定位机构的传动。图 2.1（a）所示是一种螺旋传动形式，目前常用螺旋传动的部件为滚珠丝杠。

② 齿轮齿条机构。效率比滑动螺旋传动高，磨损较小，可以达到较高的速度，移动范围可以达到几米，但不能自锁，其外形如图 2.1（b）所示。

③ 凸轮机构。可以得到任意的运动规律，如控制内燃机气体阀门的凸轮机构，从动件作往复移动或摆动。一般情况下，凸轮机构受力较小，图 2.1（c）所示是一种凸轮机构传动形式。

(a) 螺旋传动   (b) 齿轮齿条传动   (c) 凸轮机构

图 2.1　直线传动形式

④ 曲柄滑块机构。最常见的是内燃机的曲轴、连杆与活塞组成的系统。工作行程受曲柄长度限制，一般较小，在运动过程中速度变化较大。

⑤ 利用挠性件的机构。挠性件有带、链、钢丝绳等。带的速度较高，受力较小，链可以承受较大的拉力，钢丝绳受力较大。带、链的行程较小，钢丝绳可以达到很大的运动范围。由于挠性件只能承受拉力，所以挠性件传动只能单向受力。

此外，能够产生直线运动的机构还有液压传动机构、气压传动机构、电磁铁机构等。

二、滚珠丝杠结构原理

1. 滚珠丝杠螺母副结构及传动特点

滚珠丝杠副如图 2.2 所示，主要由丝杠、螺母、滚珠、反向器组成，具有传动效率高、运动灵敏平稳、定位精度高、精度保持性好、维护简单等优点，广泛应用于数控机床、自动

图 2.2　滚珠丝杠副

化设备、测量仪器、印刷包装机械等需要精密定位的设备。

2. 滚珠丝杠螺母副滚珠循环方式

滚珠丝杠有两种循环设计，分别为内循环、外循环。

（1）内循环

滚珠在循环过程中始终与螺杆保持接触的循环叫内循环，如图 2.3 所示。

(a) 内循环滚珠在螺纹　　　　(b) 螺杆螺母　　　　　(c) 双螺母法兰型内循环滚珠丝杠副
滚道内循环方式

图 2.3　内循环

滚珠沿着内部循环器沟槽，越过螺杆螺纹滚道顶部，重新返回起始的螺纹滚道，构成单圈内循环回路。在同一个螺母上，具有循环回路的数目称为列数，内循环的列数通常有 2～4 列（即一个螺母上装有 2～4 个反向器）。为了结构紧凑，这些反向器是沿螺母周围均匀分布的，即对应 2 列、3 列、4 列的滚珠螺旋的反向器分别沿螺母圆周方向互错 180°、120°、90°。反向器的轴向间隔视反向器的型式不同，分别为 $3P_h/2$、$4P_h/3$、$5P_h/4$ 或 $5P_h/2$、$7P_h/3$、$9P_h/4$，其中 P_h 为导程。

内循环回路短，滚珠少，滚珠的流畅性好，效率高，并且径向尺寸小，零件少，装配简单。内循环的缺点是反向器的回珠槽具有空间曲面，加工较复杂。

（2）外循环

滚珠在返回时与螺杆脱离接触的循环称为外循环。按结构的不同，外循环可分为插管式、端盖式、螺旋槽式三种。

插管式（见图 2.4）是把弯管的两端插入螺母上与螺纹滚道相切的两个通孔内，外加压

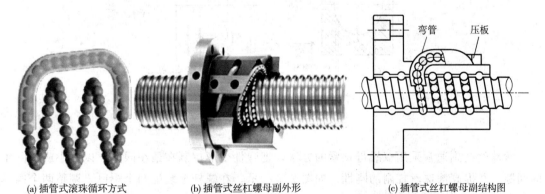

(a) 插管式滚珠循环方式　　　(b) 插管式丝杠螺母副外形　　　(c) 插管式丝杠螺母副结构图

图 2.4　插管式外循环

板用螺钉固定，用弯管的端部或其他形式的挡珠器引导滚珠进出弯管，以构成循环通道。插管式结构简单，工艺性好，适于批量生产。缺点是弯管突出在螺母的外部，径向尺寸较大，若用弯管端部作挡珠器，则耐磨性较差。

端盖式外循环如图 2.5 所示，结构紧凑、工艺性好，缺点是滚珠通过短槽时容易卡住。

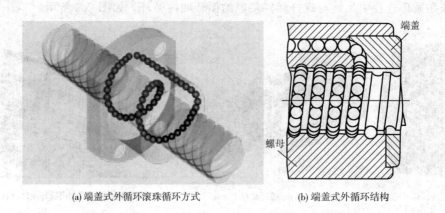

(a) 端盖式外循环滚珠循环方式   (b) 端盖式外循环结构

图 2.5　端盖式外循环

螺旋槽式是在螺母的外圆上铣有螺旋槽，并在螺母内部装上挡珠器，挡珠器的舌部切断螺纹滚道，迫使滚珠流入通向螺旋槽的中部而完成循环。它结构工艺简单，易于制造，螺母径向尺寸小，缺点是挡珠器刚度较差，容易磨损。

3. 轴向间隙的调整与预紧

滚珠丝杠副轴向间隙是承载时在滚珠与滚道型面接触点的弹性变形所引起的螺母位移量和螺母原有间隙的总和，螺纹牙型轴向负荷与弹性变形量之间的关系如图 2.6 所示。

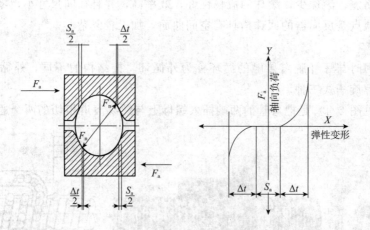

图 2.6　螺纹牙型轴向负荷间与弹性变形关系图

滚珠丝杠副通常采用双螺母预紧的方法，把弹性变形控制在最小限度，以减小或消除轴向间隙，并提高滚珠丝杠副的刚性。如图 2.7 所示，在螺杆上装配两个螺母，调整两个螺母的轴向位置，使两个螺母中的滚珠在承受载荷之前就以一定的压力分别压向螺杆螺纹滚道相反的侧面，使其产生一定的变形，从而消除了轴向间隙。

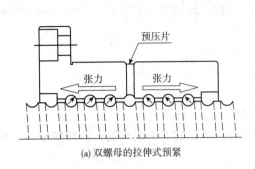
(a) 双螺母的拉伸式预紧

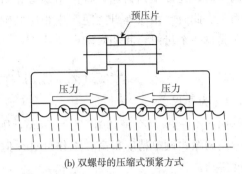
(b) 双螺母的压缩式预紧方式

图 2.7 双螺母预紧

以下是三种较常用的双螺母消除间隙方法。

① 垫片调隙式。如图 2.8 所示，调整垫片 2 的厚度，使左右两螺母产生轴向位移，以达到消除轴向间隙和预紧的目的。

垫片调隙式结构简单，可靠性高，刚性好。为了避免调整时拆卸螺母，垫片可制成剖分式。缺点是精确调整比较困难，并且当滚道磨损时不能随时调整间隙和进行预紧，故适用于一般精度的传动机构。

② 螺纹调隙式。如图 2.9 所示，螺母 1 的外端有凸缘，螺母 3 加工有螺纹的外端伸出螺母座外，以两个圆螺母 2 锁紧。旋转圆螺母即可调整轴向间隙和预紧。键 4 的作用是防止两个螺母的相对转动。

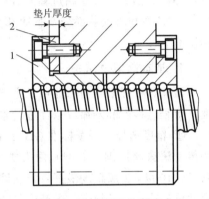

图 2.8 双螺母垫片调隙式
1—螺母；2—垫片

螺纹调隙式结构紧凑，工作可靠，调整方便。缺点是不很精确。

③ 齿差调隙式。如图 2.10 所示，在螺母 1 和 4 的凸缘上各有齿数相差一个齿的外齿轮，把其装入螺母座中分别与具有相应齿数的内齿轮 2 和 3 啮合。

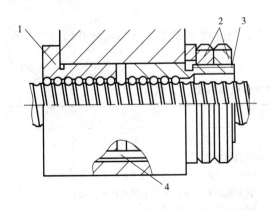

图 2.9 螺纹调隙式
1,3—螺母；2—圆螺母；4—键

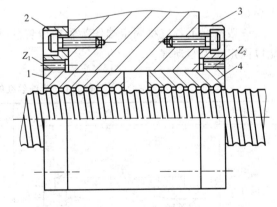

图 2.10 齿差调隙式
1,4—螺母；2,3—内齿轮

调整时，先取下内齿轮，将两个螺母相对螺母座同方向转动一定的齿数，然后把内齿轮复位固定。此时，两个螺母之间产生相应的轴向位移，从而达到调整的目的。当两个螺母按同方向转过一个齿时，其相对轴向位移为：

$$\Delta L = \left(\frac{1}{Z_1} - \frac{1}{Z_2}\right)P_h = \frac{Z_2 - Z_1}{Z_1 Z_2}P_h = \frac{P_A}{Z_1 Z_2}$$

式中，P_h 为导程。

例如：$Z_1 = 99$，$Z_2 = 100$，$P_h = 5$mm，则 $\Delta L = 0.5\mu$m。

齿差调隙式调整精度很高，工作可靠。但结构复杂，加工工艺和装配性能较差，多用于高精度传动。

双螺母加预紧力调整轴向间隙时应注意以下几点。

① 预紧力大小要合适，过小不能保证无隙传动，过大将导致驱动力矩增大，效率降低，寿命缩短。预紧力禁忌超过轴向载荷的 1/3。

② 注意减小安装部分及驱动部分的间隙。这些间隙用预紧的方法无法消除，而对传动精度有直接影响。

4. 基本选型及防护

滚珠丝杠螺母副由专业厂家生产，具有标准系列。使用时可根据滚珠螺旋副的负载、速度、行程、精度和寿命等条件进行选型。

① 精度选择。国家标准 GB/T 17587.3—1998 将滚珠丝杠分为定位滚珠丝杠副（P 型）和传动滚珠丝杠副（T 型）两大类。滚珠丝杠的精度等级共分七个等级，即 1、2、3、4、5、7、10 级，1 级精度最高，依次降低。标准中规定了滚珠丝杠螺母副螺距公差和公称直径变动量的公差，还规定了各精度等级的滚珠螺旋副行程偏差和行程变动量。

② 滚珠丝杠螺母副支承方式选择。合适的支承方式，能保证滚珠丝杠螺母副的刚度和精度。滚珠丝杠螺母副的支承按其限制丝杠的轴向窜动情况，分为三种形式，如表 2.1 所示。

说明："自由"（代号"O"），指的是无支承；"游动"（代号"S"），指的是径向有约束，轴向无约束，例如深沟球轴承，圆柱滚子轴承；"固定"（代号"F"）指的是径向和轴向都有约束，例如装有双向推力球轴承与深沟球轴承的组合轴承，角接触球轴承和圆锥滚子轴承。

一般情况下，应将固定端作为轴向位置的基准，尺寸链和误差计算都由此开始，并尽可能以固定端为驱动端。

表 2.1 滚珠丝杠的支承结构形式

支承形式	简 图	特 点
一端固定 一端自由 （F-O）		① 结构简单； ② 丝杠的轴向刚度比两端固定低； ③ 丝杠的压杆稳定性和临界转速都比较低； ④ 设计时尽量使丝杠受拉伸； ⑤ 适用于较短和竖直的丝杠

续表

支承形式	简图	特点
一端固定 一端游动 (F-S)	*L*	① 适用于较长的卧式安装丝杠； ② 丝杠的轴向刚度与 F-O 相同； ③ 需保持螺母与两支承同轴，故结构复杂，工艺较困难； ④ 丝杠的压杆稳定性和临界转速与同长度的 F-O 型相比，要高； ⑤ 丝杠有热膨胀的余地
两端固定 (F-F)	*L*	① 需保持螺母与两支承同轴，结构复杂，工艺较困难； ② 只要轴承无间隙，丝杠的轴向刚度为一端固定的 4 倍； ③ 丝杠一般不会受压，无压杆稳定问题，机械系统的固有频率比一端固定的要高； ④ 可以预拉伸，预拉伸后可以减少丝杠自重的下垂和补偿热膨胀，但需要设计一套预拉伸机构，结构与工艺都比较困难； ⑤ 要进行预拉伸的丝杠，其目标行程应略小于公称行程，减少量等于拉伸量； ⑥ 适用于对刚度和位移精度要求高的场合

③ 润滑及密封。润滑剂能提高滚珠丝杠副的耐磨性和传动效率。润滑剂分为润滑油、润滑脂两大类。润滑油为一般机油或 90～180 号透平油或 140 号主轴油，可通过螺母上的油孔将其注入螺纹滚道；润滑脂可采用锂基油脂，加在螺纹滚道和安装螺母的壳体空间里。

滚珠丝杠副在使用时常采用一些密封装置进行防护，以防止杂质和水进入丝杠，造成摩擦或损坏。对预计会带进杂质之处使用波纹管［图 2.11（a）所示］或伸缩管［图 2.11（a）所示］，以完全盖住丝杠轴。对螺母，应将其两端进行密封，如图 2.11（b）所示，密封防护材料必须具有防腐蚀和耐油性。

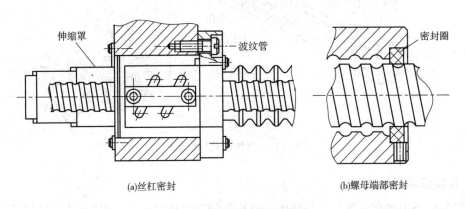

(a)丝杠密封　　　　　　　　　　　　(b)螺母端部密封

图 2.11　丝杠螺母副密封

三、直线导轨结构原理

直线导轨用于支撑和引导运动部件做直线往复运动，拥有比直线轴承更高的额定负载，可以承担一定的扭矩，可在高负载的情况下实现高精度的直线运动。直线导轨按照其中滚动体的不同可分为滚珠导轨、滚柱导轨和滚针导轨。图 2.12 为直线导轨的典型应用案例。

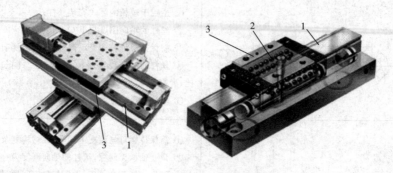

图 2.12　直线导轨典型应用案例

1—导轨；2—滚动体；3—滑块

1. 直线滚动导轨结构

直线滚动导轨结构是由导轨、滑块、钢球、反向器、保持架、密封端盖及挡板组成，如图 2.13 所示。当导轨与滑块做相对运动时，钢球就沿着导轨上的滚道滚动（导轨上有四条经过淬硬和精密磨削加工而成的滚道）。在滑块的端部钢球又通过反向装置（返向器）进入反向孔后再进入导轨上的滚道，钢球就这样周而复始地进行滚动运动。返向器两端装有防尘密封端盖，可以有效地防止灰尘、屑末进入滑块内部。

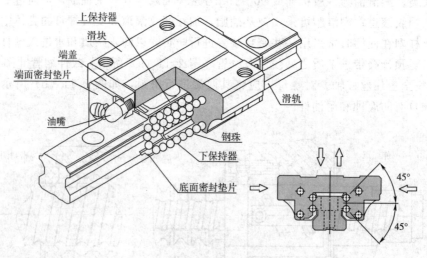

图 2.13　直线滚动导轨结构

2. 直线滚动导轨选用

可以在市场上找到系列化、规格化、模块化的直线导轨产品，用户可以根据导轨的工作载荷、工作条件和使用寿命要求，计算动载荷，然后选择直线导轨型号，验算寿命是否满足。相关的产品手册均有计算、验算的公式。

（1）直线滚动导轨寿命

直线滚动导轨在承受负载下运行时，导轨和滚动体不断受到循环应力作用，一旦达到疲劳极限的临界值，部分接触面会出现剥落现象。

直线滚动导轨的使用寿命是指导轨表面或滚动体直到发生第一次表面剥落为止的总运行距离。

直线滚动导轨的额定寿命是指一批相同的直线导轨在相同条件下分别运行时，其中90%不产生表面剥落所能达到的总运行距离。如果把这个行走距离换算成时间，则得到时间额定寿命。

额定动负载是使一组相同的直线导轨在相同的条件下分别行走，其中90%不会因滚动疲劳而产生材料损伤，且以恒定方向行走规定距离（钢球型为50km，滚柱型为100km）时的负载。

距离额定寿命 H

$$H = 50\left(\frac{f_h f_t f_c f_a}{f_w} \cdot \frac{C_a}{F}\right)^3 \quad \text{（适用于滚珠导轨）}$$

$$\text{或} \qquad H = 100\left(\frac{f_h f_t f_c f_a}{f_w} \cdot \frac{C_a}{F}\right)^{10/3} \quad \text{（适用于滚柱导轨）}$$

式中　f_h——硬度系数。一般要求滚道的硬度不得低于HRC58，可按图2.14查取；

　　　f_t——温度系数，可按图2.15查取；

　　　f_c——接触系数，可按表2.2查取；

　　　f_a——精度系数，可按表2.3查取；

　　　f_w——载荷系数，可按表2.4查取；

　　　C_a——额定动载荷，N。可从滚动导轨块的产品样本或有关设计手册中查到；

　　　F——计算载荷，N。

时间额定寿命：

$$H_h = \frac{H \times 10^3}{2 \times l \times n \times 60} \approx \frac{8.3H}{l \times n}(\text{h})$$

式中　l——行程长度，m。

　　　n——每分钟往返次数。

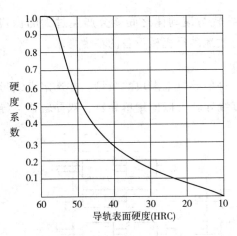

图2.14　硬度系数 f_h

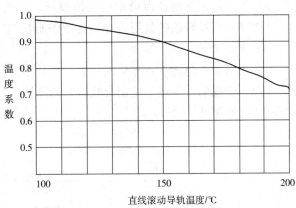

图2.15　温度系数 f_t

表2.2　接触系数

每根导轨上的滑块数	1	2	3	4	5
f_c	1.00	0.81	0.72	0.66	0.61

表2.3　精度系数

精度等级	2	3	4	5
f_a	1.0	1.0	0.9	0.9

表2.4　载荷系数

工作条件	无外部冲击或振动的低速运动场合,速度小于15m/min	无明显冲击或振动的中速运动场合,速度小于15～60m/min	有外部冲击或振动的高速运动场合,速度大于60m/min
f_w	1～1.5	1.5～2.0	2.0～3.5

通过上述计算,如果计算结果满足设计寿命要求,则可以选用,如果不满足,则重新选更大的公称尺寸,重新进行额定寿命的校核。

（2）直线滚动导轨的间隙和预压

间隙是指滑块、轨道与钢球之间的空隙,垂直方向间隙的总和称为径向间隙。为消除直线导轨的间隙、提高刚性,需事先给滚动体施加预压。负间隙意味着已施加预压。间隙与预压影响直线导轨的使用刚性,预压等级及应用特点如表2.5所示。

表2.5　直线滚动导轨预压等级及应用特点

等级	应用特点	等级	应用特点
间隙	极轻的移动,有轻微的安装误差	中预压	中度振动,承载中度外悬负荷
标准	轻盈精密的移动	重预压	有振动和冲击,承载外悬负荷,重切削
轻预压	振动极小,负荷平衡好,轻盈精密的移动		

如果为了追求高刚性而设定过大的预压,直线导轨与滚动体之间就会产生过大的内应力,从而降低直线导轨的使用寿命。合理的刚性能有效地满足机械设备的精度需求。

（3）导轨数量

根据使用条件确定平行导轨的根数、导轨距离、每根导轨上滑块的数量。并选定直线导轨的系列。根据同一负载上使用导轨数量的不同,直线导轨可以使用单导轨、双导轨、三导轨等形式,如图2.16所示。

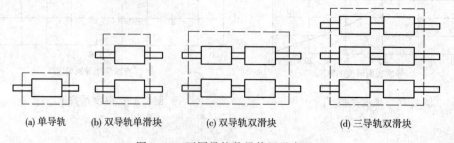

(a) 单导轨　　(b) 双导轨单滑块　　(c) 双导轨双滑块　　(d) 三导轨双滑块

图2.16　不同导轨数量使用示意图

（4）直线滚动导轨的精度

直线滚动导轨的精度可分为行走平行度以及高度、宽度的容许尺寸公差。当一根直线轨道上使用多个滑块或同一平面上安装有多条直线导轨时，生产厂家规定了不同规格型号的安装方式。

直线滚动导轨的运动精度主要以行走平行度来定义。行走平行度，指的是将直线轨道用螺栓固定在标准的工作台上，当滑块在直线导轨全长范围内运动时，滑块与轨道基准面之间的平行度误差。

直线滚动导轨副通常分为几个等级，如 GGB 系列产品精度等级分 4 个，即 2、3、4、5级，其中 2 级精度最高，表 2.6 是 GGB 系列产品精度检验参照表。

表 2.6　GGB 系列产品精度检验参照表

序号	简　图	检验项目	允　差			
			导轨长度/mm	精度等级/μm		
				2	3	4	5
1		① 滑块顶面中心对导轨基准底面 A 的平行度 ② 与导轨基准侧面同侧的滑块侧面对导轨基准侧面 B 的平行度	≤500	4	8	14	20
			>500～1000	6	10	17	25
			>1000～1500	8	13	20	30
			>1500～2000	9	15	22	32
			>2000～2500	11	17	24	34
			>2500～3000	12	18	26	36
			>3000～3500	13	20	28	38
			>3500～4000	15	22	30	40
2		滑块上顶面与导轨基准底面的高度 H 的极限偏差	精度等级/μm			
			2	3	4	5
			±12	±25	±50	±100
3		同一平面上多个滑块顶面高度 H 的变动量	精度等级/μm			
			2	3	4	5
			5	7	20	40
4		与导轨基准侧面的滑块侧面与导轨基准侧面间距离 W_1 的极限偏差（只适用基准导轨）	精度等级/μm			
			2	3	4	5
			±15	±30	±60	±150
5		同一导轨上多个滑块侧面与导轨基准侧面距离 W_1 的变动量（只适用基准导轨）	精度等级/μm			
			2	3	4	5
			7	10	25	70

注：1. 精度检验方法见表中简图所示；

2. 由于导轨轴上的滚道是用栓将导轨轴紧固在专用夹具上精磨的，在自由状态下可能会存在弯曲，因此精度检验时应将导轨轴用螺栓固定在专用平台上测量；

3. 当基准导轨副上使用滑块数超过两件时，除首尾两件滑块外，中间滑块不作第 4 和第 5 项检查，但中间滑块的 W_1 值应小于首尾两滑块的 W_1 值。

3. 直线滚动导轨副安装

导轨的安装方式有两种，分别是沉头孔型、螺纹孔型，如图 2.17 所示，以下以沉头孔型为例介绍直线滚动导轨副的安装。

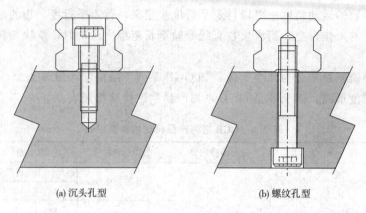

(a) 沉头孔型　　　　　　　　(b) 螺纹孔型

图 2.17　导轨安装形式

（1）安装形式

直线导轨可承受上下左右方向的载荷。根据使用部件的结构空间情况，导轨的安装方式灵活多样，有水平安装、垂直安装、倾斜安装等形式，如图 2.18 所示。

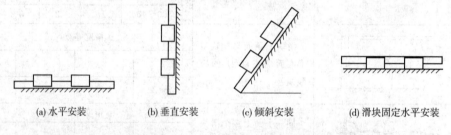

(a) 水平安装　　　　(b) 垂直安装　　　　(c) 倾斜安装　　　　(d) 滑块固定水平安装

图 2.18　直线导轨安装形式

当水平安装导轨时，可以将滑块安装在导轨的上方，再在滑块的上方安装各种执行机构等负载，导轨固定，滑块移动，这是直线导轨机构最基本的使用方式。也可以将滑块固定，采用导轨活动的方式，解决负载工作行程较长、机器缺少足够的安装空间的情况。

如果要求负载在水平方向运动，但结构上又因为高度方向尺寸受到限制，没有空间将导轨安装在水平面内，就可以考虑将导轨安装在基础的外侧侧面，如图 2.19 所示。

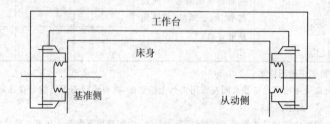

图 2.19　垂直平面安装导轨

（2）基准面的一致性

在直线导轨中，滑块与导轨均有自己的加工基准面。为保证直线导轨使用时达到一定的精度，在滑块装入导轨时，必须保证他们的基准面方向一致。滑块的基准面是标有商标面的相对的面。轨道的基准面是标有一条直线或一道小槽的一面。

（3）基准导轨与非基准导轨

大多数情况下使用两根或两根以上导轨，此时为了保证两条（或多条）导轨平行，通常把一条导轨作为基准导轨，安装在床身的基准面上，底面和侧面都有定位面；另一条导轨为非基准导轨，床身上没有侧向定位面，固定时以基准导轨为定位面固定。这种安装形式称为单导轨定位，如图 2.20 所示。单导轨定位易于安装，容易保证平行，对床身没有侧向定位面平行度的要求。

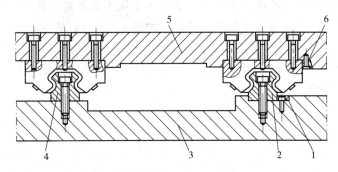

图 2.20 单导轨定位的安装形式

1,6—楔块；2—基准侧的导轨条；3—床身；4—非定位导轨；5—工作台

当振动和冲击较大、精度要求较高时，两条导轨的侧面都要定位，称双导轨定位，如图 2.21 所示。双导轨定位要求定位面平行度高。当用调整垫调整时，导轨安装面的加工精度要求较高，调整难度大。

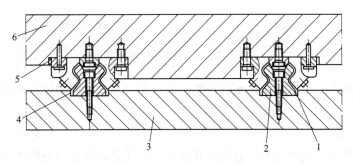

图 2.21 双导轨定位的安装形式

1,4,5—调整垫；2—基准侧的导轨条；3—床身；6—工作台

【任务实施】

一、直线导轨的安装

（1）导轨平行度

两根或两根以上导轨平行使用时，如不能严格保证导轨间的平行度，则机构在工作时会

对滚动体产生额外的载荷，加剧导轨及滚珠磨损，使滑块运动变得不灵活，甚至卡死。为保证导轨间的平行度，两根导轨都采用侧面基准面定位并夹紧，直接通过安装基础上两个侧面定位基准面的平行度来保证。

（2）导轨等高

两根或者三根导轨平行使用时，在整个导轨长度范围内，必须保证导轨具有相同的高度，或者说，必须使平行使用的各导轨的高度误差在允许范围内，以使导轨运行灵活。

（3）螺钉的拧紧次序及扭力

拧紧螺钉主要掌握螺钉拧紧的次序及拧紧扭矩，如果随意拧紧螺钉，可能使导轨发生轻微的弯曲。螺钉拧紧的次序推荐两种方法。

① 使待安装的导轨及导轨定位基准侧面都位于安装操作者的左侧，将导轨侧面基准贴紧安装基础上的装配定位基准面，用夹紧夹具将导轨从侧面夹紧。首先从中间开始，右手使用扭矩扳手拧紧螺钉，并交替依次向两端延伸，如图 2.22（a）所示，数字表示拧紧次序。

② 其他要求同方法①，不同之处为首先从操作者的最远端开始，见图 2.22（b），依次向近端拧紧。拧紧螺钉的旋转力可以产生一个使导轨压向左侧基准面的压力，使导轨基准面与安装基准面充分贴紧。

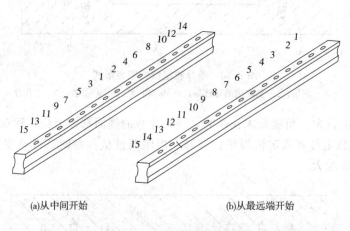

(a)从中间开始   (b)从最远端开始

图 2.22　导轨螺钉拧紧次序

导轨装配过程中，不是一次将螺钉拧紧，而是先将导轨初步固定，最后再按规定的扭矩及规定的次序依次拧紧螺钉。

（4）螺钉的防松

在有振动及冲击的使用场合，直线导轨在装配时还必须考虑防松措施。通常的预防措施为采用弹性垫圈或装配时在螺钉螺纹尾部涂布螺丝胶水，防止松动。

另外，装配时还应注意预紧级产品和非预紧级产品装配的不同。

二、单侧基准定位安装

① 装配面及装配基准的清洁。用油石清理装配面与装配基准面的毛刺，并用干净的布将装配面与装配基准面上的油污、灰尘擦拭干净，涂上低黏度碇子油。如图 2.23（a）所示。

② 导轨的初步固定。设置导轨的基准侧面与安装台阶的基准面相对，如图 2.23（b）、

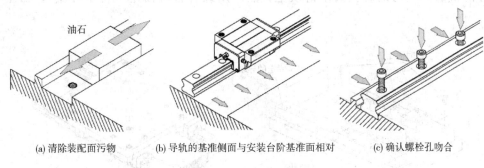

(a) 清除装配面污物　　　(b) 导轨的基准侧面与安装台阶基准面相对　　　(c) 确认螺栓孔吻合

图 2.23　基准导轨的定位

（c）所示，检查螺栓的位置，确定螺孔位置正确，避免螺钉装配时干涉情况发生（先不拧紧）。注意一定要先确定两根导轨的安装基准面，制造商一般都在侧面作有专门的标记。

③ 固定基准侧导轨。通过夹紧夹具将基准侧导轨的安装基准侧面紧靠在安装基础的定位基准面上，按次序逐个预紧固定螺钉，如图 2.24（a）所示。

④ 固定基准侧导轨全部滑块。将基准侧导轨各滑块的装配基准面紧贴在负载工作台的定位基准上，用扭矩扳手按规定的扭矩将基准侧导轨各滑块的螺钉拧紧，注意螺钉拧紧时要交叉多次进行，如图 2.24（b）、（c）所示。螺栓拧紧扭矩如表 2.7 所示。

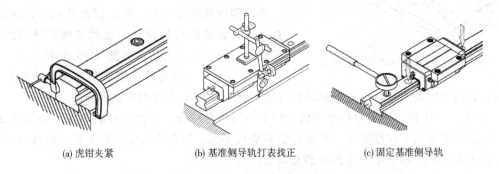

(a) 虎钳夹紧　　　　　(b) 基准侧导轨打表找正　　　　　(c) 固定基准侧导轨

图 2.24　基准导轨的固定

表 2.7　螺栓拧紧扭矩（材料：SCM）

螺栓公称直径	拧紧力矩/N·m	螺栓公称直径	拧紧力矩/N·m
M2.3	0.38	M10	43
M2.5	0.58	M12	76
M3	1.06	M14	122
M4	2.5	M16	196
M5	5.1	M18	265
M6	8.6	M22	520
M8	22		

⑤ 从动侧导轨初装。根据基准导轨的位置，利用游标卡尺或其他精密量具测量两导轨间距，直到相等为止，在从动导轨两端各暂时拧上一个螺栓。将负载平台按螺钉安装孔位置

对准各滑块后，轻巧地放在四个滑块上，然后用螺钉暂时固定（暂不拧紧），如图 2.25
所示。

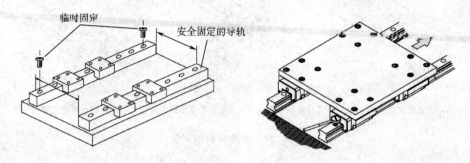

图 2.25　非基准导轨与承载平台的安装

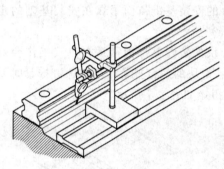

图 2.26　非基准导轨的打表找正

⑥ 根据基准侧导轨打表找正从动侧导轨位置。
移动负载工作台，使直线导轨机构运动基本顺畅，
然后将百分表座固定在工作台上，百分表头紧贴在
从动侧导轨的侧面基准上，在全长度上边移动工作
台边用测力计测定移动工作台所需要的轴向拖动力。
同时观察百分表指针的跳动情况，用塑料锤轻轻敲
击从动侧导轨阻滞点的一侧，调整从动导轨的方向，
直到百分表指针的跳动量（也就是两根导轨的平行
度误差）满足要求为止，如图 2.26 所示。

⑦ 固定从动侧导轨。完成从动侧导轨的打表找
正后，再按规定的次序逐个拧紧从动侧导轨的螺钉，固定从动侧导轨剩余的滑块。

⑧ 安装工作台，按照对角次序依次拧紧负载平台螺栓，并检查整机精度。如图 2.27 所
示，完成后的整机直线度要比单独的导轨和滑块要高，每台机器安装时测量到的数据都是很
重要的参数，是以后大批量生产时的必需数据。

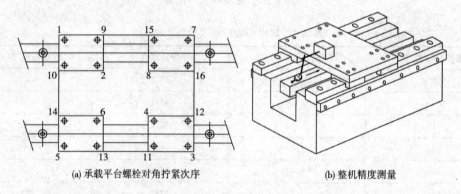

(a) 承载平台螺栓对角拧紧次序　　　　　　　　(b) 整机精度测量

图 2.27　承载平台螺栓拧紧与整机精度测量

⑨ 用小锤将埋栓逐个轻轻敲入导轨上的螺钉安装孔内，直到埋栓的上方与导轨面为同
一平面为止。敲击埋栓时必须在锤子与埋栓之间放入一块塑料垫块，防止损伤导轨表面。

【思考与练习】

1. 某伺服电动机最高转速为 1200r/min，通过丝杠螺母传动带动机床进给运动，丝杠螺距为 6mm，则最大进给速率是多少？

2. 已知电机转速 N_m，最大进给速度 V_{max}，传动比 I，求丝杠导程 P。

3. 根据图 2.28，说明滚珠丝杠机构在工作时能够承受哪些载荷，不能承受哪些载荷。

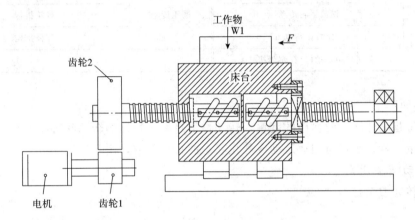

图 2.28 滚珠丝杠传动

任务2 回转运动部件

知识目标：

1. 了解常见的回转运动要求；

2. 掌握惯量、阻尼、刚性等参数对机械传动系统动态特性的影响；

3. 了解系统传动精度的主要影响因素和减少误差的主要措施。

能力目标：

1. 能分析回转刀架的传动及功能实现方式；

2. 能编制回转刀架的装配工艺文件；

3. 能完成回转刀架的拆装实践。

【相关知识】

一、回转运动及传动部件

机电一体化系统常用的机械传动类型如表 2.8 所示。

齿轮传动是常见的一种回转传动方式，它具有传动比恒定、传动精度高、承载能力大、传动效率高、结构成熟等优点。

齿轮传动经常用于伺服系统的减速增矩，往往由数对啮合齿轮组成减速箱。为了获得系统较好的动态性能，应使齿轮系的等效转动惯量尽可能小，并合理分配各级传动比。

表 2.8　机械传动类型

传动类型	传动形式	传动类型	传动形式
摩擦传动	摩擦轮传动	啮合传动	滚珠丝杠螺母副传动
	带传动		链传动
啮合传动	普通齿轮传动		齿带传动
	行星齿轮传动	推压传动	凸轮机构
	谐波齿轮传动		棘轮机构
	蜗杆副传动		连杆机构
	普通螺旋传动(丝杠螺母机构)		

1. 转动惯量

转动惯量是物体转动时惯性的度量，转动惯量越大，物体的转动状态越不容易改变。转动惯量和质量一样，是保持匀速运动或静止状态的特性参数，用字母 J 表示。

(1) 转动惯量计算

圆柱体转动惯量：

$$J = \frac{1}{2}mR^2$$

式中　m——质量，kg；

　　　R——圆柱体半径，m。

在机械传动系统中，齿轮、联轴器、丝杠和轴等接近于圆柱体的零件都可视为圆柱体来近似计算转动惯量。

(2) 等效转动惯量

利用能量守恒定理，将传动系统的各个运动部件的转动惯量折算到特定轴（一般是电机轴）上，所获得的传动系统在特定轴上的转动惯量之和，称为等效转动惯量。

如果相邻两轴从后轴向前轴进行转动惯量的折算，则有

$$J = \frac{J_1}{i^2}$$

例如直线移动工作台折算到丝杠上的转动惯量计算方法如下。

导程为 L 的丝杠，驱动质量为 m（含工件质量）的工作台往复移动，其传动比为

$$i = 2\pi/L$$

则工作台折算到丝杠上的转动惯量为

$$J = \frac{m}{i^2} = m\left(\frac{L}{2\pi}\right)^2$$

式中　L——丝杠导程，m；

　　　m——工作台及工件的质量，kg。

例：一工作台传动系统，如图 2.29 所示，已知 $z_2/z_1 = z_4/z_3 = 2$，丝杠的螺距 L 为 5mm，工作台的质量 m 为 400kg，齿轮 Z_1、Z_2、Z_3、Z_4 及丝杠的转动惯量 J 分别为：0.01kg·m²、0.15kg·m²、0.02kg·m²、0.33kg·m²、0.012kg·m²，电动机的转动惯量为 0.22kg·m²，求折算到电动机轴上的总等效转动惯量。

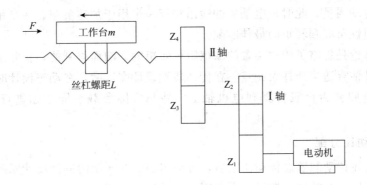

图 2.29 工作台传动系统示意图

解： 系统总的转动惯量为：

$$J_{\Sigma}=J_{\mathrm{m}}+J_1+(J_2+J_3)\Big/\Big(\frac{Z_2}{Z_1}\Big)^2+\Big[J_4+J_{\mathrm{S}}+\Big(\frac{L}{2\pi}\Big)^2 m\Big]\Big/\Big(\frac{Z_2 Z_4}{Z_1 Z_3}\Big)^2$$

$$=0.294(\mathrm{kg \cdot m^2})$$

（3）**惯性匹配原则**

机械传动系统转动惯量过大会导致机械负载增加，功率消耗加大，系统响应速度变慢，灵敏度降低，系统固有频率下降，容易产生谐振等不利影响。因此，在不影响系统刚性的前提下，系统的等效转动惯量应尽可能小。

一般情况下，负载等效转动惯量 $J_{\mathrm{L}}\leqslant$ 电机转动惯量 J_{M}，电机的可控性好，系统的动态特性好。

对于采用小惯量伺服电动机的伺服系统，其比值通常推荐为：

$$1\leqslant \frac{J_{\mathrm{M}}}{J_{\mathrm{L}}}\leqslant 3$$

不同的机械系统对惯量匹配原则有不同的要求，惯量匹配的确定需要根据具体机械系统的需求来确定，且与伺服电动机、驱动器有关。

2. 齿轮传动总传动比

机电一体化系统的传动装置在满足伺服电动机与负载的力矩匹配的同时，应具有较高的响应速度。因此，在伺服系统中，通常采用负载角加速度最大原则选择总传动比，以提高伺服系统的响应速度。

设电动机的输出转矩为 T_{m}，摩擦阻抗转矩为 T_{LF}，电动机的转动惯量为 J_{M}，电动机的角位移为 θ_{M}，负载 L 的转动惯量为 J_{L}，齿轮系 G 的总传动比为 i，传动模型如图 2.30 所示。

经计算，当负载角加速度最大时，总传动比为：

$$i=\frac{T_{\mathrm{LF}}}{T_{\mathrm{M}}}+\sqrt{\Big(\frac{T_{\mathrm{LF}}}{T_{\mathrm{M}}}\Big)^2+\frac{J_{\mathrm{L}}}{J_{\mathrm{M}}}}$$

若不计摩擦阻抗转矩，即 $T_{\mathrm{LF}}=0$，则

$$i=\sqrt{\frac{J_{\mathrm{L}}}{J_{\mathrm{M}}}} \qquad 或 \qquad \frac{J_{\mathrm{L}}}{i^2}=J_{\mathrm{M}}$$

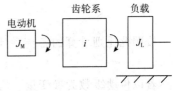

图 2.30 电动机、传动装置和
负载的传动模型

上式表明：齿轮系总传动比 i 为最佳值时，J_L 换算到电动机轴上的转动惯量正好等于电动机转子的转动惯量，此时，电动机的输出转矩一半用于加速负载，一半用于加速电动机转了，达到了惯性负载和转矩的最佳匹配。

上述分析结论是忽略了传动装置的摩擦阻抗转矩的影响而得到的，实际总传动比要依据传动装置的惯量估算适当选择大一点。在传动装置设计完以后，在动态设计时，通常将传动装置的转动惯量归算为负载折算到电机轴上，并与实际负载一同考虑进行电机响应速度验算。

3. 各级传动比分配

在确定了齿轮传动装置总传动比之后，可采用表 2.9 所示的三种设计原则，即输出轴转角误差最小的原则、等效转动惯量最小原则、质量最小原则。

表 2.9　齿轮传动装置的传动级数、各级传动比的设计原则

工作条件要求	可选用的设计原则
传动精度要求高	输出轴转角误差最小的原则
动态性能好、运转平稳、启停频繁	等效转动惯量最小原则和输出轴转角误差最小的原则
质量尽可能小	质量最小原则设计

下面采用等效转动惯量最小原则分析传动链的级数及传动比的分配。有关质量最小原则、输出轴转角误差最小原则的说明可以参见相关资料。

（1）小功率传动装置

电动机驱动的两级齿轮传动系统简图如图 2.31 所示。由于功率小，假定各主动轮具有相同的转动惯量 J_1，轴与轴承转动惯量忽略不计，各齿轮均为实心圆柱齿轮，且齿宽 b 和材料均相同，效率不计。

按照等效转动惯量最小原则，有

$$i_2 = \sqrt{\frac{i_1^4 - 1}{2}}$$

假定 i_1^4 远大于 1，$i_1^4 - 1 \approx i_1^4$ 则：

$$i_2 \approx \frac{i_1^2}{\sqrt{2}}$$

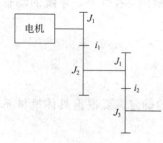

图 2.31　两级齿轮传动系统简图

对于 n 级齿轮系，可得：

$$i_1 = 2^{\frac{2^n - n - 1}{2(2^n - 1)}} i^{\frac{1}{2^n - 1}}$$

$$i_k = \sqrt{2} \left(\frac{i}{2^{\frac{n}{2}}} \right)^{\frac{2(k-1)}{2^n - 1}}$$

按照此原则计算的各传动比按"前小后大"次序分配，以确保结构的紧凑，降低传动误差。

若以传动级数为参变量，齿轮系中折算到电动机轴上的等效转动惯量 J_L 与第一级主动齿轮的转动惯量 J_1 之比为 J_L/J_1，其变化与总传动比 i 的关系如图 2.32 所示。

（2）大功率传动装置

大功率传动装置传递的扭矩大，各级齿轮副的模数、齿宽、直径等参数逐级增加，各级齿轮的转动惯量差别很大。确定大功率传动装置的传动级数及各级传动比可依据图 2.33、图 2.34、图 2.35 来进行。传动比分配的基本原则仍应为"前小后大"，以保证输出轴转角误差最小。

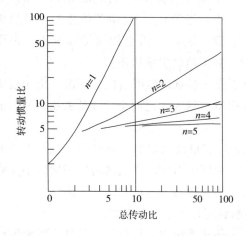

图 2.32 小功率传动装置确定传动级数曲线

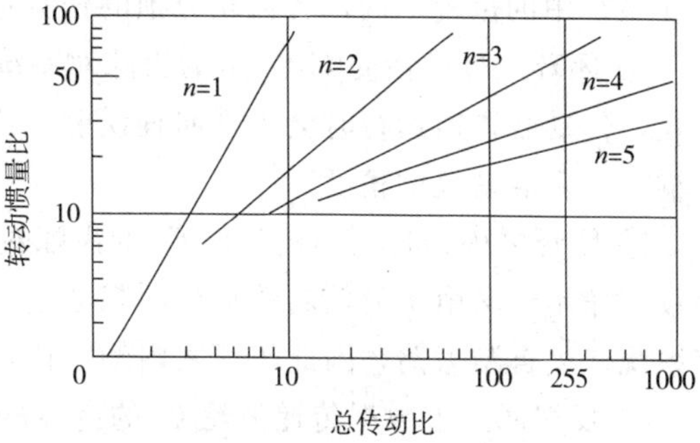

图 2.33 大功率传动装置确定传动级数曲线

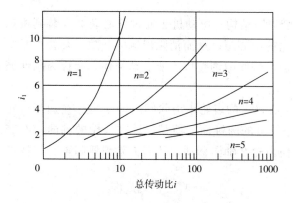

图 2.34 大功率传动第一级传动比曲线

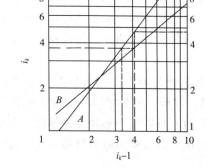

图 2.35 大功率传动各级传动比曲线

例：设有总传动比 $i=256$ 的大功率传动装置，试按等效转动惯量最小原则分配传动比。

解：查图 2.33，传动级数 $n=3$ 时，转动惯量比 $=70$；$n=4$ 时，转动惯量比 $=35$；$n=5$ 时，转动惯量比 $=26$。兼顾到转动惯量比的大小和传动装置结构紧凑，选 $n=4$。

查图 2.34，当 $n=4$ 时，第一级传动比 i_1 约为 3.3。

查图 2.35，在横坐标 i_{k-1} 上 3.3 处作垂直线，与 A 线交于第一点，在纵坐标 i_k 轴上查得 $i_2\approx3.7$，通过该点作水平线，与 B 曲线相交得第二点 $i_3\approx4.24$，由第二点作垂线与 A 曲线相交，得第三点 $i_4\approx4.95$。

验算 $i_1i_2i_3i_4\approx256$，满足设计要求。

4. 齿轮间隙消除

机电一体化系统的动态性能不仅仅和系统的等效转动惯量、质量有关，还直接受限于系

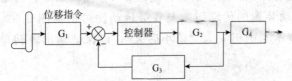

图 2.36　齿轮传动旋转工作台伺服系统框图

统的间隙、阻尼、刚性、谐振频率等因素。其中，机械系统中的间隙，如齿轮传动间隙、螺旋传动间隙等，对伺服系统性能有很大影响。如一常用的齿轮传动旋转工作台伺服系统框图如图 2.36 所示，图中，齿轮 G_1、G_3 用于传递控制及反馈信息，G_2、G_4 用于传递运动及力，由于它们在系统中的位置不同，各齿轮分担的任务不同，其齿隙的影响也不同。

① 闭环之外的齿轮 G_1、G_4 的齿隙对系统稳定性无影响，但影响伺服精度。由于齿隙的存在，传动装置逆运行时会出现回程误差，使输出轴与输入轴之间呈非线性关系，输出滞后于输入，影响系统的精度。

② 闭环之内传递动力的齿轮 G_2 的齿隙对系统静态精度无影响，这是因为控制系统有自动校正作用。又由于齿轮副的啮合间隙会造成传动死区，若闭环系统的稳定裕度较小，则会使系统产生自激振荡，因此闭环之内动力传递齿轮的齿隙对系统的稳定性有影响。

③ 反馈回路上数据传递齿轮 G_3 的齿隙既影响稳定性，又影响精度。

因此，应尽量减小或消除间隙，目前在机电一体化系统中，广泛采取各种机械消隙机构来消除齿轮副等传动副的间隙。

（1）圆柱齿轮传动副

① 偏心套调整法。图 2.37 所示为偏心套消隙结构。电动机 1 通过偏心套 2 安装到机床壳体上，通过转动偏心套 2 就可以调整两齿轮的中心距，从而消除齿侧的间隙。其特点是结构简单，能传递较大扭矩，传动刚度较好，但齿侧间隙调整后不能自动补偿，又称为刚性调整法。

② 轴向垫片调整法。图 2.38 所示为用带有锥度的齿轮来消除间隙的结构。在加工齿轮 1 和 2 时，将假想的分度圆柱面改变成带有小锥度的圆锥面，使其齿厚在齿轮的轴向稍有变化。装配时，只要改变垫片 3 的厚度，就能使齿轮 2 轴向移动，从而消除齿侧间隙。其特点是结构简单，但齿侧间隙调整后不能自动补偿。

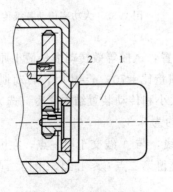

图 2.37　偏心套消隙
1—电动机；2—偏心套

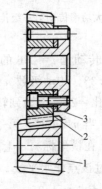

图 2.38　锥齿轮消隙
1,2—齿轮；3—垫片

③ 双片齿轮错齿调整法。这种消除齿侧间隙的方法是将其中一个啮合齿轮做成宽齿轮，

另一个用两片薄片齿轮组成，采取措施使一个薄齿轮的左齿侧和另一个薄齿轮的右齿侧分别紧贴在宽齿轮齿槽的左右两侧，从而消除齿侧间隙，并且反向时不会出现死区。

图 2.39 所示是双片齿轮周向弹簧错齿消隙结构。在两个薄片齿轮 1 和 2 的端面均匀分布着四个螺孔，分别装上凸耳 3 和 8。齿轮 1 的端面还有另外四个通孔，凸耳 8 可以在其中穿过，弹簧 4 的两端分别勾在凸耳 3 和调节螺钉 7 上。通过螺母 5 调节弹簧 4 的拉力，调节完后用螺母 6 锁紧。弹簧的拉力使薄片齿轮错位，即两个薄片齿轮的左右齿面分别贴在宽齿轮齿槽的左右齿面上，从而消除了齿侧间隙。其特点是齿侧间隙能自动消除，但承载能力有限。

这种结构装配好后，齿侧间隙自动消除（补偿），可始终保持无间隙啮合，是一种常用的无间隙齿轮传动结构。但采用双片齿轮错齿法调整间隙，在齿轮传动时，正向和反向旋转时分别只有一片齿轮承受扭矩，因此承载能力受到限制，并需弹簧的拉力足以克服最大扭矩，否则将会出现动态间隙。该方法属柔性调整，它适用于负荷不大的传动装置。

（2）斜齿圆柱齿轮传动副

① 垫片调整法。与错齿调整法基本相同，也采用两薄片齿轮与宽齿轮啮合，两薄片斜齿轮之间的错位由两者之间的轴向距离获得。图 2.40 中，两薄片斜齿轮 3、4 中间加一垫片 2，使薄片斜齿轮 3、4 的螺旋线错位，齿侧面相应地与宽齿轮 4 的左右侧面贴紧。其特点是结构简单，但存在需要反复测试齿轮的啮合情况，调节垫片的厚度才能达到要求，而且齿侧间隙不能自动补偿。

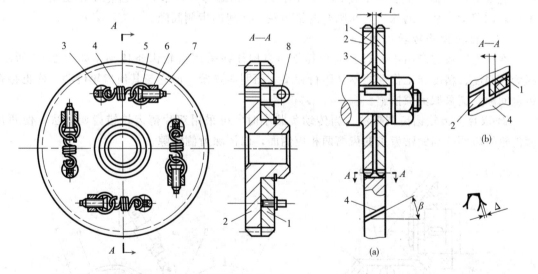

图 2.39　双片齿轮周向弹簧错齿消隙结构
1,2—薄齿轮；3,8—凸耳或短柱；4—弹簧；5,6—螺母；7—螺钉

图 2.40　斜齿轮垫片调整法
1,2—薄片齿轮；3—垫片；4—宽齿轮

② 轴向压弹簧调整法。图 2.41 所示是斜齿轮轴向错齿消隙结构。该结构消隙原理与轴向垫片调整法相似，所不同的是利用齿轮 2 右面的弹簧压力使两薄片齿轮的左右齿面分别与宽齿轮的左右齿面贴紧，以消除齿侧间隙。图 2.41（a）采用的是压簧，图 2.41（b）采用的是碟型弹簧。

弹簧 3 的压力可利用螺母 5 来调整，压力的大小要调整合适，压力过大会加快齿轮磨

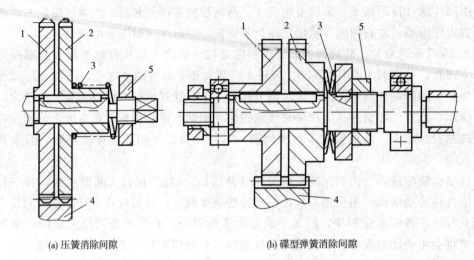

(a) 压簧消除间隙   (b) 碟型弹簧消除间隙

图 2.41 斜齿轮轴向错齿消隙结构

1,2—薄片斜齿轮；3—弹簧；4—宽齿轮；5—螺母

损，压力过小达不到消隙作用。这种结构齿轮间隙能自动消除，能够保持无间隙的啮合，但它只适用于负载较小的场合，而且这种结构轴向尺寸较大。

（3）锥齿轮传动机构

锥齿轮传动副间隙调整有轴向压簧调整法和周向弹簧调整法两种。如图 2.42 所示，在锥齿轮 4 的传动轴 7 上装有压簧 5，其轴向力大小由螺母 6 调节，锥齿轮 4 在压簧 5 的作用下可轴向移动，从而消除了其与啮合的锥齿轮 1 之间的齿侧间隙。

（4）齿轮齿条传动机构

在机电一体化产品中，对于大行程传动机构往往采用齿轮齿条传动，如图 2.43 所示。因为其刚度、精度和工作性能不会因行程增大而明显降低，但它与其他齿轮传动一样也存在齿侧间隙，应采取消隙措施。

① 双片薄齿轮错齿调整法。当传动负载小时，可采用双片薄齿轮错齿调整法，使两片薄齿轮的齿侧分别紧贴齿条的齿槽两相应侧面，以消除齿侧间隙。

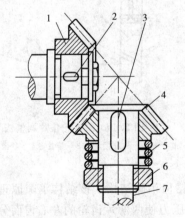

图 2.42 锥齿轮传动结构

1,4—锥齿轮；2,3—键；5—压簧；
6—螺母；7—轴

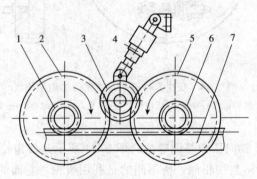

图 2.43 齿轮齿条传动结构

1,6—小齿轮；2,5—大齿轮；3—齿轮；
4—预载装置；7—齿条

② 双齿轮径向加载调整法。当传动负载大时，可采用双齿轮径向加载调整法。如图 2.43 所示，小齿轮 1、6 分别与齿条 7 啮合，与小齿轮 1、6 同轴的大齿轮 2、5 分别与齿轮 3 啮合，通过预载装置 4 向齿轮 3 上预加负载，使大齿轮 2、5 向外伸开，与其同轴的小齿轮 1、6 也同时向外伸开，使其齿分别紧贴在齿条 7 上齿槽的左、右侧，消除了齿侧间隙。齿轮 3 直接由液压马达驱动。

二、回转刀架运动

回转刀架（见图 2.44）是数控机床使用的比较简单的一种自动换刀装置，常用的类型有四方刀架、六角刀架，即在其上装有四把、六把或更多的刀具。

图 2.44 回转刀架

回转刀架在结构上必须具有良好的强度和刚度，以承受粗加工时的切削抗力。由于车削加工精度在很大程度上取决于刀尖位置，对于数控车床来说，加工过程中刀具位置不进行人工调整，因此更有必要选择可靠的定位方案和合理的定位结构，以保证回转刀架在每次转位之后，具有尽可能高的重复定位精度（一般为 0.001～0.005mm）。

1. LD4B（HAK21）系列立式电动刀架工作原理

LD4B（HAK21）系列立式电动刀架为典型的端齿盘式四工位自动回转刀架，如图 2.45 所示，它采用蜗轮蜗杆传动、三齿盘啮合螺杆锁紧的工作原理。

刀架动作原理及过程如下。

（1）刀架抬起

当换刀指令发出之后，电动机启动正转，通过平键套筒联轴器使蜗杆轴 11 转动，从而带动蜗轮旋转，蜗轮 7 通过平键将运动传递给螺杆 9，上刀体 15 内孔加工有内螺纹，与螺杆旋合。螺杆 9 内孔与刀架中心轴——定轴 8 外圆是动配合，在转位换刀时，定轴固定不动，空心螺杆 9 环绕定轴旋转。当螺杆 9 转动时，由于上刀体底座和外齿轮 12 的端面齿处在啮合状态，且螺杆 9 轴向固定，这时上刀体抬起。

（2）刀架转位

当刀架体抬至一定距离后，蜗杆的转动把夹紧轮 14 往上抬，从而使三齿圈（内齿圈、外齿圈、夹紧齿圈）都松开，这时离合销进入离合盘 16 的槽内，反靠销 26 同时脱离反靠盘

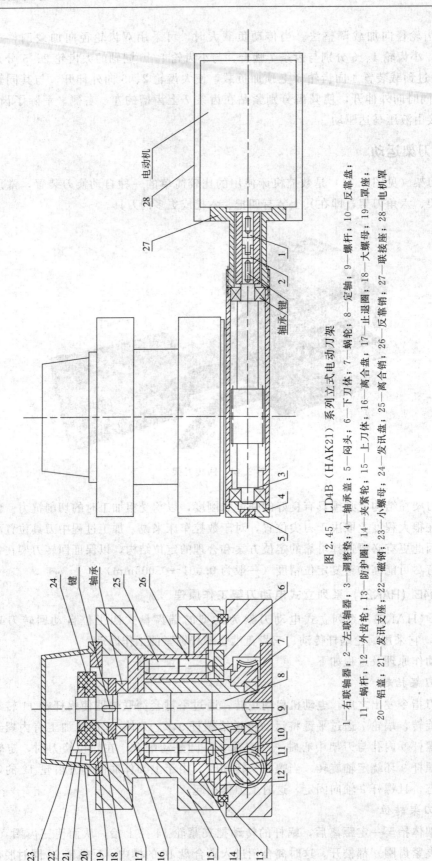

图 2.45　LD4B（HAK21）系列立式电动刀架

1—联轴器；2—左联轴；3—调整垫；4—轴承盖；5—闷头；6—下刀体；7—蜗轮；8—定轴；9—螺杆；10—反靠盘；
11—蜗杆；12—外齿轮；13—防护圈；14—夹紧轮；15—上刀体；16—离合盘；17—止退圈；18—大螺母；19—罩座；
20—铝盖；21—发讯支座；22—磁钢；23—小螺母；24—小螺母；25—离合销；26—反靠销；27—联接座；28—电机罩

10 的槽，上刀架随螺杆一起转位。

（3）刀架定位

当上刀体 15 转动到对应的刀位时，磁钢 22 与发讯盘 24 上的霍尔元件相对应，发出到位信号。系统收到信号后发出电机反转延时信号，电机反转。上刀体 15 稍有反转，反靠销 26 进入反靠盘 10 的槽中实现粗定位，离合销 25 脱开离合盘 16 的槽，由于粗定位槽的限制，上刀体 15 不能转动，使其在该位置垂直落下，上刀体和外齿轮 12 上的端面齿啮合实现精确定位。

（4）刀架反锁压紧

电动机继续反转，螺杆 9 继续转动，夹紧轮 14 向下压紧内外齿圈，随夹紧力增加，转矩不断增大，达到一定值时，实现锁紧。延时结束，电动机停止转动。主机系统指令进入下道工序。

2. 转塔刀架故障分析

转塔刀架的常见故障诊断如表 2.10 所示。

表 2.10　转塔刀架常见故障诊断

序号	故障现象	故障原因	排除方法
1	转塔刀架没有抬起	控制系统没有控制信号	电气维修
		抬起电磁铁断线或抬起阀杆卡死	修理清除污物，更换电磁阀
		与转塔相连的机械部分研损	修复研损部分或更换零件
2	转塔转位速度缓慢或不转位	检查是否有转位信号输出	检查转位继电器是否吸合
		转位电磁阀断线或阀杆卡死	修理或更换
		安装附具不配套	重新调整附具，减少转位冲击
3	转塔转位时碰牙	抬起速度或抬起延时时间短	增加延时时间
4	转塔不到位	转位盘上的撞块与选位开关松动，使转到位时传输信号超期或滞后	拆下护罩，使转塔处于正位状态，重新调整撞块与选位开关的位置并紧固
		上下连接盘与中心轴花键间隙过大，产生位移偏差大	重新调整连接盘与中心轴的位置；间隙过大可更换零件

3. 故障分析实例

下面以 WZD4 型电动刀架为例简要介绍一种故障分析方法，假设发生故障不能使用。

（1）诊断及检测

① 观察刀架体与刀架底座之间四周间隙是否均匀，且是否有扩大。

② 观察刀架结构。

③ 启动手动换刀，观察现象。

④ 手动调整蜗杆轴，观察现象。

假设观察现象为：刀架体已抬升，但周边间隙均匀，用手摆动刀架，无晃动现象。手动换刀时，电动机有启动声但不能回转，刀架纹丝不动，将内六角扳手插入蜗杆轴端部，顺时针方向转不动，逆时针方向用力方可将蜗杆轴转动一定量。

（2）故障判断

刀架体与刀架底座之间四周间隙均匀，说明刀架中心轴无弯曲损坏；启用手动换刀功能时电机有启动声，可大胆排除电机故障；根据刀架抬升一段距离并扭转近 45°，启动手动换刀功能刀架无回转，用内六角扳手正转蜗杆时刀架不能转动这几方面的现象，结合其机械原理，可判断为刀架内部机械卡死。可能出现的情况为：

① 端面齿盘损坏，造成刀架体与刀架底座卡死；

② 蜗轮螺杆与刀架体的螺旋副咬死，甚至螺纹变形；

③ 定位销弯曲变形或者断裂，卡在粗定位盘槽中；

④ 蜗杆轴轴承开裂或蜗杆副损坏。

（3）故障查询

检查电动机运转是否正常：将电动机拆下，试运转，转动正常。检查刀架内部机械装置，将蜗杆轴旋出，刀架体拆开。

① 观察蜗杆轴、蜗轮以及轴承，无损坏，则蜗杆副和蜗杆轴承故障可排除；

② 查看端面齿盘，无刮伤及变形现象，此项可排除；

③ 检查刀架体与中心轴的螺旋副，无损坏，此项可排除；

④ 拆粗定位盘时，比较紧，拆出后，发现一支定位销卡在粗定位盘槽中，另外一支卡在刀架体中，均明显弯曲变形，用手根本不能晃动。

由此可诊断出刀架卡死的原因为撞刀导致定位销弯曲变形，卡在粗定位盘槽和刀架体内。

（4）故障排除及相应调试

① 定位销更换。定位销弯曲变形，卡在刀架体与粗定位盘锥孔中难以取出，可分别在刀架体与粗定位盘上垫上不脱毛布料，采用大力钳拔出，继而重新制作。

将定位销涂上黄油装入刀架体中，用手试压弹簧，观察弹簧是否能灵活将定位销弹出，再将定位销单独配入粗定位盘槽内，手晃动感觉配合间隙。

② 安装刀架。刀架安装时先用不脱毛的棉布擦拭干净（防毛料脱落及灰尘），给机械部件上黄油（防止润滑不良而磨损）。定位销在安装时不能刮伤，否则刀架转位又可能出现卡死的现象；注意刀架体与刀架底座的端齿盘必须啮合，否则刀架不能旋转到位。安装时注意中心轴螺母锁紧力度（过紧，刀架会因预紧力过大而不能转动；过松则刀架锁不紧）。可结合手动换刀功能调试到最佳状态。

检查、试用并调整安装后，启动手动功能检查回转刀架，若出现刀架不定期过位或不到位、刀架不能锁紧，甚至用手可以晃动的现象，在确认安装机械部位无问题后，可用调整霍尔元件相对位置的方法解除，结合手动换刀功能，通过反复调节发信体与电刷的相对位置来调整。最后在加工之前采用试切的方式检查，若刀架的锁紧力度正常，则可以正常投入使用。

【任务实施】

参考图 2.45，LD48 系列电动刀架拆卸顺序如下。

① 拆下闷头 5，用内六角扳手顺时针转动蜗杆 11，使内夹紧轮 14 松开。

② 拆下铝盖 20、罩座 19。

③ 拆下刀位线，拆下小螺母 23，取出发讯盘 24。

④ 拆下大螺母 18、止退圈 17，取出键、轴承。

⑤ 取下离合盘 16、离合销 25 及弹簧。

⑥ 夹住反靠销 26，逆时针旋转上刀体 15，取出上刀体。

⑦ 拆下电机罩 28、电机、连接座 27、轴承盖 4、蜗杆 11。

⑧ 拆下螺钉，取出定轴 8、蜗轮 7、螺杆 9、轴承。

⑨ 拆下反靠盘 10、防护圈 13。

⑩ 拆下外齿轮 12、夹紧轮 14，取出反靠销 26。

图 2.46 所示为电动刀架拆卸后的零部件。

(a) 松开后的内夹紧轮

(b) 拆下的铝盖

(c) 键、轴承

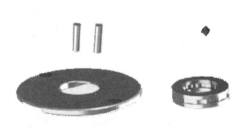

(d) 拆下的销、离合盘、键和轴承

(e) 上刀体 (逆时针转出)

(f) 上刀体内的螺母的反靠销安装孔

图 2.46

(g) 下刀体、外齿轮、螺杆及定轴　　　　　　　　(h) 螺杆、键与蜗轮

图 2.46　电动刀架拆卸后的零部件

装配时所有零件需清洗干净，传动部件涂上润滑脂，按与拆卸相反的顺序装配。

【思考与练习】

1. LD48 系列电动刀架离合盘的作用是什么？

2. 反靠销、弹簧与离合销安装时应注意的事项是什么？

项目三

液压与气动技术应用

液压控制系统以电动机提供动力基础，使用液压泵将机械能转化为压力能，推动液压油，通过控制各种阀门改变液压油的流向，从而推动液压缸动作。

液压传动由于其功率重量比、无级调速、自动控制、过载保护等方面的独特技术优势，已成为机电系统传动及控制的重要技术手段。

自18世纪产业革命开始，气动技术逐渐应用于工业中。液、气、电控制技术在机电一体化系统中的融合使气动技术在国民经济各行业中发挥了更大的作用。

任务1 液压系统与应用

知识目标：

1. 掌握液压系统的分析方法；
2. 掌握液压系统的安装、调试方法。

能力目标：

1. 能识读、理解液压原理图；
2. 能安装及连接液压系统。

【相关知识】

一、液压系统及组成

液压传动技术在工农业生产中应用广泛，液压传动技术水平的高低已成为一个国家工业发展水平的一项重要标志。

一个完整的液压系统由五个部分组成，即动力元件、执行元件、控制元件、辅助元件和液压油。

① 动力元件是将原动机的机械能转换成液体的压力能的器件。在液压系统中，液压泵

向整个液压系统提供动力，是动力元件。液压泵的结构一般包括齿轮泵、叶片泵和柱塞泵等。

② 执行元件是将液体的压力能转换为机械能，驱动负载作直线往复运动或回转运动的元器件。液压系统中常用的执行元件有液压缸、液压马达等。

③ 控制元件，即各种液压阀，在液压系统中控制和调节液体的压力、流量和方向。根据控制功能的不同，液压阀可分为压力控制阀、流量控制阀和方向控制阀。压力控制阀又分为溢流阀（安全阀）、减压阀、顺序阀、压力继电器等；流量控制阀分为节流阀、调速阀等；方向控制阀分为单向阀、换向阀等。根据控制方式不同，液压阀可分为开关式控制阀、定值控制阀和比例控制阀。

④ 辅助元件包括油箱、滤油器、油管及管接头、密封圈、压力表、蓄能器、油位油温计等。

⑤ 液压油是液压系统中传递能量的工作介质，有各种矿物油、乳化液和合成型液压油等几大类。

二、液压伺服系统

液压伺服系统属于伺服系统中的一种，它不仅具有液压传动的各种优点，还具有高动态、高精确性、高系统刚性、高功率密度等特点。液压伺服系统广泛应用于国防、航空、机械制造等行业中。

1. 电液伺服系统工作原理

液压伺服系统可使系统的输出量（如位移、速度或力等）能自动、快速而准确地跟随输入量的变化，同时输出功率被大幅度放大，以驱动大负载。

下面以一个对管道流量进行连续控制的电液伺服系统为例，说明其工作原理，见图 3.1。

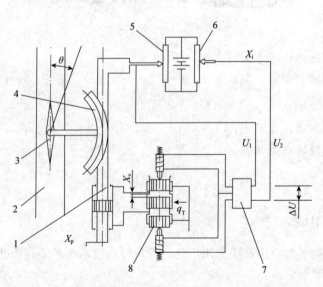

图 3.1　管道流量连续控制的电液伺服系统

1—液压缸；2—流体管道；3—阀板；4—齿轮、齿条；5—流量传感电位器；
6—给定电位器；7—放大器；8—电液伺服阀

在大口径流体管道 2 中，阀板 3 的转角 θ 变化会产生节流作用，起到调节流量 q_T 的作用。阀板的转动由液压缸带动齿条、齿条带动齿轮 4 来实现。系统的输入量是电位器 6 的给定值 X_i，对应给定值 X_i 有一定的电压输给放大器 7，放大器将电压信号转换为电流信号输送到伺服阀的电磁线圈上，使阀芯相应地产生一定的开口量 X_v。开口量 X_v 使液压油进入液压缸上腔，推动液压缸向下移动。液压缸下腔的油液则经伺服阀流回油箱。液压缸的向下移动，使齿轮、齿条带动阀板产生转动。同时，液压缸活塞杆也带动电位器 5 的触点下移 X_p。当 X_p 所对应的电压与输入信号 X_i 所对应的电压相等时，两电压之差为零。这时，放大器的输出电流亦为零，伺服阀关闭，液压缸带动阀板停在相应的流量 q_T 位置。

在控制系统中，将被控制对象的输出信号回输到系统的输入端，并与给定值进行比较而形成偏差信号，以产生对被控对象的控制作用，这种控制形式称之为反馈控制。反馈信号与给定信号符号相反，这种反馈称之为负反馈。用负反馈产生的偏差信号进行调节，是反馈控制的基本特征。而在图 3.1 所示的控制系统中，电位器 5 就是反馈装置，偏差信号就是给定信号电压与反馈信号电压在放大器输入端产生的 Δu。

任何一个电液控制系统，都可抽象为由一些基本元件构成，图 3.2 给出了该管道流量伺服系统的方框图，常用方框图表示系统各元件之间的联系，方框中用文字表示了各元件。

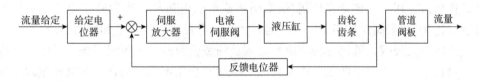

图 3.2　管道流量控制伺服系统的方框图

图 3.3 所示为液压伺服靠模加工系统，仿形刀架的活塞杆固定在刀架底座上，伺服阀阀芯在弹簧的作用下通过阀杆将杠杆上的触头压在样件上。

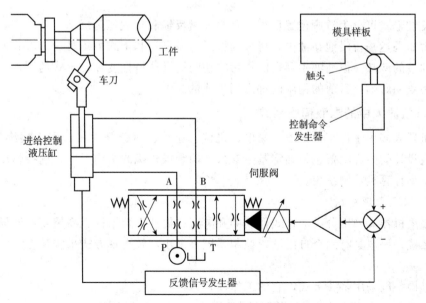

图 3.3　液压伺服靠模加工系统

2. 伺服阀

液压伺服阀是一种通过改变输入信号，连续、成比例地控制流量和压力的液压控制阀。根据输入信号的方式不同，分为电液伺服阀和机液伺服阀。

机液伺服阀是将小功率的机械动作转变为液压输出量（流量或压力）的机液转换元件。机液伺服阀大都是滑阀式结构，在船舶的舵机、机床的仿形装置、飞机的助力器上应用最早。

电液伺服阀既是电液转换元件，又是功率放大元件，它的作用是将小功率的电信号输入转换为大功率的液压能（压力和流量）输出，实现执行元件的位移、速度、加速度及力控制。

（1）组成

电液伺服阀通常由电气—机械转换装置、液压放大器和反馈（平衡）机构三部分组成。反馈和平衡机构使电液伺服阀输出的流量或压力获得与输入电信号成比例的特性。压力的稳定通常采用压力控制阀，比如溢流阀等。

（2）分类

电液伺服阀按其功能可分为压力式和流量式两种。压力式比例/伺服阀将输给的电信号线性地转换为液体压力；流量式比例/伺服阀将输给的电信号转换为液体流量。单纯的压力式或流量式比例/伺服阀应用不多，往往是压力和流量结合在一起应用更为广泛。

按照液压放大级数，可以分为单级伺服阀、两级伺服阀、三级伺服阀。其中，单级伺服阀结构简单，通常只适用于低压、小流量和负载动态变化不大的场合。两级伺服阀克服了单级伺服阀缺点，是最常用的型式。三级伺服阀阀通常是由一个两级伺服阀作前置级控制第三级功率滑阀。功率级滑阀阀芯位移通过电气反馈形成闭环控制，实现功率级滑阀阀芯的定位。三级伺服阀通常只用在大流量的场合。

按照第一级阀的结构形式可分为滑阀、单喷嘴挡板阀、双喷嘴挡板阀、射流管阀和偏转板射流阀。

按照反馈形式可分为滑阀位置反馈、负载流量反馈和负载压力反馈三种。

按照力矩马达是否浸泡在油中，可分为湿式力矩马达和干式力矩马达。湿式的可使力矩马达受到油液的冷却，但油液中存在的铁污物使力矩马达特性变坏，干式的则可使力矩马达不受油液污染的影响，目前的伺服阀都采用干式的。

3. 喷漆机器人中的电液伺服系统

喷漆机器人多用于汽车、电子、家电、机械、建筑、陶瓷等领域，用于喷涂各种材料。喷漆机器人设计的内容主要包括确定基本参数、确定操作机的结构形式、选择驱动系统的种类和确定微型计算机控制系统。

（1）结构及原理分析

一般喷漆机器人采用分离活塞式作动器和灵巧的挠性手腕结构、高精度电液伺服系统和微机控制系统，一般具有六个自由度，控制系统多采用示教再现方式来实现 CP 控制和 PTP 控制。

操作机构一般采用多关节式，它的工作模式为：

① 一个直线油缸通过摇杆机构驱动腰部旋转；

② 另两个直线油缸分别驱动三连杆机构和四连杆机构，实现垂直臂的前后摆动和水平

臂的上下俯仰运动，使喷枪可到达活动范围内的任意位置。

③ 腕部采用挠性手腕结构，分别由两个小型直线油缸驱动，可实现手腕的左右、上下摆动。

④ 胸部的旋转运动由一个摆动油缸驱动，可使喷枪实现姿态的变化。

机器人的驱动采用电液伺服系统，通过伺服阀将电信号转化为液压信号，向动作器提供液压动力。每一个动作器内都装有旋转变压器作为反馈元件，以构成闭环伺服控制。微型计算机系统控制各自由度的运动，以实现操作机的连续轨迹控制。

喷漆机器人的工作分为示教和再现两个过程。

示教，即操作人员用手操纵操作机构的关节和手腕，根据喷漆工件的型面进行示教。此时，中央处理器通过旋转变压器将示教过程检测到的参数存储到存储器中，即把示教喷漆的空间轨迹记录下来。

再现，即由计算机控制机器人的运动，中央处理器将示教时记录的空间轨迹信息取出，经过插补运算发送位置控制信号，并与采样得到的位置反馈信息进行比较，得到位置控制的误差信号，该信号经过调节后，控制操作机按照示教的轨迹运动。

（2）基本参数确定

操作机构为六自由度的多关节式结构，驱动系统为电液伺服驱动，控制部分采用微型计算机控制。喷漆机器人的外形如图 3.4 所示。

（3）操作机设计

在进行喷漆机器人操作机设计时，要对与工作范围有关的总体尺寸及各部件尺寸进行计算和运动分析。

① 腰部回转机构设计。腰部采用四连杆机构，回转角度为 93°，工作原理如图 3.5 所示。本结构工作可靠，结构简单。

② 平衡系统设计。喷漆机器人水平臂和垂直臂都采用悬臂梁结构，并由伺服液压缸提供动力，使水平臂及垂直臂运动。在工作过程中，由伺服液压缸平衡其重力，但在示教过程中，要求伺服液压缸卸荷，由人工进行操作，此时需要由弹簧平衡机构减小操作示教时的作用力，同时防止水平臂及垂直臂的碰撞，保护机器。因此采用弹簧平衡机构，以保证无论处于何种姿势，平衡力矩都应不小于重力矩。垂直臂的

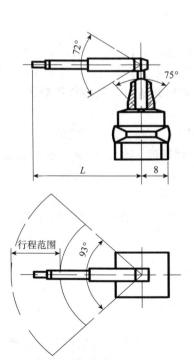

图 3.4　喷漆机器人外形示意图

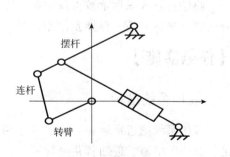

图 3.5　腰部回转机构原理示意图

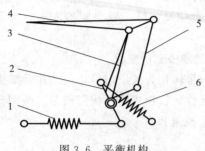

图 3.6 平衡机构

1—弹簧；2—摆动架；3—垂直臂；

4—水平臂；5—拉杆；6—弹簧

平衡机构如图 3.6 所示。

③ 挠性手腕。挠性手腕是由三副万向节和两对伞状齿轮啮合组成，它的运动由左右两个直线作动器控制，使手腕能够上、下、左、右各摆动 88°。手腕由摆动液压缸驱动，可以作 210°转动。

（4）电液伺服系统设计

机器人具有 6 个自由度，每个自由度分别由一套电液伺服系统驱动。机器人运动时，各运动参数都会发生变化，动力参数也随之变化。根据喷漆工艺的要求，操作机必须具有运动速度高、工作稳定、位置重合精度高等性能，以满足复杂形面喷漆要求，为此，要求各电液伺服系统的快速响应特性一致，各系统不因复合运动出现超前或滞后，并具有高的速度刚性，保证机器人在喷漆中速度一致，不受其他系统的影响。电液伺服系统方框图如图 3.7 所示。

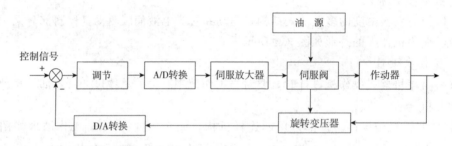

图 3.7 电液伺服系统方框图

伺服系统采用分离活塞式作动器，以使机器人在示教过程中轻便、灵活、示教力小。分离活塞式作动器工作原理为：示教时活塞与活塞杆分离，减小摩擦力，示教完成后，启动液压泵，随着油压的升高，推动分离活塞压紧为一体。再现开始后，伺服阀控制压力油流动，推动活塞，带动活塞杆推动负载工作。

例如 HRGP-1A 型喷漆机器人腰部的伺服阀选用 FF106-63 型，额定流量为 63L/min，额定压力为 21MPa。垂直臂、水平臂、腕关节均选用伺服阀，额定流量为 20L/min，额定压力为 7MPa。

（5）控制系统

喷漆机器人采用示教再现的操作方式，控制用的 CPU 为 8088，主要用于系统管理、插补运算、坐标变换、存储及动作控制、故障检测等。

【任务实施】

一、液压系统维护

液压系统的正常运转与维护关系密切。液压系统运行中最常见的故障有：油箱油量不足、滤油器堵塞、进油管路密封不严、泵轴转向不正确、油液黏度不合适、系统压力不正常等。这些故障虽然容易发现，但如果操作及维护人员不遵守维护规程，不观察、不检查，将会造成整个设备停机，甚至造成更大的经济损失，因此，严格执行设备的维护规定，及时发现和排除故障是非常重要的。

下面将简单介绍液压系统日常维护的原则及注意事项。

1. 熟悉和掌握液压系统工作原理

熟悉和掌握液压系统工作原理是系统检查及维护的基础，应熟悉液压系统中每一元件的结构及工作特性。

① 熟悉液压系统的容量，包括每一元件的额定压力、额定转矩、额定速度。负载超过系统的额定值，就会增加系统发生故障的可能性。

② 熟悉正确的工作压力，能用压力表检查和调定压力。

③ 熟悉伺服系统正确的信号电平、反馈电平、振动参数及增益等。如果这些数据在液压原理图中没有标出，应该在系统正常工作时把它测出来，并标注在图上，以供以后参考。

④ 熟悉一般性的故障先兆，并能根据实践经验，分析检查，确定故障原因。

2. 使用与维护的一般注意事项

（1）正确使用与维护液压工作介质

液压油液的污染是液压系统的主要故障源，因此液压工作介质要在干净处存放，所用器皿（如油桶、漏斗、油管、抹布等）应保持干净，过滤器的滤芯应经常检查清洗和更换，经常检查并根据工作情况定期更换油液。

（2）油温控制在合适范围

低温下，油液应达到 20℃ 以上才准许顺序动作，油温高于 60℃ 应注意系统的工作情况。油温过高将使液压系统泄漏概率增大、稳定性变差，甚至影响主机的动作精度。

（3）应防止空气进入系统

空气进入液压系统将影响执行器的工作稳定性，引起系统的振动和噪声等。因此，应经常检查油箱液面高度，使其保持在液位计最低和最高液位之间，应尽量防止系统内各处压力低于大气压力，同时要使用良好的密封装置，失效时要及时更换，管接头及各结合面处的螺钉均应紧固得当，并能通过排气阀及时排除系统中的空气。

（4）停机 4h 以上的设备，应先使液压泵空载运行 5min，再启动执行器工作。

（5）不允许随意调整电气控制系统的互锁装置，移动各限位开关、挡块、行程撞块的位置。

（6）液压系统出现故障时，不能擅自乱动，应通知有关部门分析原因并消除。

除以上几点，还应该按照有关规定，做好各类液压件备件的管理工作。

二、液压机械手动作控制

1. 机械手动作循环

JS01 工业机械手是圆柱坐标式、全液压驱动机械手，液压系统原理图如图 3.8 所示，它具有手臂的升降、伸缩、回转和手腕回转四个自由度，其动作循环为：插定位销→手臂前伸→手指张开→手指夹紧抓料→手臂上升→手臂缩回→手腕回转 180°→拔定位销→手臂回转95°→插定位销→手臂前伸→手臂中停（此时主机的夹头下降夹料）→手指张开→（此时主机夹头夹料上升）→手指闭合→手臂缩回→手臂下降→手腕回转复位→拔定位销→手臂回转复位→待料（液压泵卸荷）。

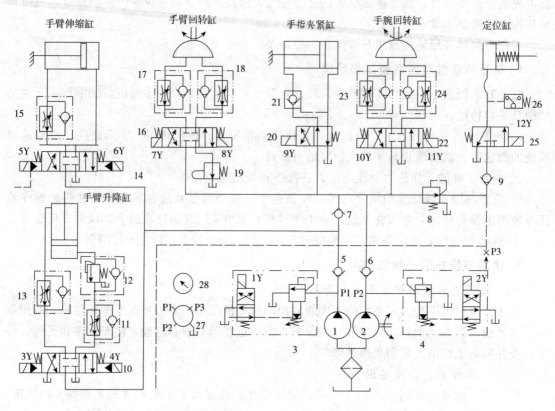

图 3.8　JS01 工业机械手液压系统原理图

1—大流量液压泵；2—小流量液压泵；3,4—溢流阀；5~7,9—单向阀；8—减压阀；
10,14,16,22—电液换向阀；11,13,15,17,18,23,24—单向调速阀；
12—单向顺序阀；19—行程节流阀；20,25—电磁换向阀；21—液控单向阀；26—压力继电器

　　执行机构完成的手指伸缩、手腕伸缩、手臂伸缩、手臂升降、手臂回转和回转定位等功能，均由液压缸驱动控制。

　　各执行机构的动作均由电控系统发出信号控制相应的电磁换向阀完成，机械手的动作顺序见表 3.1。

表 3.1　机械手动作顺序

动作顺序	1Y	2Y	3Y	4Y	5Y	6Y	7Y	8Y	9Y	10Y	11Y	12Y	K26
插销定位	+											+	−+
手臂前伸					+							+	+
手指张开	+								+			+	+
手指夹紧抓料	+											+	+
手臂上升			+									+	+
手臂缩回						+						+	+
手腕回转	+									+		+	+
拔定位销	+												

续表

动作顺序	1Y	2Y	3Y	4Y	5Y	6Y	7Y	8Y	9Y	10Y	11Y	12Y	K26
手臂回转95°	+						+						
插定位销	+											+	-+
手臂前伸					+							+	+
手臂中停												+	+
手指张开	+								+				
手指闭合	+											+	+
手臂缩回						+						+	
手臂下降				+								+	
手腕回转复位	+									+		+	+
拔定位销	+												
手臂回转复位	+							+					
待料卸荷	+	+											

2. 机械手液压控制原理

按下油泵启动按钮后，双联液压泵1、2同时供油，电磁铁1Y、2Y得电，油液经溢流阀3、4流至油箱，机械手处于待料卸荷状态。

当棒料到达待上料位置，启动机械手进行插定位销动作。

① 插定位销。插定位销是机械手常用的点位控制方式，以保证初始位置的准确性。

当棒料到达待上料位置，电磁铁1Y得电，2Y不得电，液压泵1保持卸荷状态，液压泵2停止卸荷，同时电磁铁12Y通电。此时进油路为：

液压泵2→单向阀6→减压阀8→单向阀9→电磁换向阀25（右位）→定位缸左腔。

插定位销后，定位缸停止运动，使此支路的油压升高，压力继电器26发信号，执行下一动作。

② 手臂前伸，手指伸开，抓料。手臂是机械手的重要握持部件，它的作用是支撑腕部和手部（包括工作或夹具），并带动它们做空间运动。

压力继电器26发信号后，电磁铁5Y接通，液压泵1和液压泵2经相应的单向阀输出压力油到电液换向阀14左位，压力油进入手臂伸缩缸右腔，手臂前伸。此时，油路为：

进油路：液压泵1→单向阀5→电液换向阀14左位┐手臂伸缩缸右腔。
　　　　液压泵2→单向阀6→电液换向阀14左位┘

回油路：手臂伸缩缸左腔→单向调速阀15→电液换向阀14左位→油箱。

手臂前伸至适当位置，行程开关发信号，进入手指张开动作控制阶段。电磁铁1Y、9Y得电，泵1卸载，泵2供油，经单向阀6和电磁阀20左位进入手指夹紧缸右腔，回油从左腔通过液控单向阀21及阀20左位进入油箱。

进油路：泵2→阀6→电磁阀20（左）→手指夹紧缸右腔。

回油路：手指夹紧缸左腔→阀21→电磁阀20（左）→油箱。

手指张开后，时间继电器启动计时，此时送料机构将棒料送到手指区域，等待机械手抓料，时间继电器在计时结束后发信号，使9Y断电，泵2的压力油通过阀20的右位进入缸的左腔，使手指夹紧棒料。

进油路：泵 2→阀 6→阀 20（右）→阀 21→手指夹紧缸左腔。

回油路：手指夹紧缸右腔→阀 20（右）→油箱。

③ 手臂上升，回收，手腕转动。当手指抓料后，手臂上升，此时，泵 1 和泵 2 同时供油到手臂升降缸。

进油路：泵 1→单向阀 5 ──→阀 10（左）→阀 11→阀 12→手臂升降缸下腔。
泵 2→阀 6→阀 7┘

回油路：手臂升降缸上腔→阀 13→阀 10（左）→油箱。

手臂上升至预定位置，碰行程开关，行程开关信号启动手臂缩回动作程序，3Y 断电，电液换向阀 10 复位，6Y 通电，泵 1 和泵 2 一起供油至电液换向阀 14 右端，压力油通过单向调速阀 15 进入伸缩缸左腔，而右腔油液经阀 14 右端回油箱。

进油路：泵 1→阀 5 ──→阀 14（右）→阀 15→手臂伸缩缸左腔。
泵 2→阀 6→阀 7┘

回油路：手臂伸缩缸右腔→阀 14（右）→油箱。

手臂缩回至预定位置，碰行程开关，行程开关发信号，6Y 断电，阀 14 复位，1Y、10Y 通电。此时，泵 2 单独供油至阀 22 左端，通过阀 24 进入手腕回转缸，使手腕回转 180°。

进油路：泵 2→阀 6→阀 22（左）→阀 24→手腕回转缸。

回油路：手腕回转缸→阀 24→阀 22（左）→油箱。

当手腕旋转到位，碰块碰行程开关，进入下一动作程序。

④ 拔定位销。手腕回转限位行程开关发信号，10Y、12Y 断电，阀 22、25 复位，定位缸油液经阀 25 左端回油箱，利用弹簧作用拔定位销。

回油路：定位缸左腔→阀 25（左）→油箱。

定位缸支路无油压后，压力继电器 26 发信号，接通 7Y。泵 2 的压力油进入阀 6，经换向阀 16 左端通过单向调速阀 18 进入手臂回转缸，使手臂回转 95°。

进油路：泵 2→阀 6→换向阀 16（左）→单向调速阀 18→手臂回转缸。

回油路：手臂回转缸→单向调速阀 17→换向阀 16（左）→行程节流阀 19→油箱。

手臂回转碰到行程开关时，7Y 断电，12Y 重新通电，开始插定位销。

⑤ 定位销定位后，手臂前伸，手臂碰到行程开关后，进入手臂中停，等待主机夹头下降夹料。当行程开关发信号时，5Y 断电，伸缩缸停止动作，确保手臂将棒料送到准确位置，并等待主机夹头夹紧棒料，时间继电器延时，时间到时，时间继电器延时触点动作发出控制信号。

接到时间继电器控制信号后，1Y、9Y 通电，手指张开。主机夹头移走棒料后，继电器发信号。

⑥ 手指闭合，手臂缩回，下降，手腕回转复位。接到继电器信号后，9Y 断电，手指闭合。

当手指闭合后，1Y 断电，使液压泵 1、2 同时供油，同时 6Y 通电，手臂快速缩回。

当手臂缩回碰到行程开关时，6Y 断电，4Y 通电，电液换向阀 10 右位工作，压力油经换向阀 10 和单向调速阀 13 进入手臂升降缸上腔。油路为：

进油路：泵 1→单向阀 5 ──→阀 10（右）→阀 13→手臂升降缸上腔。
泵 2→阀 6→阀 7┘

回油路：手臂升降缸下腔→阀 12→阀 11（左）→阀 10（右）油箱。

手臂下降至预定位置时，碰行程开关，4Y 断电，1Y、11Y 通电。此时，泵 2 单独供油至阀 22 右端，通过阀 23 进入手腕回转缸，使手腕反转。

进油路：泵 2→阀 6→阀 22（右）→阀 23→手腕回转缸。

回油路：手腕回转缸→阀 23→阀 22（右）→油箱。

⑦ 拔定位销，手臂回转复位，待料卸载。当手腕上的碰块碰到行程开关时，11Y、12Y 断电，阀 21、24 复位，定位缸油液经阀 24 左端回油箱，在弹簧作用下拔定位销。

回油路：定位缸左腔→阀 24（左）→油箱。

定位缸支路无油压后，压力继电器 25 发信号，接通 8Y。泵 2 的压力油进入阀 6，经换向阀 16 右位，通过单向调速阀 17，最后进入手臂回转缸，使手臂反转复位。

进油路：泵 2→阀 6→换向阀 16（右）→单向调速阀 17→手臂回转缸。

回油路：手臂回转缸→单向调速阀 17→换向阀 16（右）→行程节流阀 19→油箱。

手臂反转到位后，启动行程开关，8Y 断电，2Y 接通。此时，两油泵同时卸荷。机械手动作循环结束，等待下一个循环。

机械手的动作也可由微机程序控制，其动作顺序相同。

【思考与练习】

分析图 3.8 并回答下列问题：

① 手臂升降、伸缩、回转及手腕回转的速度是如何调节的？调速时，泵的溢流阀处于什么工作状态？

② 元件 12、元件 19 的作用是什么？

③ 为什么手臂升降缸和手臂伸缩缸选用电液换向阀，而其他执行元件选用电磁换向阀？

④ 系统中设置元件 8、9 的作用是什么？

⑤ 机械手液压传动系统如何解决定位问题？

任务2　气动系统与应用

知识目标：

1. 了解气动机械手结构；
2. 熟悉气动机械手的控制；
3. 掌握气动机械手安装及调试方法；
4. 了解气动控制一般维护。

能力目标：

1. 能制定材料、气路图、电路图、程序清单及图纸；
2. 能检查与连接气动回路；
3. 能进行气缸工作行程的调试；
4. 能进行机械手自动控制操作。

【相关知识】

气动技术由于成本低廉、工作效率高、无污染、节约能源、使用维修方便，已在各个领域得到广泛使用，气动技术已经成为实现工业自动化的重要手段。

一、气压传动常用元件

气动系统由气源、执行元件、控制元件和辅助元件组成，根据采用的元件和连接方式不同，气动系统可以实现各种不同的功能。

1. 气源装置

驱动各种气动设备进行工作的动力是由气源装置提供的。气源装置（见图3.9）的主体是空气压缩机。由于空气压缩机产生的压缩空气所含的杂质较多，不能直接为设备所用，因此，通常所说的气源装置还包括气源净化装置。

（1）空气压缩机

空气压缩机是将机械能转换成气体压力能的装置。它的选用依据是气压传动系统的工作压力和流量两个主要参数。

① 压力。气源的工作压力应比气动系统的最高工作压力高20%左右，如果系统中某些地方的工作压力要求较低，可以采用减压阀供气。空气压缩机的额定排气压力分为低压（0.7～1MPa）、中压（1～10MPa）、高压（10～100MPa）。常用的使用压力为0.7～1.25MPa。

② 流量。选择空压机的流量要和所需的排气量相匹配，并留有10%的余量。流量经验计算公式为：

$$q_c = \phi K_1 K_2 \Sigma q_f$$

式中　q_c——空气压缩机的计算流量；

　　　q_f——单台气动设备的平均自由空气耗量；

　　　ψ——气动设备利用系数；

　　　K_1——漏损系数，一般取1.15～1.5；

　　　K_2——备用系数，一般取1.3～1.6。

（2）气源净化装置

气源净化装置是气动控制系统中的基本组成器件，它的作用是除去压缩空气中所含的杂质及凝结水，调节并保持恒定的工作压力。

在使用时，应注意经常检查过滤器中凝结水的水位，在超过最高标线以前，必须排放出

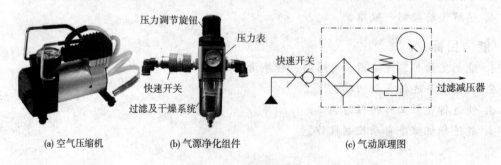

(a) 空气压缩机　　　　(b) 气源净化组件　　　　(c) 气动原理图

图3.9　气源装置

凝结水,以免被重新吸入。气源净化装置的气路入口处安装一个快速气路开关,用于启/闭气源,当把气路开关向左拔出时,气路接通气源,反之把气路开关向右推入时时气路关闭。

气源净化装置的输入气源来自空气压缩机,输出的压缩空气通过快速三通接头和气管输送到各工作单元。

2. 气动执行元件

(1) 气缸

气缸是将压缩空气的压力能转化为机械能,驱动机构作直线往复移动或摆动的气动执行元件。

常见的气缸形式如图 3.10 所示。按压缩空气作用在活塞端面上的方向,可分为单作用气缸、双作用气缸;按结构特点可分为活塞式气缸、叶片式气缸、薄膜式气缸、气-液阻尼缸等;按安装方式可分为耳座式、法兰式、轴销式和凸缘式;按功能分普通气缸、特殊气缸(如气-液阻尼缸、薄膜式气缸、冲击气缸、摆动式气缸、伺服气缸等)。

(a) 直线气缸　　　　　(b) 旋转气缸　　　　　(c) 气爪

图 3.10　常见的气缸形式

(2) 气动马达

气动马达是将压缩空气的压力能转化为机械能,驱动机构作回转运动的气动执行元件。

常用的气动马达有叶片式、活塞式、薄膜式三种。其中叶片式气动马达又称为滑片式气动马达,在气动马达中的应用最为广泛,其次应用较多的是活塞式气动马达。图 3.11 所示为部分气动马达外观图。

(a) 叶片式气动马达　　　　　(b) 活塞式气动马达　　　　　(c) 气动伺服马达

图 3.11　部分气动马达外观图

气动马达与液压马达相比转速较高,扭矩较小。叶片式气动马达和活塞式气动马达相比则各自有不同的优势特点,叶片式气动马达拥有更高的转速,但扭矩较小,活塞式气动马达转速较低,扭矩较大。

3. 气动控制阀

气动控制阀是用来调节压缩空气的压力、流量、流动方向和发送信号的。它包括方向控制阀、压力控制阀、流量控制阀，以及无相对运动部件的射流元件和有内部可动部件的逻辑元件等，他们都能实现一定的控制功能。图 3.12 所示为部分气动控制阀外观图。

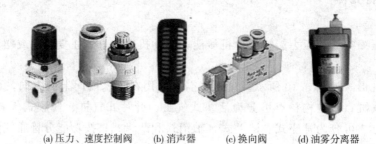

(a) 压力、速度控制阀　　(b) 消声器　　(c) 换向阀　　(d) 油雾分离器

图 3.12　部分气动控制阀外观图

① 方向控制阀。按其作用特点又可分为单向型控制阀和换向型控制阀。

② 压力控制阀。控制压缩空气的压力和依靠气压来控制执行元件动作顺序。可以分为调压阀（减压阀）、顺序阀和安全阀等。

③ 流量控制阀。通过改变阀的流通面积来实现流量控制的元件。节流阀是流量控制阀中最常用的一种。

④ 气动逻辑元件。用压缩空气为工作介质，通过元件的可动部件在气控信号作用下动作，改变气体流动方向，以实现一定逻辑功能的流体控制元件。

气动逻辑元件的分类：按工作压力来分，有高压元件（0.2～0.8MPa）、低压元件（0.02～0.2MPa）和微压元件（<0.02MPa）三种；按逻辑功能来分，有是门元件、或门元件、与门元件、非门元件和双稳元件等；按结构形式来分，有截止式、膜片式和滑阀式等。

实际上，气动方向阀也具有逻辑元件的各种功能，所不同的是它的输出功率较大，尺寸大，而气动逻辑元件的尺寸较小。

二、气压传动典型回路

气动控制系统也是由一些基本的回路组成，这些基本回路包括换向控制回路、速度控制回路、压力控制回路、顺序动作回路、气液联动回路、安全保护和操作回路等，下面简要介绍三种。

1. 换向控制回路

通过控制进气方向而改变活塞运动方向的回路称换向控制回路。

根据使用的气缸、控制阀的不同，换向控制回路有图 3.13 所示的几种。

图 3.13 （a）所示为利用一个二位三通阀实现单作用气缸的换向。

图 3.13 （b）、（d）所示为使用两位五通阀的换向回路，其中图 3.13 （d）所示为用手动阀作为先导阀来控制主阀的换向，先导阀也可以用机控阀或电磁阀。

图 3.13 （c）所示为用两个二位三通阀代替一个两位五通阀的换向。

图 3.13 （e）、（f）、（g）所示为分别使用双电控两位四通阀、双气两位四通阀、双电控三位四通阀来实现换向控制。也可用一个两位五通阀控制双作用气缸的运动方向。

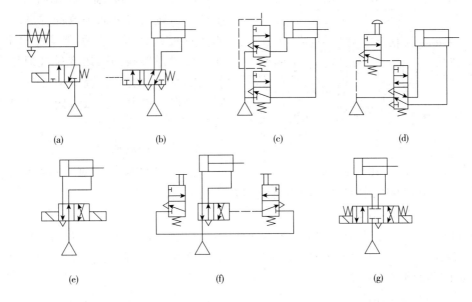

图 3.13　气缸换向控制回路

2. 速度控制回路

速度控制回路主要调节气缸的运动速度或实现气缸的缓冲等。由于目前气动系统中所采用的功率都不太大，故调速常用节流调速。常用的速度控制回路如图 3.14 所示。

图 3.14（a）所示为利用两个单向节流阀对单作用气缸的活塞杆的伸出缩回实行速度控制。

图 3.14（b）所示为排气节流调速方式。压缩空气经单向节流阀的单向阀进入，排气只能经节流阀排气。调节节流阀的开度便可改变气缸活塞杆运动的速度。这种控制方式，活塞运行稳定，是最常用的方式。

图 3.14（d）中，当活塞向右运动时，缸右腔气体经二位二通行程阀排出，当活塞运动到末端压下行程阀时，缸右腔气体只能经单向节流阀排出，缓冲活塞运动速度。通过改变行程阀的安装位置即可改变开始缓冲的位置。

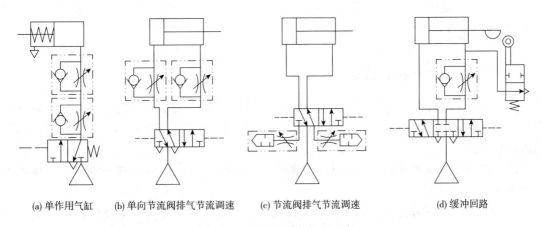

(a) 单作用气缸　　(b) 单向节流阀排气节流调速　　　(c) 节流阀排气节流调速　　　　(d) 缓冲回路

图 3.14　常用的速度控制回路

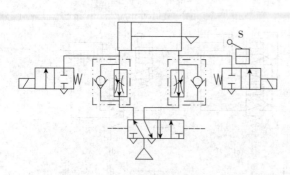

图 3.15 速度换接回路

图 3.15 所示是速度换接回路，它将两个二位二通阀与单向节流阀并联，当撞块压下行程开关时，行程开关发出电信号，使二位二通阀换向，改变排气通路，从而使气缸速度改变。行程开关的位置可根据需要选定。图中二位二通阀也可使用行程阀代替。

3. 压力控制回路

压力控制回路可保证气动系统具有某一规定的压力，通过调压阀的作用，可实现各种压力的控制

① 一次压力控制回路

如图 3.16 所示，控制储气罐的压力，使之不超过规定的压力值时，常用电接点压力表或者外控溢流阀控制。当储气罐的压力超过规定压力值时，溢流阀接通，压力机输出的压缩空气直接由溢流阀排入大气。

② 二次压力控制回路

原理图如图 3.17 所示。它主要对气源压力进行控制，气源装置通过空气过滤器、减压阀、油雾器后才能进入气动设备。

③ 高低压转换回路：

它利用溢流减压阀与换向阀实现两个不同的输出压力的转换，如图 3.18 所示。

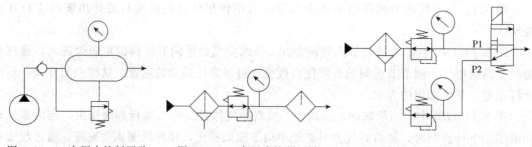

图 3.16 一次压力控制回路　　图 3.17 二次压力控制回路　　图 3.18 高低压转换回路

【任务实施】

一、气动机械手动作循环设计

气动机械手具有结构简单、轻巧高速、动作平稳可靠、无污染等优点，在工作环境洁净、工作负载较小的场所广泛使用。下面以一实训设备上的气动控制机械手为例，分析其气动控制原理。

该机械手装置能实现升降、旋转、手臂伸缩、气动手指夹紧/松开四个动作，结构如图 3.19 所示。

① 提升气缸。单作用气缸，用于整个机械手提升和下降。上升、下降的位置由磁性开关检测。

② 回转气缸。单作用气缸，用于控制手臂正反转，气缸的旋转角度可以在 $0°\sim180°$ 之间任意调节，调节通过节流阀下方两颗固定缓冲器进行。

③ 伸缩气缸。单作用气缸，控制手爪的伸出缩回。

④ 夹紧气缸。双作用气缸，控制手爪的夹紧及松开。

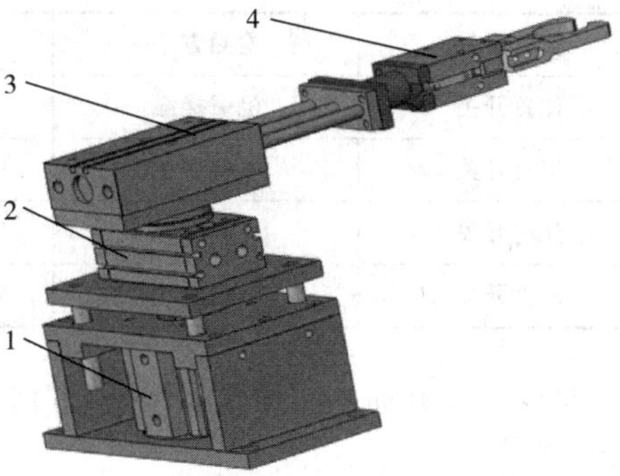

根据实训设备实际结构及产品使用说明书，对机械手进行结构分析。

根据分析，机械手安装调试步骤如下。

① 机械部件的连接及安装，气路连接和电气配线敷设，控制功能的实现、调试及运行。

图 3.19　气动机械手结构图
1—提升气缸；2—回转气缸；
3—伸缩气缸；4—夹紧手爪

② 机械手动作次序为：启动按钮→手臂伸出→抓料夹紧→手臂缩回→立柱旋转→立柱上升→手臂伸出→气爪松开放料→手臂缩回→立柱下降→立柱回转复位。

③ 选择三菱 PLC 作为控制元件，并选用顺序控制指令进行编程。

二、机械手气动控制

1. 运行速度控制

通过进气口节流阀调节进气量，进行速度调节。

2. 运动方向控制

四个控制气缸均为双作用气缸，每一气缸由一个两位五通阀控制。其中提升气缸、回转气缸、伸缩气缸使用的是两位五通单电控电磁阀，夹紧气缸的电磁阀采用的是两位五通双电控电磁阀。

给正动作线圈通电，则正动作气路接通，此时即使给正动作线圈断电，正动作气路仍然是接通的，并一直维持到反动作线圈通电为止。同理，给反动作线圈通电，则反动作气路接通，此时即使给反动作线圈断电，反动作气路仍然是接通的，并一直维持到给正动作线圈通电为止。因此，两位五通双电控电磁阀具有"自锁"功能。

单电控电磁阀在无电控信号时，阀芯在弹簧力的作用下会被复位，而双电控电磁阀当两端都无电控信号时，阀芯位置取决于前一个电控信号。

四个电磁阀集中安装在汇流板上，汇流板中的排气口末端连接消声器。

3. 位置检测

检测气缸活塞是否运动到规定位置，并根据活塞位置的信号控制气动系统工作，是气动控制的重要问题。检测气缸中活塞的位置常用的方法及检测器件如表 3.2 所示。

通过对比，选用磁性开关实现气缸阀芯位置检测。如提升气缸中，1B1 和 1B2 是安装在两个极限工作位置的磁感应接近开关，当提升气缸阀芯运动到其中一个极限位置时，该端的磁性开关检测到信号，发出电信号。

表 3.2　活塞位置检测

检测器件	检测方法	特　点
位置开关	机械接触	安装空间较大,不受磁性影响,检测位置调整困难
接近开关	阻抗变化	安装空间较大,不受污蚀影响,检测位置调整困难
光电开关	光的变化	安装空间较大,不受磁性影响,检测位置调整困难
磁性开关	磁场变化	安装空间小,不受污蚀影响,检测位置调整容易

机械手气动回路原理图如图 3.20 所示。

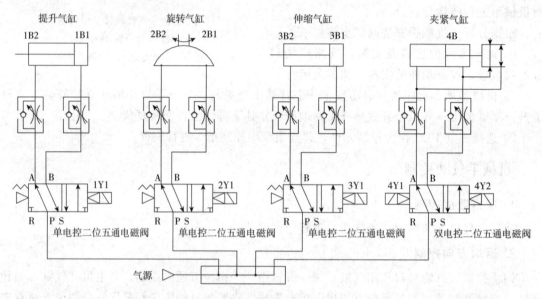

图 3.20　机械手气动回路原理图

【思考与练习】

图 3.21 所示为提升机构,把气动摆台固定在组装好的提升机构上,然后在气动摆台上固定导杆气缸安装板,安装时注意要先找好导杆气缸安装板与气动摆台连接的原始位置,以便有足够的回转角度。连接气动手指和导杆气缸,然后把导杆气缸固定到导杆气缸安装板上,完成抓取机械手装置的装配,如图3.22 所示。

检查摆台上的导杆气缸、气动手指组件的回转位置是否满足在其余各工作站上抓取和放下工件的要求,进行适当的调整。

机械手气路的连接需要完成气源组件的安装、电磁阀的安装、气管安装三项主要内容。

电磁换向阀除作单独安装外,还可以集中安装在底座板上,如图3.23 所示。

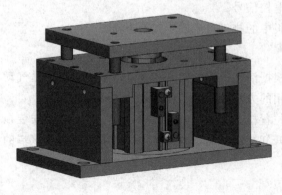

图 3.21　提升机构

图 3.22　机械部件装配完成后的抓取机械手　　　　图 3.23　电磁换向阀底座板

　　气管连接时，应注意气管切口平整，切面与气管轴线垂直，并尽量避免气管过长或过短；走线应尽量避开设备工作区域，防止对设备动作造成干扰，各气缸与电磁换向阀连接气管的走线方向、方式应一致；气管应利用塑料捆扎带进行捆扎，捆扎不宜过紧，防止气管受压变形。

　　管路系统清洗完毕后即可进行调试。气动管路调试内容之一为密封性试验，即检查管路系统全部连接点的外部密封性。密封性试验前管路系统要全部连接好。试验用压力源可采用高压气瓶，气瓶的输出气体压力须不低于试验压力。用皂液涂敷法或压降法检查密封性，系统应保压 2 小时。当发现有外部泄漏时，必须将压力降到零，才能进行元器件的拆卸及调整。

　　为了能对机械手实现自动控制，采用三菱 PLC 实现相应的逻辑控制，机械手控制电路如图 3.24 所示。

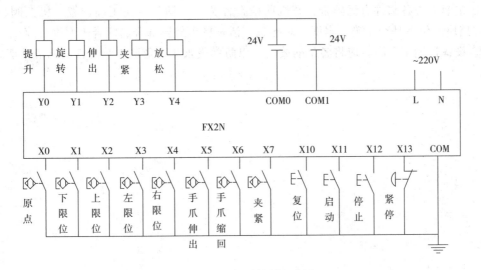

图 3.24　机械手控制电路图

输入输出地址分配如表 3.3 所示。

表 3.3　输入输出地址分配

输入信号	地址	输入信号	地址	输出信号	地址
原点行程开关	X0	手爪缩回到位开关	X6	提升台控制电磁阀	Y0
提升台下限位开关	X1	手爪夹紧状态开关	X7	旋转电磁阀	Y1
提升台上限位开关	X2	复位按钮	X10	手爪伸出电磁阀	Y2
左转到位开关	X3	启动按钮	X11	手爪夹紧电磁阀	Y3
右转到位开关	X4	停止按钮	X12	手爪放松电磁阀	Y4
手爪伸出到位开关	X5	紧急停止按钮	X13		

编写控制机械手动作的 PLC 程序，并将编好的程序输入 PLC，检查机械装配、控制回路、气动回路正确无误后，通电调试。

任何有程序控制的机械设备或装置都要有初始位置，它是设备或装置运行的起点。初始位置的设定应结合设备或装置的特点和实际运行状况进行，不能随意设置。

机械手的初始位置要求所有气缸活塞杆均缩回。由于机械手的所有动作都是通过气缸来完成的，因此初始位置也就是机械手正常停止的位置。如果停止时气缸的活塞杆处于伸出状态，而且活塞杆表面长时间暴露在空气中，则活塞杆容易受到腐蚀和氧化，导致活塞杆表面光洁度降低，引起气缸的气密性变差。当气缸活动时，活塞杆伸缩运动，由于表面光洁度降低，就好像一把锉刀在锉气缸内的密封圈，时间长了就会引起气缸漏气。一旦漏气，气缸就不能稳定地工作，严重时还会造成气缸损坏。因此初始位置要求所有气缸活塞杆均缩回，保证气缸的正常使用寿命。从安全的角度出发，气缸的稳定工作也保证了机械手的安全运行。

气动系统的使用及维护应注意以下几点。

① 开机前要放掉系统中的冷凝水。

② 检查油雾器油面高度及调节情况，定期给油雾器加油。

③ 随时注意压缩空气的清洁度，对空气过滤器的滤芯要定期清洗。

④ 定期检查各部件有无异常，开机前检查各调节手柄是否在正确位置，机控阀、行程开关、挡块的位置是否正确、牢固，对导轨、活塞杆等外露部分的配合表面进行擦拭。

⑤ 设备长期不用时，应将各手柄放松，以防弹簧永久变形而影响元件的调节性能。

项目四

检测技术与应用

检测技术是实现机电一体化产品自动控制的基础技术之一。机电一体化系统大都需要检测机械部件的运动以实现自动控制，因此，需使用大量的检测器件与装置。

检测技术包括测量感知、信号转换、信息处理等方面内容。在自动控制系统中，用来感受（检测）被测量并将其转换为可用输出信号的器件称传感器。传感器的种类繁多，被测量可为位置、速度、加速度等机械运动量，也可为电压、电流等电量，或压力、流量、温度等过程控制量。传感器按其工作原理可分机械式、电气式、辐射式、流体式等。

机电一体化系统的传感器大多数都用于位置、速度等机械运动量检测，并采用光电转换和电磁感应原理制作，本项目将介绍最常用的传感器产品。

任务1 接近开关应用

知识目标：

1. 熟悉机电一体化系统传感器；
2. 掌握接近开关、霍尔开关的检测原理与功能；
3. 了解常用检测开关的作用；
4. 熟悉接近开关典型产品。

能力目标：

1. 能正确选择、使用接近开关、霍尔开关；
2. 能设计接近开关连接电路和连接负载。

【相关知识】

一、常用传感器及分类

1. 机电一体化传感器

机电一体化控制系统是以微电子电路控制机械运动为主要特征的自动控制系统，所使用的传感器一般有以下特点。

① 具有机电特征。机电一体化控制系统采用微电子控制，控制对象为机械部件运动，因此，控制装置内部所使用的传感器以电量检测为主；而控制装置外部使用的传感器则多数是用于位置、速度等机械运动量检测的器件与装置。换言之，机电一体化系统中的传感器也同样具有"机电"特征。

② 输出量为电信号。为了与微电子控制匹配，其最终输出应是可供微电子线路处理的电信号。电量传感器一般已由控制装置生产厂家集成于机电一体化装置内部。由于温度、压力类传感器多用于过程控制系统，本书不再对它们进行介绍。

机械装置的运动要素包括停止位置、移动轨迹、移动速度等，从用途上说，机电一体化传感器可归纳为如下三类。

① 位置检测开关类。在 PLC 逻辑顺序控制等机电一体化控制系统中，多数场合只要求判断运动部件是否到达（或处在）固定不变的位置，传感器只需要提供"是"或"否"两种信号，即输出"通"与"断"两种状态，这类传感器实质上是一种能根据运动部件的位置发信号的"检测开关"，如行程开关、接近开关、光电开关等就属于此类。

② 位置检测装置类。在 CNC 等轨迹控制系统中，控制装置需要实时检测机械运动部件的位置，才能实现任意位置定位与运动轨迹控制，因此，其位置检测信号必须是涵盖整个运动范围的连续信号，此类检测器件称为"位置检测装置"，如位置编码器（简称编码器）、直线光栅（简称光栅）等。

③ 速度检测装置类。传统的速度检测有专门的传感器，如测速发电机、差动变压器等，此类传感器的功能单一、测量精度较低，而且输出为模拟量信号，目前渐趋淘汰。当代机电一体化系统中的速度检测通常采用测量精度高、制造简单的位置检测装置（编码器、光栅等），位置测量信号只需通过微分运算，便可方便地转换为速度、加速度信号，以简化系统结构、提高精度、节约成本。

2. 位置检测开关

位置检测开关是一种能够根据运动部件的位置自动输出通/断信号的开关。机电一体化控制系统常用的检测开关一般有图 4.1 所示的机械式、接近式两类。

机械式检测开关一般用于行程位置的检测，需要通过机械碰撞动作发出信号，故称为行程开关或微动开关，是传统的检测开关，它只是用机械挡块碰撞代替了按钮开关的手指按压操作，本书不再进行介绍。

接近开关是一种无需运动部件进行机械直接接触便可发信号的位置检测开关，当物体靠近开关的感应面时，即可使开关动作，而不需要对其施加任何机械力。接近开关的输出信号通常为晶体管的截止、饱和状态信号，内部不存在机械触点，故又称无触点开关。

接近开关既有行程开关的开关特性，同时又具有晶体管的响应速度快、使用寿命长的优

(a) 机械式　　　　　　　　　　　　　(b) 接近式

图 4.1　检测开关

点，且防水、防震、耐腐蚀，因此在机电一体化系统中得到了广泛应用。

根据检测原理，接近开关有电感式、电容式、霍尔开关、光电式、超声波检测式、微波检测式等，其中，电感式、电容式及霍尔开关是机电一体化系统最为常用的产品。

电感式、电容式接近开关具有使用寿命长、负载驱动能力强、使用方便、可靠性好等诸多优点，但其内部需要集成振荡线路、振荡线圈、检测线圈、信号放大电路等，开关体积相对较大，价格较高。霍尔开关结构简单、体积小、价格低廉，但要求检测体为磁铁，故多用于相对密封的部件，如经济型数控车床的电动刀架等。

二、接近开关原理与特性

1. 检测原理

① 电感式接近开关。电感式接近开关是利用高频电磁感应原理设计的检测开关。电感式接近开关的工作原理如图 4.2 所示，开关内部集成有电子振荡线路、振荡线圈、检测线圈、信号放大电路等。振荡线圈中通有高频振荡电流，以产生高频磁场；当金属导磁检测体接近振荡线圈时，检测体内部将产生涡流，导致高频磁场变化，从而使检测线圈产生相应的电磁感应信号，信号经电子线路放大，便可转换为输出信号。

② 电容式接近开关。电容式接近开关是利用静电感应原理设计的检测开关，其检测体可以是金属或非金属材料（木、纸、树脂、玻璃等）。

电容式接近开关的工作原理如图 4.3 所示。当检测体接近开关时，开关的电容器两极间的介质将发生变化，从而导致电容量发生变化，这一变化经检测回路的电子线路放大，便可转换为输出信号。

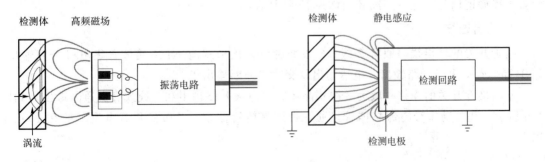

图 4.2　电感式接近开关原理　　　　　　　图 4.3　电容式接近开关工作原理

③ 霍尔开关。霍尔开关是基于霍尔效应的检测开关，其检测原理如图4.4所示。实验表明，如果将通电的半导体（或金属）薄片置于磁场中，由于洛仑磁力的作用，在垂直于电流和磁场的方向上将产生电动势（称霍尔电压），这一物理现象称为霍尔效应。利用霍尔效应，可以控制负载电流的大小，生成开关型的通断信号。

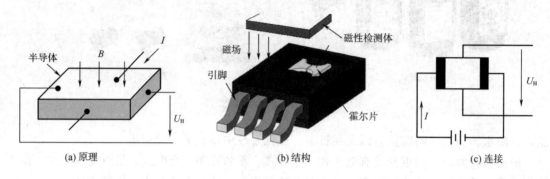

| (a) 原理 | (b) 结构 | (c) 连接 |

图 4.4　霍尔开关

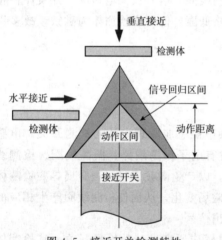

图 4.5　接近开关检测特性

霍尔开关结构简单、体积小，故通常被做成类似于晶体管的外形，其边长可小于2mm。霍尔开关的价格十分低廉，其检测体为磁铁。

2. 检测特性

接近开关输出一般为晶体管通断信号，它只有"导通"与"截至"两种状态。

接近开关的检测体可以从图4.5所示水平方向或垂直方向接近，检测体垂直接近时的动作位置称为开关的"动作距离"，其值与检测体的材料、体积等有关，当体积大到一定程度后，动作距离将不再变化。

接近开关产品样本中的动作距离通常是指厚度为1mm、边长与检测头直径基本相同的标准铁质检测体的动作距离值，常用的ϕ12mm以下圆柱形接近开关的动作距离一般在0～5mm之间，ϕ18～ϕ30mm的开关动作距离为5～20mm。

接近开关的动作具有滞后特性，即开关一旦动作，检测体需要退到离动作点一定距离的位置才能撤销信号，这一距离区间称为信号回归区间。

3. 输出连接

接近开关的输出线一般有2线、3线2种；输出形式有NPN晶体管集电极开路输出、PNP晶体管集电极开路输出、电压输出及交直流通断输出等。

常用接近开关的连接一般为3线式晶体管集电极开路输出和2线式直流通断输出，如图4.6所示，开关动作时内部晶体管接通，否则晶体管截止；开关的负载电流一般在100mA以下。

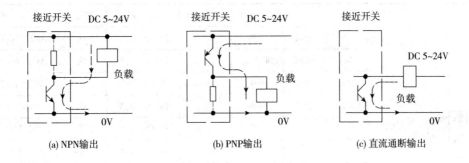

图 4.6　常用接近开关的连接

【任务实施】

接近开关是机电一体化系统常用的位置检测器件。日本 OMRON、KOYO，德国 BAL-LUFF、SIEMENS 等公司的接近开关产品规格齐全、可靠性高，在机电一体化控制系统上的使用较广。以 KOYO（光洋）公司的接近开关为例，该公司的接近开关有电感式、电容式两类，以电感式为主，其外形分圆柱形、矩形两种，采用 2 线式或 3 线式连接，输出形式有电平输出、NPN 集电极开路输出、PNP 集电极开路输出、交流开关输出等；开关的防护等级通常为 IP67。

KOYO 公司的接近开关产品的型号意义如下：

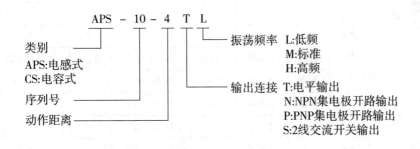

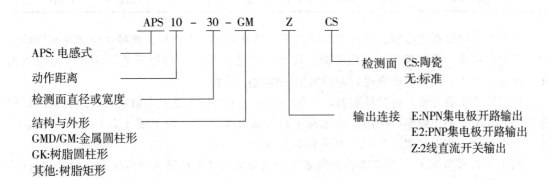

KOYO 接近开关主要技术参数如表 4.1 所示。

表 4.1　KOYO 接近开关主要技术参数表

外形与材料			动作距离	电　源	连接	型　号
电感式	M8	金属	屏蔽	2mm	DC10～30V	2 线	APS2-8GMC-Z
	M8	金属	非屏蔽	4mm	DC10～30V	2 线	APS4-8GMC-Z
	M12	金属	屏蔽	2mm	DC10～36V	2 线	APS2-12GM-Z
	M12	金属	屏蔽	2mm	DC10～50V	3 线	APS2-80A-2
	M12	金属	屏蔽	3mm	DC10～30V	2 线	APS3-12GMC-Z
	M12	金属	屏蔽	3mm	DC10～30V	3 线	APS3-12GMD-Z
	M12	金属	非屏蔽	5mm	DC10～36V	2 线	APS5-12GM-Z
	M12	金属	非屏蔽	8mm	DC10～36V	2 线	APS8-12GMC-Z
电感式	M12	树脂	非屏蔽	2mm	DC10～28V	3 线	APS-30-2
	M12	树脂	非屏蔽	4mm	DC10～28V	3 线	APS-30-4
	M12	树脂	非屏蔽	5mm	DC10～36V	2 线	APS5-12GK-Z
	M12	树脂	非屏蔽	5mm	DC10～30V	3 线	APS5-12GK
电感式	矩形上面检测	树脂	非屏蔽	4mm	DC10～30V	2 线	APS4-12U-Z
		树脂	非屏蔽	4mm	DC10～30V	3 线	APS-14
		树脂	非屏蔽	4mm	DC10～30V	3 线	APS4-12M
	矩形前端检测	树脂	非屏蔽	3mm	DC10～30V	2/3 线	APS3-16F
		树脂	非屏蔽	4mm	DC10～30V	2 线	APS4-12BF-Z
		树脂	非屏蔽	4mm	DC10～30V	3 线	APS-10-4
		树脂	非屏蔽	4mm	DC10～30V	3 线	APS4-12S
		树脂	非屏蔽	7mm	DC10～30V	3 线	APS4-13-7
		树脂	非屏蔽	10mm	DC10～30V	2/3 线	APS10-30F
		树脂	非屏蔽	15mm	DC10～30V	3 线	APS-14-15
电容式	M22	树脂	非屏蔽	5mm	DC10～30V	3 线	CS-35
	M30	金属	非屏蔽	15mm	DC10～30V	3 线	CS-85-15
	矩形	树脂	非屏蔽	5mm	DC10～30V	3 线	CS-16-5

　　接近开关可以在无接触、无压力的情况下，迅速发出电气信号，准确反应运动机构的位置，且定位精度、操作频率、使用寿命、环境适应能力都优于行程开关，故被广泛用于机床、冶金、化工、轻纺和印刷等行业的机电一体化控制系统。

　　接近开关安装方便，防护性能好，可靠性高，它不但可在绝大多数场合替代机械式行程开关，而且由于动作频率、使用寿命远高于机械式开关，还可用于图 4.7（a）所示的直线运动部件行程检测以及图 4.7（b）所示的位置计数。

　　图 4.8 所示为 PLC、CNC 等控制装置常用的开关量"汇点输入（Sink input）"接口原理图，K2 触点发出 ON 信号时，控制器的 DC 24V 电源可与光耦、限流电阻、K2 触点和公共端 COM（0V）构成回路，光耦输入二极管导通，光敏三极管输出"1"信号。

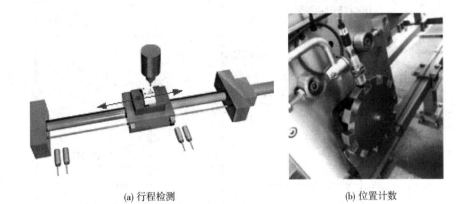

(a) 行程检测　　　　　　　　　　　(b) 位置计数

图 4.7　接近开关应用

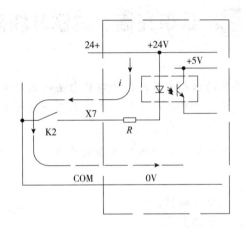

图 4.8　"汇点输入"接口原理

【思考与练习】

1. 为了简化控制电路，使接近开关的输出接口能和控制装置的输入接口直接连接，接近开关应选用什么样的输出形式？

2. 画出 3 线输出接近开关与输入接口直接连接的电路简图。

3. 图 4.9 所示为 PLC、CNC 等控制装置常用的开关量输入信号"源输入（Source input）"接口原理图。K2 触点发出 ON 信号时，输入驱动电流可流经输入触点 K2、光耦、限流电阻、公共端 COM，光耦输入二极管导通，光敏三极管输出"1"信号。

① 为了简化控制电路，使接近开关的输出能和输入接口直接连接，接近开关应选用何种输出形式？

② 画出 3 线输出接近开关与输入接口直接连接的电路简图。

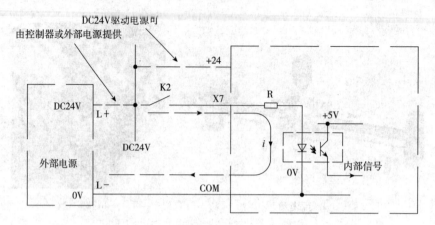

图 4.9 "源输入"接口原理

任务2 认识光栅、磁栅及编码器

知识目标：

1. 熟悉光栅、光电编码器的结构与原理，了解莫尔条纹的产生和栅距计算方法；
2. 熟悉光栅、光电编码器的信号处理方法，了解各类输出信号的特点；
3. 熟悉磁栅、磁编码器的结构与位置检测原理；
4. 熟悉光栅、光电编码器及磁栅、磁编码器典型产品。

能力目标：

1. 能使用与连接光栅、光电编码器；
2. 能使用与连接磁栅、磁编码器；
3. 能根据系统要求，选择光栅、光电编码器的输出形式。

【相关知识】

一、光栅与光电编码器

光栅和光电编码器是机电一体化系统最为常用的非接触式位置、速度检测器件，它们可以动态、连续地检测机械运动部件的实际位置与速度。根据通常的习惯，用于直线测量的光栅直接称光栅，而用于角位移测量的光栅则称光电编码器。

光栅和光电编码器都是利用光电效应来检测位置变化量的器件，其测量精度可达 $0.1\mu m$ 甚至更高，两者之间只是结构上的区别，其工作原理相同。

1. 外形与结构

① 光栅。光栅的外形与结构如图 4.10 所示，光栅内部由光源、标尺光栅、指示光栅、光敏元件、透镜及放大电路等组成；标尺光栅的长度与测量范围相同；光源、指示光栅、光敏元件、透镜及放大电路等安装在读数头上。

标尺光栅与指示光栅上均刻有密集的平行条纹，条纹间的距离称为节距 ω 或栅距，一

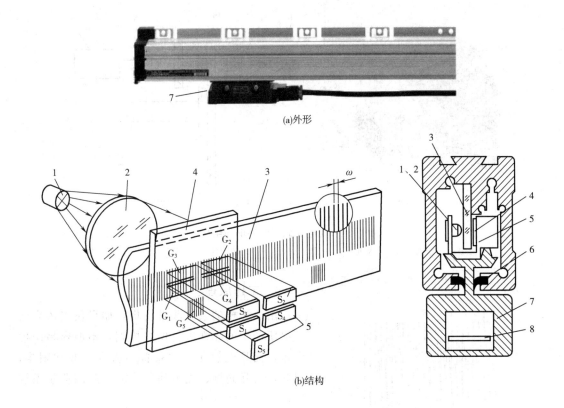

(a)外形

(b)结构

图 4.10　光栅的外形与结构

1—光源；2—透镜；3—标尺光栅；4—指示光栅；5—光敏元件；6—密封橡胶；7—读数头；8—放大电路

般而言，每毫米的条纹数有 50、100 或 200。标尺光栅与指示光栅的节距相同，光栅面相互平行，但条纹成一定的角度，以便生成莫尔条纹。

光栅的光源一般为长寿命的白炽灯，光线经透镜后变为平行光束。光敏元件可以将光强转变成与之成比例的电压信号，这一信号经过放大电路放大后可以进行较长距离的传输。在绝大多数光栅上，光敏元件一般布置有图 4.10 所示的 $S_1 \sim S_5$ 五只，其中的 $S_1 \sim S_4$ 用来产生 U_a、$^*U_a$、U_b、$^*U_b$ 四组计数信号，S_5 用来产生零标记（零脉冲）。通过光敏元件的布置，可以使得 U_a 与 $^*U_a$、U_b 与 $^*U_b$ 互为反信号；U_a 与 U_b、$^*U_a$ 与 $^*U_b$ 互差 1/4 节距；而零标记的间隔距离一般为整数，如 10mm、20mm 等。

② 光电编码器。光电编码器用于角位移检测，它是一种 360°回转的位置测量元件，其结构如图 4.11 所示，编码器内部同样由光源、标尺光栅、指示光栅、光敏元件、透镜及放大电路等组成，编码器的标尺光栅为旋转的圆盘。

光电编码器在输出脉冲数较少时经常采用光直射的检测形式，此类编码器无指示光栅。作为机电一体化设备的绝对位置检测装置，标尺光栅上也可直接刻上多圈循环二进制编码条纹、格莱码条纹，以每圈刻线代表一个二进制位的信号，这样的编码器可在任何时刻直接识别转角的绝对位置（角度），因而它是真正意义上的绝对编码器。因体积的限制，绝对编码器的二进制编码位数（刻线圈数）不能做得过多，因此，它常用于伺服电机转子位置、回转刀架/刀库的刀号检测等场合。

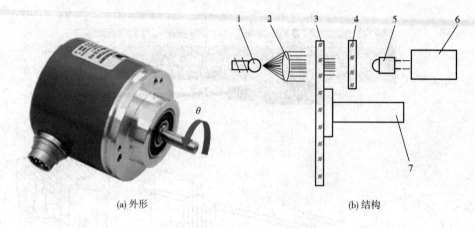

(a) 外形   (b) 结构

图 4.11 光电编码器的外形与结构

1—光源；2—透镜；3—标尺光栅；4—指示光栅；5—光敏元件；6—放大电路；7—回转轴

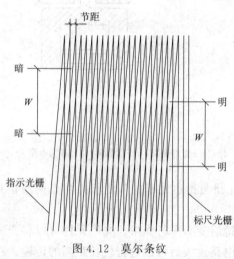

图 4.12 莫尔条纹

2. 工作原理

由于光栅的条纹非常密集，如果仅仅依靠光直射所产生的光强进行位置检测，不但容易产生误差，而且光敏元件的布置亦将变得非常困难，因此，实际光栅、光电编码器需要利用莫尔条纹进行检测。

根据光学原理，如果在布置时将指示光栅与标尺光栅的条纹相差一个很小的角度 θ，就会产生图 4.12 所示的明暗相间的条纹，这一条纹称为莫尔条纹。

莫尔条纹的方向与光栅刻线大致垂直，当标尺光栅左右移动时，莫尔条纹就沿垂直方向上下移动；光栅移动一个节距 ω 时，莫尔条纹就相应地移动一个节距 W。

光学分析表明，当光栅夹角 θ 很小时，莫尔条纹的节距 W 与夹角 θ、指示光栅节距 ω 有以下近似关系：

$$W \approx \frac{\omega}{\theta}$$

因此，利用莫尔条纹可以将指示光栅的节距与条纹宽度同时放大 $1/\theta$ 倍，也就是说当光栅节距为 0.01mm 时，如果夹角 $\theta=0.01$rad，便可以将光栅的节距与条纹宽度同时放大 100 倍，使得莫尔条纹节距为 1mm，从而大大提高检测分辨率。

莫尔条纹的另一个显著特点是具有平均效应，由于莫尔条纹由很多条刻线同时生成，制造缺陷所引起的条纹间断、条纹宽度不匀并不会对莫尔条纹带来多大的影响，因此其位置测量精度要比光直射检测要高得多。

3. 信号处理

① 提高测量精度。提高光栅的测量精度的一种方法是增加光栅条纹的密度；但是，如

果条纹密度超过 200 条/mm，其制造将变得十分困难，因此，在实际测量系统中，一般是通过与光栅配套的"前置放大器"进行信号的电子细分处理，提高光栅的测量精度；在部分光栅上，也有将前置放大器布置于光栅读数头的情况，此时光栅的放大电路与细分电路集成一体。

② 检测运动方向与速度。光栅的运动方向可以通过检测 U_a/U_b 的相位确定，由于 U_a/U_b 的空间位置差 1/4 节距，因此，输出信号的相位相差 90°；如果 U_a 超前 U_b 为正向，那么 U_a 滞后 U_b 即为反向。光栅的速度可以通过对输出脉冲进行 D/A 转换直接得到，单位时间内的输入脉冲数便代表了光栅的移动速度。

③ 确定绝对位置。以上光栅的输出信号为以节距为周期的信号，转换后的计数脉冲数量实际上只能反映运动距离，而不能确定实际位置（绝对位置），因此它是一种"增量式"的位置检测信号。为此，光栅上需要每隔一定的距离增加一组零标记刻线，以便控制装置能够通过零脉冲的计数确定光栅移动的区间，从而计算出绝对位置值。

4. 检测信号输出

光栅、光电编码器的检测信号一般有图 4.13 所示的正余弦输出、线驱动差分输出、TTL 电平输出 3 类；在网络控制的场合，可使用串行数据输出。

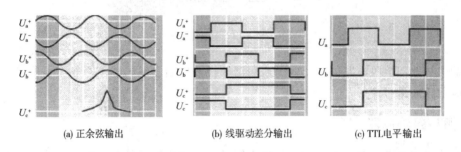

(a) 正余弦输出　　　　　(b) 线驱动差分输出　　　　　(c) TTL电平输出

图 4.13　检测信号的输出形式

只经放大而未经细分处理的光栅输出信号一般为图 4.13（a）所示的周期为 1 个节距的正余弦波，由于输出信号的幅值随着光栅的移动而改变，因此很容易通过 A/D 转换等方法将其转换成为数字量或细分脉冲信号，且其细分倍率可做得很高。例如，如将节距为 0.02mm 的光栅信号进行 1024 细分，其检测精度便可达到 $0.02\mu m$，足以满足机电一体化控制系统的高精度位置测量要求。

经过放大、细分处理后的线驱动差分输出是图 4.13（b）所示的 6 相脉冲信号，线驱动输出的接口通常采用 26LS31、MC3487 或类似规格的集成驱动芯片，信号输出符合 RS422 接口标准规范，输出接口电路如图 4.14 所示。

5. 串行数据输出

当控制装置采用网络控制技术时，可直接采用具有串行数据输出功能的光栅、光电编码器（简称串行光栅、编码器），串行光栅、编码器具有分辨率高（2000 万脉冲/转以上）、连接线少等优点，已越来越多地用于机电一体化系统，例如交流伺服电机的内置编码器几乎都采用了串行数据输出。

串行光栅、编码器内部带有串行数据转换电路，其输出为图 4.15 所示的时钟频率为 1MHz 左右的串行数据信号，编码器的连接线一般只需要 2 根电源线与 2 根数据线。为了使

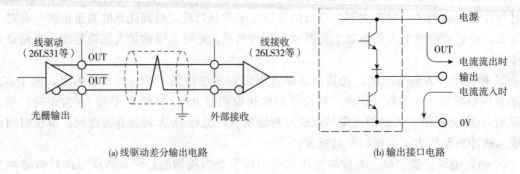

图 4.14　光栅的线驱动差分输出电路及输出接口电路

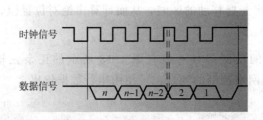

图 4.15　串行数据输出

得数据输出与外部接收电路同步，对于通用型串行数据输出编码器，一般需要连接用于数据同步的时钟脉冲信号。

二、磁栅与磁编码器

磁栅、磁编码器是利用电磁感应原理来测量位置的检测元件，它们与光栅、光电编码器的区别只是测量原理的不同，其功能与用途一致。根据通常的习惯，用于直线测量的磁栅直接称为"磁栅"，而测量角位置的磁栅则称为磁编码器。

磁栅、磁编码器的测量精度高，与光栅和光电编码器相比，磁栅、磁编码器的最大优点是其检测信号较强，故可用于高速检测。磁编码器目前已经大量用于数控机床的高速主轴等机电一体化装置，在高速、高精度检测上的应用已越来越广泛，是一种很有发展潜力的位置检测器件。

1. 外形与结构

① 磁栅。磁栅的外形与结构如图 4.16 所示，它由磁性标尺、读数头组成；读数头中包含有磁头、检测电路等。

磁性标尺采用玻璃、不锈钢、铜、铝、合成材料等非导磁材料作基体，采用涂敷、化学沉积或电镀等方法，覆盖上一层 $10\sim20\mu\mathrm{m}$ 厚的磁性材料，形成一层均匀的磁性膜，然后在磁性膜上录上等距周期性磁化信号。磁性标尺的基体可为长条状、带状或线状；磁化信号的节距 λ 一般为 $0.05\mathrm{mm}$、$0.10\mathrm{mm}$、$0.20\mathrm{mm}$、$1\mathrm{mm}$ 等。

磁头是利用电磁感应原理进行磁电转换的器件，它可检测磁化信号的磁场强度，并将其转换成电信号。为了在低速甚至静止时也能进行位置检测，磁栅必须使用磁通响应型磁头（又称磁调制式磁头），普通的录音机上的过渡响应型磁头不能用作位置检测；磁通响应型磁

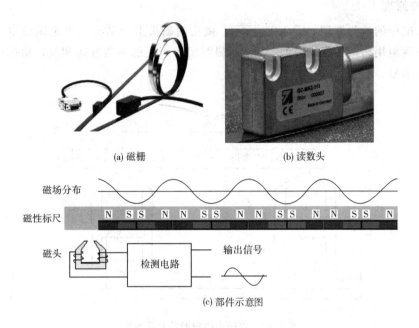

(a) 磁栅　　　　　　　　　　　(b) 读数头

磁场分布

磁性标尺　　N　S　S　N　N　S　S　N　N　S　S　N　N　S　S　N

磁头　　　　　　检测电路　　　输出信号

(c) 部件示意图

图 4.16　磁栅的外形与结构

头是一种带有饱和铁芯的二次谐波调制器件，它用软磁材料（如坡莫合金等）制成。

检测电路是进行信号放大、整形、细分与输出转换的电路，转换后的测量信号同样可以以线驱动差分、TTL 电平、集电极开路、正余弦信号、串行数据等形式输出。

② 磁编码器。磁编码器用于角位移检测，它是一种 360°回转的位置测量元件，外形如图 4.17 所示。磁编码器由磁性标尺、读数头（磁头、检测电路等）组成，它与磁栅的区别只是磁性标尺的形状有所不同，其他组成部件与工作原理一致。

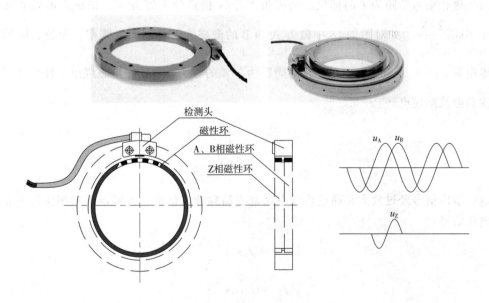

图 4.17　磁编码器

2. 工作原理

双磁头磁栅的检测原理如图 4.18 所示。磁栅的磁头上分别有 2 个激磁绕组与 2 个拾磁绕组，激磁绕组用来产生激磁磁通，2 个激磁绕组所产生的磁通方向相反；拾磁绕组用来获得电磁感应信号。

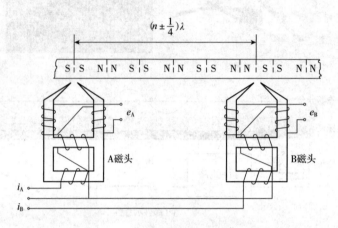

图 4.18 双磁头磁栅的检测原理图

当激磁绕组中通入高频激磁电流后，所产生的激磁磁通将与磁性标尺的固定磁通叠加，形成强度随标尺位置变化的合成磁通。在合成磁通的作用下，磁头的拾磁绕组中将得到频率为激磁电流两倍、强度随标尺位置变化的二次调谐波感应电势信号，这一信号放大后便可作为位置检测信号。

机电一体化系统所使用的磁栅通常采用"鉴幅"测量方式，为了能够辨别磁头的移动方向，需要同时安装 2 个间距为 $(n \pm 1/4)\lambda$ 的磁头（n 为整数）；由于单个磁头的检测信号一般较弱，部分磁栅有时也使用多磁头串联的结构，通过信号叠加来增强检测信号。

对于磁化信号节距为 λ 的标尺，如磁头离开 N 极点的距离为 X，则该点的磁通强度近似等于 $B \sin \dfrac{2\pi X}{\lambda}$，如对图 4.18 中磁头 A 和 B 的激磁绕组分别加入频率、相位、幅值相同的激磁电流 $i_A = i_B = \sin \dfrac{\omega t}{2}$，则在相对间距为 $\lambda/4$ 的磁头 A、B 的拾磁绕组上便可以得到如下二次调谐波感应电势：

$$e_A = E_0 \sin \frac{2\pi X}{\lambda} \sin \omega t$$

$$e_B = E_0 \cos \frac{2\pi X}{\lambda} \sin \omega t$$

这一输出信号经过放大并通过检波电路滤去高频载波信号，便可以得到相位差为 $\pi/2$ 的交变电压信号：

$$U_{SCA} = U_0 \sin \frac{2\pi X}{\lambda}$$

$$U_{SCB} = U_0 \cos \frac{2\pi X}{\lambda}$$

由此可见，磁栅的输出信号与光栅完全一致，因此可以通过同样的放大、细分处理后转换为位置脉冲输出。

磁编码器的磁性标尺一般有计数（A、B相输出）和零位（Z相输出）2个磁性环。计数磁性环上均布有 $64\sim1024$ 个磁体，对应的读数头上安装有相对间距为 $\lambda/4$（相位差为 $90°$）的磁头 A、B，以输出相位差为 $\pi/2$ 的交变电压信号。零位磁性环只有 1 个磁体，其读数头每转只能输出 1 个周期的检测信号。

与光电编码器一样，磁编码器通过内部或外部的前置放大器整形与细分，同样可以转换为 $1024\sim4096$ 或更多的位置脉冲，并以线驱动差分、TTL 电平、集电极开路、正余弦信号、串行数据等形式输出。

【任务实施】

在教师的安排下，认识某种品牌及型号的光栅、磁栅、光电编码器及磁编码器。

光栅、光电编码器多用于机电一体化系统的直线位移、角位移测量。由于光栅对生产工艺与设备的要求较高，高精度的光栅目前国内尚不能生产。光栅产品品牌以德国 HEIDEN-HAIN 公司最著名，其产品规格齐全，技术水平、市场占有率均居世界首位；此外，日本 SONY、西班牙 FAGOR 等公司的产品在国内也有一定的销量。

以 HEIDENHAIN 产品为例，该公司的光栅在结构上分为密封式与敞开式两类，其测量分辨率可达 $0.005\mu m$，最大测量长度可达 30m，主要技术参数如表 4.2 所示。

表 4.2　HEIDENHAIN 光栅主要技术参数表

型　　号	位置测量输出	周期	精度	分辨率	测量范围	参考点形式
LS183 LS193F/M	绝对位置；EnDat2.2 或 FANUC、三菱接口	$20\mu m$	$\pm5\mu m$	$0.005\mu m$	$140\sim4240mm$	—
			$\pm3\mu m$	$0.005\mu m$	$140\sim3040mm$	—
LF183	$1V_{PP}$ 正余弦信号	$4\mu m$	$\pm2/3\mu m$	$0.1\mu m$	$140\sim3040mm$	距离码或节距信号
LS187	$1V_{PP}$ 正余弦信号	$20\mu m$	$\pm3/5\mu m$	$0.1\mu m$	$140\sim3040mm$	距离码或节距信号
LS177	TTL 脉冲信号	$4/2\mu m$	$\pm3/5\mu m$	$0.1\mu m$	$140\sim3040mm$	距离码或节距信号
LS382	$1V_{PP}$ 正余弦信号	$40\mu m$	$\pm5\mu m$	$0.1\mu m$	$440\sim30040mm$	距离码或节距信号
LS487 LS493F/M	绝对位置；EnDat2.2 或 FANUC、三菱接口	$20\mu m$	$\pm3/5\mu m$	$0.005\mu m$	$70\sim2040mm$	—
LF481	$1V_{PP}$ 正余弦信号	$4\mu m$	$\pm3/5\mu m$	$0.1\mu m$	$50\sim1220mm$	距离码或节距信号
LF487	$1V_{PP}$ 正余弦信号	$20\mu m$	$\pm3/5\mu m$	$0.1\mu m$	$70\sim2040mm$	距离码或节距信号
LS477	TTL 脉冲信号	$4/2\mu m$	$\pm3/5\mu m$	$0.1\mu m$	$70\sim2040mm$	距离码或节距信号
LS388C	$1V_{PP}$ 正余弦信号	$20\mu m$	$\pm10\mu m$	$1\mu m$	$70\sim1240mm$	距离码
LS328C	TTL 脉冲信号	$20\mu m$	$\pm10\mu m$	$5\mu m$	$70\sim1240mm$	距离码

HEIDENHAIN 的光电编码器在结构上分为标准轴安装与空心轴电机内置安装两类，其绝对位置编码器的测量分辨率可达 25bit，可选择 EnDat2.1（5V）、EnDat2.2（3.6～14V）、SSI（5V 或 10～30V）、PROFIBUS（9～36V）等标准串行接口输出；增量编码器的刻度可达 5000 线，输出信号可以为 DC 5V 线驱动脉冲、10～30V 线驱动脉冲、10～30V HTL 脉冲等。HEIDENHAIN 光电编码器产品的主要技术参数如表 4.3 所示。

表 4.3　HEIDENHAIN 光电编码器主要技术参数表

型　号	类　别	结　构	测量精度	备　注
ECN125	绝对编码器	φ50 空心轴	25bit	EnDat2.2 接口
ECN113	绝对编码器	φ50 空心轴	13bit	EnDat2.2 接口或 SSI 接口
ECN425	绝对编码器	φ12 空心轴	25bit	EnDat2.2 接口
ECN413	绝对编码器	φ12 空心轴	13bit	EnDat2.2、SSI、PROFIBUS 接口
ECN1023	绝对编码器	φ6 空心轴	23bit	3.6～14VEnDat2.2 接口
ECN1013	绝对编码器	φ6 空心轴	13bit	EnDat2.2 接口
ROC425	绝对编码器	φ6 或 φ10 实心轴	25bit	EnDat2.2 接口
ROC413	绝对编码器	φ6 或 φ10 实心轴	13bit	EnDat2.2、SSI、PROFIBUS 接口
ROC418	绝对编码器	φ6 或 φ10 实心轴	18bit	EnDat2.1 接口
ROC1023	绝对编码器	φ4 实心轴	23bit	EnDat2.2 接口
ROC1013	绝对编码器	φ4 实心轴	13bit	EnDat2.2 接口
ERN120	增量编码器	φ50 空心轴	1000～5000P/r	DC 5V 线驱动脉冲
ERN130	增量编码器	φ50 空心轴	1000～5000P/r	10～30V HTL 脉冲
ERN180	增量编码器	φ50 空心轴	1000～5000P/r	1Vpp 正余弦信号
ERN420	增量编码器	φ12 空心轴	250～5000P/r	DC 5V 线驱动脉冲
ERN430	增量编码器	φ12 空心轴	250～5000P/r	10～30V HTL 脉冲
ERN460	增量编码器	φ12 空心轴	250～5000P/r	10～30V 线驱动脉冲
ERN480	增量编码器	φ12 空心轴	1000～5000P/r	1Vpp 正余弦信号
ERN1020	增量编码器	φ6 空心轴	100～3600P/r	DC 5V 线驱动脉冲
ERN1030	增量编码器	φ6 空心轴	100～3600P/r	10～30V HTL 脉冲
ERN1080	增量编码器	φ6 空心轴	100～3600P/r	1Vpp 正余弦信号
ROD426	增量编码器	φ6 实心轴	1～5000P/r	DC 5V 线驱动脉冲
ROD436	增量编码器	φ6 实心轴	1～5000P/r	10～30V HTL 脉冲
ROD466	增量编码器	φ6 实心轴	50～5000P/r	10～30V 线驱动脉冲
ROD486	增量编码器	φ6 实心轴	1000～5000P/r	1Vpp 正余弦信号
ROD420	增量编码器	φ10 实心轴	50～5000P/r	DC 5V 线驱动脉冲
ROD430	增量编码器	φ10 实心轴	50～5000P/r	10～30V HTL 脉冲
ROD480	增量编码器	φ10 实心轴	1000～5000P/r	1Vpp 正余弦信号
ROD1020	增量编码器	φ4 实心轴	100～3600P/r	DC 5V 线驱动脉冲
ROD1030	增量编码器	φ4 实心轴	100～3600P/r	10～30V HTL 脉冲
ROD1080	增量编码器	φ4 实心轴	100～3600P/r	1Vpp 正余弦信号

　　磁栅、磁编码器同样可用于机电一体化系统的直线位移、角位移测量。磁栅的测量范围大，允许的移动速度高，但测量精度相对较低，故多用于位置显示；磁编码器与光电编码器比较，其最大转速更高，但生产厂家较少，产品规格目前也较单一。

国内市场上的磁栅多为德国 SIKO、日本 SONY 公司产品。表 4.4、表 4.5 分别为 SIKO 公司磁栅检测头和磁性标尺的主要技术参数表。

表 4.4　SIKO 磁栅检测头主要技术参数表

型　号	位置测量输出		最高速度	测量精度	分辨率	配套标尺
MSK1000	线驱动脉冲输出		38.4m/min	$\pm 10\mu m$	$0.2\mu m$	MB100
MSK1000	线驱动脉冲输出		192m/min	$\pm 10\mu m$	$1\mu m$	MB100
MSK1000	线驱动脉冲输出		384m/min	$\pm 10\mu m$	$2\mu m$	MB100
MSK1000	线驱动脉冲输出		960m/min	$\pm 10\mu m$	$5\mu m$	MB100
LE100/1	$1V_{PP}$ 正余弦信号		1200m/min	$\pm 10\mu m$	$1\mu m$	MB100
MSA111C	SSI 接口	$1V_{PP}$ 正余弦增量输出	600m/min	$\pm 10\mu m$	$1\mu m$	MBA111
		串行绝对位置输出	120m/min	$\pm 10\mu m$	$1\mu m$	MBA111
ASA110H	SSI 接口（串行绝对位置输出＋$1V_{PP}$ 正余弦增量输出）和线驱动增量脉冲输出。绝对位置输出最高速度为 30m/min		48m/min	$25\mu m$	$0.5\mu m$	MBA110
			240m/min	$25\mu m$	$1\mu m$	MBA110
			480m/min	$25\mu m$	$10\mu m$	MBA110
			480m/min	$25\mu m$	$12.5\mu m$	MBA110

表 4.5　SIKO 磁性标尺主要技术参数表

型　号	测量长度	类　别	测量精度	参考点节距
MB100	$100\sim 4000$mm	增量刻度	$10\mu m$	0.02/0.08/0.14/0.2/0.26/0.32/0.38/0.44/0.5
MB100	$100\sim 90000$mm	增量刻度	$50\mu m$	0.02/0.08/0.14/0.2/0.26/0.32/0.38/0.44/0.5
MBA110	$200\sim 4000$mm	绝对刻度	$10\mu m$	—
MBA110	$200\sim 4090$mm	绝对刻度	$10\mu m$	—

德国 SIKO、HEIDENHAIN 公司是较著名的磁编码器产品生产企业，其常用产品的主要技术参数如表 4.6、表 4.7 所示。

表 4.6　SIKO 磁编码器主要技术参数表

型　号	最高转速	连接轴	测量输出	输出形式
IH28M	3000r/min	$\phi 8$	1000P/r 增量	线驱动或 $10\sim 30$V HTL 脉冲
IV28M/1	3000r/min	$\phi 6$	1000P/r 增量	线驱动或 $10\sim 30$V HTL 脉冲
IH58M	6000r/min	中空 $\phi 22$	2560P/r 增量	线驱动或 $10\sim 30$V HTL 脉冲
IV58M	6000r/min	$\phi 10$	2560P/r 增量	线驱动或 $10\sim 30$V HTL 脉冲
WH58M	6000r/min	中空 $\phi 22$	12bit 绝对	串行输出,RS485/SSI/CAN/Propibus 接口
WV58M	6000r/min	$\phi 6/\phi 10$	12bit 绝对	串行输出,RS485/SSI/CAN/Propibus 接口

表 4.7　HEIDENHAIN 磁编码器主要技术参数表

型　号	最高转速	中空内径	测量输出	输出形式
ERM2484	42000r/min	φ40	512λ/r 增量	1Vpp正余弦信号
ERM2484	36000r/min	φ55	600λ/r 增量	1Vpp正余弦信号
ERM2485	33000r/min	φ40	512λ/r 增量	1Vpp正余弦信号
ERM2485	27000r/min	φ55	600λ/r 增量	1Vpp正余弦信号
ERM2984	35000r/min	φ55	256λ/r 增量	1Vpp正余弦信号

　　光栅、磁栅属于直线位移测量装置，故可用于图 4.19（a）所示的机电一体化直线运动系统的直线位移测量；光电编码器、磁编码器属于角位移测量装置，故可用于图 4.19（b）所示的机电一体化回转运动系统的角位移测量。

(a) 直线运动系统　　　　　　　　　　　　　(b) 回转运动系统

图 4.19　直接测量系统

　　光栅、磁栅、光电编码器、磁编码器的测量输出信号既可用于位置显示，也可用于位置全闭环控制，当它们与 CNC、PLC、伺服驱动器等控制装置配套使用时，还可通过控制装置的 f/V（频率/速度）变换，作为速度检测信号使用。

　　光电编码器、磁编码器还可用于图 4.20（a）所示的滚珠丝杠传动，或者齿轮齿条、蜗轮蜗杆传动的直线位移间接测量系统。由于丝杠、齿轮、蜗杆每转所产生的直线移动量为定值，因此角位移和直线位移有固定的比例关系，测量了角位移也就间接测量了直线位移。在

 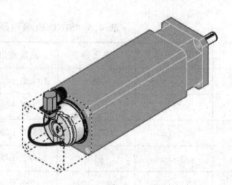

(a) 滚珠丝杠传动　　　　　　　　　　　　(b) 电机内置式编码器

图 4.20　间接测量系统

伺服驱动系统中，为了方便系统调试，简化系统结构，便于用户使用，光电编码器、磁编码器经常与伺服电机集成一体，组成间接测量系统这样的编码器称为电机内置式编码器，如图4.20（b）所示。

【思考与练习】

大多数数控系统（CNC）所要求的位置检测信号精度为 $0.001mm/p$，数控装置的检测信号输入接口本身设计有 4 倍频电路；如果使用节距为 $0.02mm$ 的光栅作为检测元件，构成全闭环系统，光栅所配套的前置放大器细分倍率应设定为多少？如果使用电机内置编码器作为间接位置测量器件，构成半闭环系统，滚珠丝杠导程为 $10mm/r$，电机与滚珠丝杠直接连接，其编码器的每转输出脉冲数应为多少？

项目五

→ 运动控制技术与应用

运动控制（Motion control）技术实际就是传统的伺服控制技术，是以机械装置的位置、速度、转矩等运动参数为控制对象的自动控制技术，运动控制系统的执行装置一般为步进电机或伺服电机。

以步进电机作为执行装置的控制系统称为步进驱动系统。步进驱动系统可对控制装置输出的位置指令脉冲进行功率放大，并将其转换为机械装置的运动，是一种无需位置检测器件的开环控制系统。由于受步进电机输出功率、步距角、启动/运行频率等方面的限制，步进驱动系统存在"失步"的可能，故多用于输出功率不大、运动速度、定位精度不高的简单控制。

以伺服电机为执行装置的系统称为伺服驱动系统，简称伺服系统。伺服驱动系统是一种闭环位置控制系统，其输出功率、运动速度、定位精度可以远远高于步进驱动系统。与直流伺服电机比较，交流伺服电机具有结构简单、转速高、运行可靠、几乎不需要维修等一系列优点，是目前机电一体化设备最常用的执行装置。在数控机床、工业机器人等机电一体化典型设备上，交流伺服驱动已开始全面替代早期的直流伺服驱动。

任务1　步进驱动系统

知识目标：

1. 了解步进电机的结构，熟悉三相三拍、三相六拍工作方式的运行原理和工作特性；
2. 了解步进驱动器的功能，熟悉单电压、双电压驱动与 PWM 调压驱动电源；
3. 熟悉步进驱动系统典型产品。

能力目标：

1. 能根据控制要求，选择步进电机与驱动器；
2. 能使用、连接步进驱动系统。

【相关知识】

一、步进电机结构原理

1. 基本结构

步进电机是一种可使转子以规定的角度（步距角）断续转动、保持定位的特殊电机，有反应式、混合式和永磁式 3 类，以反应式（亦称磁阻式）、混合式为常用。图 5.1 所示为两相四对极步进电机结构图。

图 5.1　两相四对极步进电机结构
1—定子；2—转子；3—绕组

步进电机和其他电机一样，由定子、转子和绕组 3 个基本部件组成，但其定子内腔和转子外圆加工成齿状结构，当电机绕组依次通电时，转子可一齿一齿地旋转。因此，如果向绕组通入经步进驱动器放大后的驱动脉冲，就可控制步进电机的角位移，然后，通过滚珠丝杠、齿轮齿条、同步皮带、蜗轮蜗杆等机械传动装置，将角位移转换为直线运动或回转运动。

采用步进电机驱动的运动控制系统，只要改变驱动脉冲的频率，便可控制步进电机的转速；改变脉冲的数量，便可控制位置；如果向绕组通入固定不变的电流，步进电机会在指定位置停止并锁定。

步进电机的相数可为 2、3、4、5、6 相，甚至更多；增加电机的相数、齿数，可以减小步距角，对于同样的机械传动装置，电机的每步移动量也就变小，位置精度就变高，但在同样脉冲频率下的转速亦变低。

2. 运行原理

以三相反应式步进电机为例，电机的运行方式有"三相单三拍"和"三相六拍"2 种，其运行原理分别如下。

三相单三拍运行原理如图 5.2 所示。三相步进电机的定子安装有 6 极绕组，其中，2 个相对的极为一相、构成 A、B、C 三相；电机的转子上均匀分布有 4 个齿。根据电磁学原理，磁通总是沿磁阻最小的路径闭合，因此，当 A 相绕组通电时，转子齿 1-3 将和定子的 A-A′极对齐，转子将转到图 5.2（a）所示的位置；当 A 相断电、B 相通电时，则转子齿 2-4 将和定子 B-B′极对齐，转子将逆时针转过 30°到图 5.2（b）所示的位置；而当 B 相断电、C 相通电时，转子齿 1-3 将和定子的 C-C′极对齐，转子再次逆时针转过 30°，到图 5.2（c）所示的位置。因此，如果转子绕组能按 A→B→C→A 的顺序循环通电，电机转子便可逆时针步进；如按 A→C→B→A 的顺序循环通电，电机转子则将顺时针步进。

(a) A相通电　　　　　　　(b) B相通电　　　　　　　(c) C相通电

图 5.2　三相单三拍运行原理图

以上电机定子绕组改变一次通电方式称为"一拍"，转子对应每拍所转过的角度称为"步距角"；当电机为 3 相时，如每次只控制单相绕组通电，就可通过绕组的三次切换完成一个循环，这种工作方式称为"三相单三拍"工作方式。

由以上运行原理可见，定子齿与转子齿需要"错位"，才能使步进电机旋转。可以证明，对于 1 对极的 m 相电机，其"错位量"应为转子齿距的 $1/m$。因此，如转子齿数为 z_r，则其步距角（错位角）为

$$\alpha = \frac{360°}{m z_r}$$

如步进电机的通电切换频率（脉冲频率）为 f，则步进电机的转速为

$$n_s = \frac{360°}{m z_r} f = \frac{60 f}{m z_r} (\text{r/min})$$

而转子的齿数则应满足下式：

$$z_r = z_p \left(k \pm \frac{1}{m} \right)$$

式中　z_r——转子齿数；

　　　z_p——定子齿数；

　　　m——相数；

　　　k——正整数。

三相步进电机采用"单三拍"工作方式时，在绕组切换瞬间，将出现所有绕组都不通电的状态，从而导致电机丧失有效的转矩，引起失步；此外，由于电机仅依靠单相绕组吸引转子转动，也容易引起转子在平衡位置附近振荡；因此，实际运行时一般都采用图 5.3 所示的"三相六拍"工作方式。

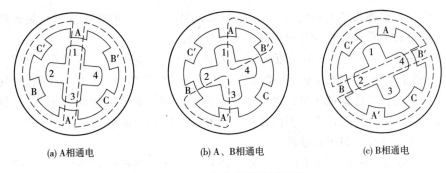

(a) A相通电　　　　　　　(b) A、B相通电　　　　　　　(c) B相通电

图 5.3　三相六拍运行原理图

三相六拍工作时绕组的通电顺序依次为 A→AB→B→BC→C→CA→A 或 A→AC→C→CB→B→BA→A，即先接通 A 相绕组，然后同时接通 A、B 相，再单独接通 B 相，然后同时接通 B、C 相，依次循环。因这种工作方式的步进电机需经过六次切换才能完成一个循环，故称为"三相六拍"。

电机在 A 相绕组通电时，转子齿 1-3 和定子极 A-A′对齐；当 A、B 相同时通电时，转子齿 2-4 将在定子极 B-B′的吸引下逆时针转过 15°，到达转子齿 1-3 与转子齿 2-4 间的引力平衡位置；而切换到 B 相绕组通电时，转子继续逆时针转过 15°，使转子齿 2-4 与定子极 B-B′对齐。

由此可见，采用三相六拍工作方式时，步进电机从 A 相绕组切换为 B 相绕组，需要经过 A、B 相同时通电这一中间状态（二拍），这一中间状态不仅可避免出现绕组切换瞬间所有绕组都不通电的状态，而且还可以使得电机每步的移动量成为"单三拍"工作方式下的 1/2，但是，对于同结构的步进电机和同样的切换频率，其转速也只有"单三拍"工作方式下的 1/2。

3. 输出特性

① 静态特性。静态特性是指步进电机绕组通电状态不变并且转子停止时的输出特性，此时电机将产生静态保持转矩。步进电机的静态特性一般通过图 5.4 所示的矩角特性和转矩特性描述。

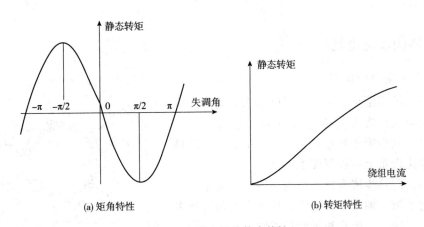

(a) 矩角特性　　　　　　　　　　　　　　(b) 转矩特性

图 5.4　步进电机的静态特性

当步进电机绕组通电静止时，如在电机轴上施加负载转矩，转子将被偏移一个小角度后

重新稳定，这一角度称为"失调角"；失调角越大、电机所产生的静态恢复转矩也越大，静态转矩与失调角的关系曲线称为步进电机的矩角特性。

如将转子的一个齿距用 2π 电角度表示，则当负载转矩为 0 时，电机定、转子齿对准，失调角为 0，静态恢复转矩亦为 0；当错位 1/4 齿距时，失调角为 $\pm\pi/2$，定子齿对转子齿的拉力为最大，静态转矩达到最大值；而当错位达到 1/2 齿距时，失调角为 $\pm\pi$，相邻两个定子齿将对转子齿产生同样的拉力，但两者的方向相反，故产生的静态转矩又为 0。因此，步进电机的矩角特性曲线近似于正弦曲线。

在失调角为 $-\pi/2\sim\pi/2$ 的区域，随着失调角的增加，电机的静态恢复转矩同时增加，一旦负载转矩减小，便可回到平衡点 0，这一区域称为静稳定区。当失调角为 $-\pi/2$ 或 $\pi/2$ 时，静态恢复转矩将达到最大值，这一转矩称为最大静态转矩，也是电机保持静态平衡所允许施加的最大负载转矩值。

静态转矩与绕组电流的关系称为转矩特性，当电流较小时，转矩与电流的平方成正比；随着电流的增加，磁路渐趋饱和，转矩上升变缓；当电流较大时，曲线趋向水平。

② 动态特性。步进电机的动态特性又称矩频特性，它是电机最大输出转矩和脉冲频率的关系曲线，国产普通步进电机的矩频特性通常如图 5.5 所示。

电机的输出转矩与绕组电流成正比。由于步进电机的绕组存在电感和电阻，其电流将按照电气时间常数的指数函数曲线上升；当绕组通断频率较低时，电流可达到稳态值；但如果通断频率很高，电流将不能达到稳态值，输出转矩将急剧下降。因此，步进电机运行时的负载转矩必须小于该频率所对应的最大输出转矩，电机才能正常运行。

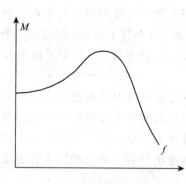

图 5.5 国产普通步进电机的矩频特性

由于步进电机转子存在转动惯量，启动和制动时需要加速转矩，因此，电机的运行频率将低于连续运行频率。步进电机的启动频率是指电机在一定负载下能不失步启动和制动的最高频率；连续工作时的运行频率是指步进电机启动和制动完成后，连续施加脉冲时的最高不失步运行频率。启动频率与连续工作频率与电机结构与性能、负载等诸多因素相关，连续工作频率通常远大于启动频率。

二、特殊结构步进电机

1. 小步距角步进电机

步进电机的步距角直接决定了驱动系统的最小位置控制移动量（位置控制精度）。采用上述基本结构的步进电机，其步距角通常都较大，故很难满足高精度机电一体化设备上的控制要求。

三相小步距角步进电机的结构如图 5.6 所示，这种电机的定子极上细分有若干齿，转子上均匀分布多个齿；定子、转子的齿宽和齿距均相同。

三相小步距角步进电机的工作原理可以用图 5.7 所示的展开图进行说明，该电机的转子均匀分布有间

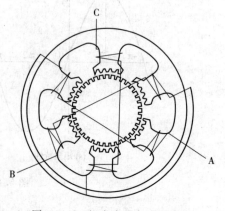

图 5.6 三相小步距角步进电机

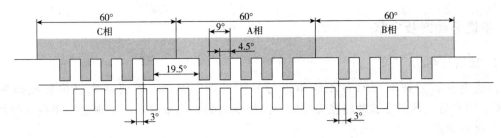

图 5.7　三相小步距角步进电机展开图

距为 9°的 40 个齿；定子每极布置有间距为 9°的 5 个齿，由于三相步进电机每极应占 60°空间，因此，极间有 19.5°的空隙。

当 A 相通电时，转子齿将和定子 A 极上的齿对齐，而 B、C 极下的齿将和转子齿错位三分之一齿距（3°）。这时，如由 A 相切换为 B 相通电，展开图中的转子只需要向左移动 3°，即电机逆时针旋转 3°，便可对齐齿；如由 A 相切换为 C 相通电，展开图中的转子同样只需要向右移动 3°，即电机顺时针旋转 3°，便可对齐齿；因此，它可使电机的步距角由基本结构的 30°变成 3°，实现了减小齿距的目的。小齿矩步进电机同样可采用三相六拍的工作方式，这时，步距角也将成为"三拍"工作方式的 1/2（1.5°）。

2. 混合式步进电机

混合式步进电机的结构与反应式步进电机稍有不同，图 5.8 所示为两相四对极混合式步进电机内部结构。

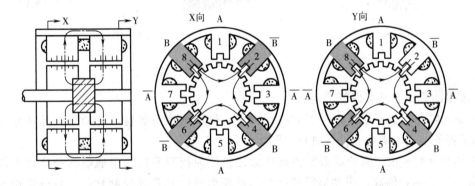

图 5.8　两相四对极混合式步进电机内部结构

混合式步进电机的定子与转子都被分为两段，极面上同样都分布有小齿；定子的两段齿槽不错位；转子的两段齿槽互错半个齿距，中间用环形永久磁铁连接，同一段转子片上的所有齿都具有相同极性，而不同段转子片的极性相反。

图 5.8 中的 1、3、5、7 为 A 相绕组磁极，2、4、6、8 为 B 相绕组磁极；每相的相邻磁极绕组绕向相反，以产生 X、Y 向视图所示的闭合磁路。根据与反应式步进电机类似的原理，电机只要按照 A→$\overline{B}$→$\overline{A}$→B→A 或 A→B→$\overline{A}$→$\overline{B}$→A 的顺序通电，步进电机就能顺时针或逆时针连续旋转。

混合式步进电机的转子本身具有磁性，因此在同样的定子电流下所产生的转矩要大于反应式步进电机，且其步距角也较小；但电机转子的结构复杂、惯量大，其反应快速性要低于反应式步进电机，此外，如果永久磁铁退磁，容易引起振荡和失步。

三．步进驱动器及电路

1. 功能与结构

步进电机需要按顺序对各相绕组进行轮流通断，因此，需要将来自位置控制装置（CNC、PLC 等）的指令脉冲转换为控制不同相绕组的大功率信号，实现这一变换的控制装置为步进驱动器。

步进驱动器的常见结构有图 5.9 所示的模块式、单元式 2 类。小功率步进驱动器通常为模块式，它可直接和控制器制成一体，安装在同一控制箱内；单元式步进驱动器可以独立安装，其功率一般较大。

(a) 模块式   (b) 单元式

图 5.9　步进驱动器

步进驱动器一般具有以下功能。

① 输入隔离。为了避免驱动器的高压、大电流影响控制装置，驱动器的脉冲输入接口一般都需要安装光电耦合器件，进行电隔离。

② 脉冲分配。步进驱动器需要将指令脉冲转换为控制不同绕组通断的循环信号，实现"循环分配"功能，因此，驱动器需要有专门的环形分配电路或控制软件，将连续输入的指令脉冲串转换为绕组的循环控制脉冲。

③ 功率放大。步进电机绕组的驱动需要有高压、大电流信号，而来自控制装置的输入信号为低电平脉冲信号，故必须通过相应的控制电路，对输入脉冲进行功率放大，将其转换为可驱动步进电机运行的大功率脉冲。

2. 单电压驱动电源

步进驱动器的功率放大电路常称为"驱动电源"，其形式多样，图 5.10 为最基本的单电压驱动电源电路。

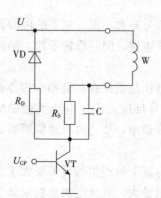

图 5.10　单电压驱动电源电路

图 5.10 中的 U_{CP} 为步进电机绕组的通断控制信号，W 代表电机绕组；VD 与 R_D 用于断开时绕组放电；R_S 为限流电阻，用来限制绕组电流，减小绕组电气时间常数；电容 C 用

来提升导通瞬间的绕组电流,提高响应速度。

当 U_{CP} 为高电平时,功率晶体管 VT 饱和导通, V_{ce} 接近 0V;电源电压 U 加入到绕组 W 上,并通过绕组 W、限流电阻 R_S、功率晶体管 VT 构成回路,电机绕组通电产生电磁力使电机转动;此时由于 VD 被反向偏置,故 VD、R_D 续流回路无电流。

在功率晶体管 VT 饱和导通的瞬间,由于电容 C 上的电压不能突变,限流电阻 R_S 被瞬间短路,因此,可在绕组上产生瞬间大电流,以提高电机启动转矩。绕组通电后,电容 C 将被充电,电压逐步上升,最终到达断开状态,启动过程结束,绕组通过限流电阻 R_S 构成电流回路,保持持续通电。

当 U_{CP} 为低电平时,功率晶体管 VT 截止,绕组 W 的电流回路被切断。由于绕组具有电感特性,电流不能突变,因此,需要通过 VD、R_D 支路为绕组提供电流泄放的续流回路,以避免断开瞬间在功率晶体管 VT 的 c、e 极之间产生高压,保护功率晶体管。

以上单电压驱动电源虽可通过启动电容来提高启动电流,但由于电压较低,启动电流的维持时间很短,其启动效果并不理想;此外,由于步进电机停止时绕组电流与工作时相同,易引起停止时步进电机发热,因此实际使用较少。

3. 双电压驱动电源

为了解决单电压驱动电源所存在的问题,步进驱动器常使用双电压驱动电源。图 5.11 所示为定时控制高低压驱动电源原理图。

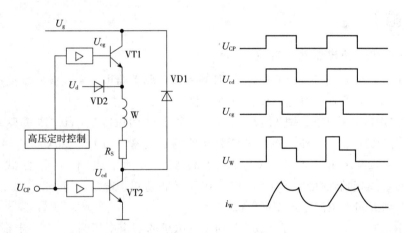

图 5.11　定时控制高低压驱动电源原理图

图 5.11 中的驱动电源有两组电源向电机绕组供电,其中的高压电源 U_g 用来产生启动电流,低压电源 U_d 用来产生工作电流;VT1 为高压控制晶体管,VT2 为低压控制晶体管;VD1 为续流二极管,VD2 是阻断二极管,U_{CP} 为控制脉冲。

当 U_{CP} 为高电平时,高、低压晶体管同时饱和导通,U_d 被阻断二极管隔离,U_g 加入到电机绕组 W,绕组产生启动大电流。当高压定时控制时间到达时,高压控制晶体管 VT1 断开,低压控制晶体管 VT2 保持导通,U_d 经阻断二极管 VD2 加入电机绕组 W,绕组切换为工作电流。

绕组断电时,高压控制晶体管再次导通,绕组电流可通过续流二极管 VD1、限流电阻 R_S 与高压控制晶体管构成的泄放回路泄放。

以上线路可通过高压供电提高绕组电流,通过低压供电减小电机停止时的保持电流。但

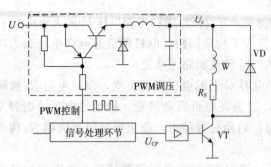

图 5.12　PWM 调压电源原理图

由于高压幅值、加入时间与启动电流均为固定值，因此，在电机低频（低速）、轻载运行时的冲击较大，容易产生振荡与噪声。

4. PWM 调压电源

PWM 调压电源原理如图 5.12 所示，这种电源的供电电压可任意调节，它不但可实现高低压驱动功能，而且还可根据步进电机的运行频率自动改变电压，从而可解决双电压驱动电源所存在的低频冲击、振荡与噪声问题。

PWM 调压电源在单电压驱动电源的基础上增加了 PWM 自动调压电路，从而使电机绕组的电压 U_c 可通过 PWM 控制自动调节。

PWM 控制信号的脉冲频率远远高于步进电机运行控制信号 U_{CP} 的频率，调压线路中的电感、电容用于 PWM 输出电压 U_c 的滤波。

PWM 调压的关键是生成 PWM 控制信号，它一方面需要产生高低压驱动效果，另一方面还需要根据电机的实际运行频率改变电压值，因此，驱动器通常需要使用微处理器，或者直接通过上级控制器（CNC、PLC 等）生成 PWM 控制信号。

【任务实施】

1. STEPDRIVE 步进驱动器应用

STEPDRIVE C/C⁺、FM STEPDRIVE 系列步进驱动器可用于经济型数控机床及纺织、包装、印刷、木材等行业的机电一体化设备控制。

① STEPDRIVE C/C⁺。图 5.13（a）所示的 STEPDRIVE C/C⁺ 步进驱动器为 SIE-MENS 公司生产的产品。STEPDRIVE C 驱动器的最大输出为 DC 120V/2.55A，适用于额定转矩 3.5 ～ 12N·m 的 90BYG55、110BYG55 系列五相十拍混合式步进电机；STEPDRIVE C⁺ 驱动器的最大输出为 DC 120V/5A，适用于额定转矩 18N·m、25N·m 的 130BYG55 系列五相十拍混合式步进电机。

STEPDRIVE C/C⁺ 配套的 BYG55 系列步进电机的额定电压为 120V，步距角为 0.72°/0.36°，最高运行频率为 20kHz，最大启动频率为 2.5～3.2kHz，最高转速为 4000r/min。

STEPDRIVE C/C⁺ 步进驱动器采用单元型结构，输入电源为单相 AC 85V，驱动器可独立安装。驱动器采用的是恒流斩波电源，内部设计有驱动电源、环形分配、恒流斩波、功率放大等电路，具有过电压、欠电压、过载、短路等保护功能。

② FM STEPDRIVE。图 5.13（b）所示的 FM STEPDRIVE 系列步进驱动器采用 PWM 调压驱动电源，最大输出为 DC 325V/5A，适用于额定转矩 2～15N·m 的三相六拍 1FL3 系列步进电机。

FM STEPDRIVE 配套的 1FL3 系列步进电机的额定电压 DC 325V，步距角为 0.72°/0.36°，最高运行频率为 30kHz，最大启动频率为 4.3～5.3kHz，最高转速为 6000r/min。

FM STEPDRIVE 步进驱动器采用单元型结构，输入电源为单相 AC 230V/4.5A 或 AC 115V/8A，驱动器可独立安装。驱动器内部设计有驱动电源、环形分配、PWM 调压、功率

步进驱动器　　步进电机

(a) C/C⁺系列　　　　　　　　　　　　　(b) FM系列

图 5.13　STEPDRIVE 步进驱动器

放大等电路，具有过电压、欠电压、过载、短路等保护功能。

STEPDRIVE C/C⁺ 系列通常与 SIEMENS 802S、808 等数控系统配套使用，在国产经济型数控机床等机电一体化产品上的使用较为广泛。FM STEPDRIVE 步进驱动器一般与SIEMENS 公司 S7-300 系列 PLC 的 FM353 单轴定位模块配套使用，用于纺织、包装、印刷、木材等行业的机电一体化设备控制，但在国内机电设备市场的用量相对较少，本书不再进行详细介绍。

2. 驱动器连接

STEPDRIVE C/C⁺ 驱动器的连接如图 5.14 所示，连接要求如下。

① 电源连接。根据要求将 AC 85V 输入电源连接到驱动器的 L/N/PE 端，电源输入容量与驱动器电流设定有关，同一设备的多个驱动器可用一台变压器统一供电，步进驱动器的同时工作系数一般选择为 1，即输入容量为所有驱动器容量之和。

② 电机连接。将驱动器上的 A+～E－端子与电机上的对应端连接。

③ 控制信号连接。驱动器上的控制信号连接要求如下：

＋PULS/－PULS：位置指令脉冲，上升沿有效，最高频率不能超过 250kHz；

＋DIR/－DIR：转向信号，"0" 为顺时针，"1" 为逆时针，转向可用驱动器的设定开关调整；

＋ENA/－ENA：驱动器 "使能" 信号，输入 "0" 禁止驱动器输出，电机无输出转矩，输入 "1" 允许驱动器输出，电机绕组通入运行或保持电流；

RDY：驱动器 "准备好" 信号，当驱动器工作正常时，＋24V 与 RDY 间的触点闭合；当使用多个驱动器时，可依次将前一驱动器的 RDY 输出作为后一驱动器的＋24V 输入，并将最后一只驱动器的 RDY 输出作为驱动器准备好信号，输出到外部控制器（如作为 PLC 输入等）。

3. 驱动器设定与调整

STEPDRIVE C/C⁺ 步进驱动器正面安装有 4 只设定开关，用于输出电流、转向的设定。开关作用如下。

① CURR1/CURR2：驱动器输出电流设定，如表 5.1 所示。

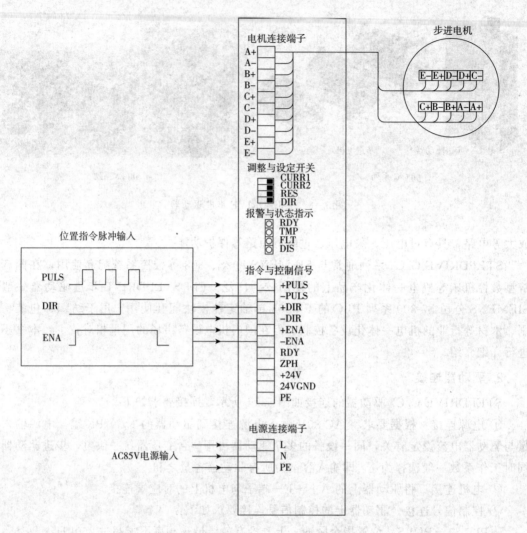

图 5.14　STEPDRIVE C/C$^+$ 驱动器连接

表 5.1　**STEPDRIVE C/C$^+$ 输出电流设定**

CURR1	CURR2	输出相电流	输入电源容量	适用驱动器	配套电机
OFF	OFF	1.35A	0.3kVA		90BYG55/3.5N·m
ON	OFF	1.90A	0.41kVA	STEPDRIVE C	110BYG55/6N·m
OFF	ON	2.00A	0.62kVA		110BYG55/9N·m
ON	ON	2.55A	0.7kVA		110BYG55/12N·m
OFF	ON	3.60A	1.37kVA	STEPDRIVE C$^+$	130BYG55/18N·m
ON	ON	5.00A	1.42kVA		130BYG55/25N·m

② RES：无定义。

③ DIR：电机转向调整，DIR 调整必须在驱动器断电时进行。

驱动器的工作状态可以通过指示灯显示，见表 5.2。

表 5.2　STEPDRIVE C/C$^+$ 的状态指示

代号	颜色	含　义	说　明
RDY	绿	驱动器准备好	正常工作
DIS	黄	无"使能"信号输入	+ENA/−ENA 信号未输入
FLT	红	驱动器报警	可能的原因有:输入电压过低或过高;输出存在短路;输出过电流;驱动器不良
TMP	红	驱动器过热	环境温度过高或负载过重、驱动器不良

【思考与练习】

某配套 SIEMENS 802S 数控系统的经济型数控车床采用 STEPDRIVE C/C$^+$ 步进驱动器,要求 X 轴电机的输出转矩大于 5N・m、Z 轴电机的输出转矩大于 10N・m。

(1) 选择 X 轴、Z 轴步进电机及驱动器型号;

(2) 确定输入变压器的容量;

(3) 画出驱动器连接电路图;

(4) 有条件时进行驱动器连接与运行试验。

任务2　交流伺服驱动系统

知识目标:

1. 熟悉交流伺服电机结构与 PMSM 运行原理;

2. 了解 PWM 逆变和 SPWM 波产生原理;

3. 熟悉伺服驱动器结构与功能,知道常用控制信号的作用;

4. 掌握交流伺服驱动系统硬件选择和电路设计要求;

5. 掌握交流伺服驱动器参数设定和调试方法。

能力目标:

1. 能区分直流电机、交流感应电机、交流伺服电机;

2. 能区分通用伺服驱动器与专用伺服驱动器;

3. 能根据要求选配控制器件,并设计、连接驱动系统电路;

4. 能正确使用驱动器功能和信号,并计算、设定伺服驱动器参数;

5. 能完成驱动系统位置控制、速度控制调试。

【相关知识】

一、伺服电机结构原理

1. 结构与原理

交流伺服电机属于交流永磁同步电机,其结构如图 5.15 所示。

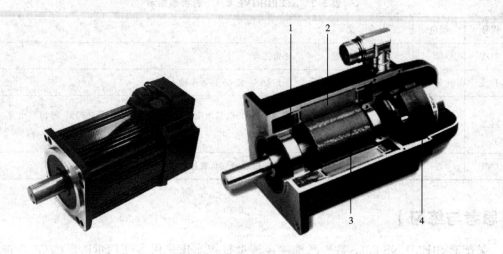

图 5.15　交流伺服电机结构
1—绕组；2—定子；3—永磁转子；4—编码器

交流伺服电机的结构与普通的感应电机（三相异步电机）并无太大的区别，伺服电机的定子上同样布置有三相绕组，但转子采用高性能的永磁材料，具有固定不变的转子磁极，并具有速度、位置检测编码器。

交流伺服电机的原理与直流电机类似，图 5.16 所示为两者的比较。

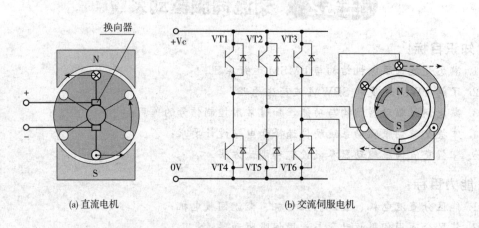

(a) 直流电机　　　　　　　　　　(b) 交流伺服电机

图 5.16　交流伺服电机与直流电机比较

图 5.16（a）中，直流电机的定子为磁极，它一般由励磁绕组产生，但为了便于说明，图中直接以磁极代替。直流电机的转子上布置有绕组，当转子绕组通电后，可产生电磁力，使电机转动。直流电机需要通过换向器保证同一磁极下的绕组电流方向不变，以保证转子连续旋转。

交流伺服电机将定子与转子位置进行了对调，当定子绕组通电后，所产生的电磁力使转子（磁极）旋转。为了保证转子连续旋转，定子绕组需要在功率晶体管的控制下，按规定的顺序轮流导通。例如，当图 5.16（b）中的晶体管按 VT1/VT6→VT6/VT2→VT2/VT4→VT4/VT3→VT3/VT5→VT5/VT1→VT1/VT6 的顺序导通时，定子绕组所产生的电磁力将带动转子逆时针连续旋转。由此可见，定子绕组的电流通断必须根据转子磁极的不同位置切换，因此，电机必须安装检测转子位置的编码器。

交流伺服电机用功率管取代了直流电机的换向器，避免了换向器带来的制造、维修等问题，不但响应快、控制精度高、调速范围大、转矩控制方便，而且使用寿命长、维修方便、运行可靠性高、控制简单，在数控机床、机器人等控制领域已全面代替直流伺服电机。

2. 运行方式

根据定子绕组的电流波形，交流伺服电机有 BLDCM、PMSM 两种运行方式。

当定子电流波形为图 5.17（a）所示的方波时，通过功率管电子换向控制，可获得与直流电机完全相同的性能，由于电机无换向电刷，故称为无刷直流电机（Brushless DC Motor，简称 BLDCM）运行。BLDCM 电机存在的问题是：由于电机定子绕组是一种电感负载，其电流不能突变，而且在同样的控制电压下，定子反电势与电流变化率相关，在不同转速下，反电势将随着切换频率的变化而改变，它将带来功率管的不对称通断与高速剩余转矩脉动，严重时可能导致机械谐振的产生，目前已较少使用。

当定子电流波形为图 5.17（b）所示的三相对称正弦波时，定子中可形成平稳旋转的磁场，带动转子同步旋转，运行原理与交流永磁同步电机（Permanent Magnet Synchronous Motor，简称 PMSM）完全相同，故称为 PMSM 运行。PMSM 运行消除了 BLDCM 运行的转矩脉动，运行更平稳，动、静态特性更好，是当代交流伺服驱动的主要形式。

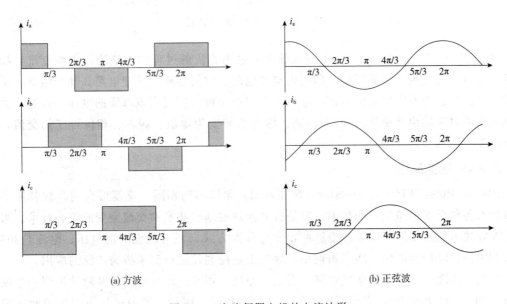

(a) 方波　　　　　　　　　　　　　　　　(b) 正弦波

图 5.17　交流伺服电机的电流波形

二、PWM 逆变原理

1. 交流逆变技术

根据电机原理，交流同步电机的转速就是定子中的旋转磁场转速，这一转速称为同步转速，其值为：

$$n_0 = 60f/p$$

式中　n_0——同步转速，r/min；

　　　f——输入交流电的频率，Hz；

　　　p——磁极对数。

由于电机磁极对数与电机结构相关，且只能成对产生，因此，改变 p 只能成倍改变转速，而不能实现连续无级变速。这就是说，为了改变交流伺服电机的转速，必须改变输入交流电的频率。将来自电网的工频交流电转换为频率、幅值、相位可调的交流电的技术称为交流逆变技术。

实现交流逆变需要一整套控制装置，这一装置称为逆变器（Inverter），俗称变频器。机电一体化设备中常用交流伺服驱动器、交流主轴驱动器本质上都属于变频器的范畴，只是它们的控制对象（电机类型）有所不同而已。

交流逆变可采用多种方式，为了能够对电压的频率、幅值、相位进行有效控制，绝大多数变频器都采用了图 5.18 所示的先将电网的交流输入转换为直流，然后再将直流转换为所需要的交流的逆变方式，称为"交-直-交"逆变或"交-直-交"变流。

图 5.18　"交-直-交"变流

在"交-直-交"逆变装置中，将交流输入转换为直流的过程称为整流，而将直流转换为交流的过程称为逆变。变频器的主回路由整流电路、中间电路、逆变电路 3 部分组成，整流电路用来产生逆变所需的直流电流或电压；中间电路可以实现直流母线的电压的控制；而逆变电路则通过对输出功率管的通/断控制，将直流转变为幅值、频率、相位可变的交流，这是所有变频器的关键部分。

2. PWM 逆变原理

PWM（Pulse Width Modulated，脉宽调制）是以周期相同、宽度可变的高频脉冲串来等效代替各种形式模拟信号的技术，它是自动控制的基础技术和交流逆变的核心技术。采用了 PWM 技术的逆变器只需要改变脉冲宽度与分配方式，便可改变交流电压、电流与频率，其控制灵活、响应速度快、功率损耗小，故在工业控制领域得到了极为广泛的应用。

根据采样理论，只要频率足够高、面积（冲量）相等、形状不同的窄脉冲加到一个惯性环节（RL、RC 电路等），它们所产生的效果基本相同。因此，直流电压可用等效脉冲串等效。如脉冲幅值、频率不变，改变脉冲宽度便可改变电压、电流值，这就是 PWM 直流调压的基本原理，见图 5.19。

同样，对于图 5.20 所示的按正弦规律变化的交流电压，也可用幅值和频率不变但宽度按正弦规律变化的脉冲串来等效代替，而且只要改变脉冲宽度，便可改变等效正弦波的幅值；改变一周期中的脉冲数量，便可改变等效正弦波的频率；改变脉冲串的位置，便可改变等效正弦波的相位，这就是 PWM 交流逆变原理。用来等效代替正弦波的脉冲串称 SPWM 波。

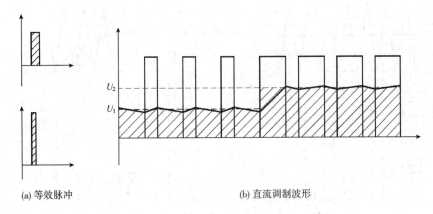

(a) 等效脉冲　　　　　　　　　(b) 直流调制波形

图 5.19　PWM 直流调压原理

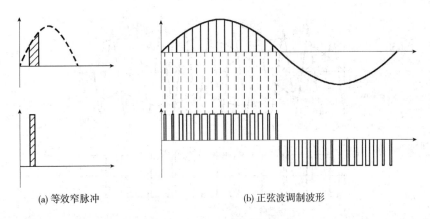

(a) 等效窄脉冲　　　　　　　　(b) 正弦波调制波形

图 5.20　PWM 交流逆变原理

3. SPWM 波的生成

PWM 逆变的关键是产生 SPWM 波，载波调制是目前普遍使用的 SPWM 波生成技术。载波调制技术源自于通信技术，20 世纪 60 年代中期被用于电机调速控制。利用载波调制产生 SPWM 波的方法众多，直到目前，它仍然是人们研究的热点。

图 5.21 所示是一种最简单的交流载波调制方法，它可利用三角波与希望得到的波形比较，获得所需的 PWM 波。当希望得到的波形为图 5.21（a）所示的方波时，得到的波形为直流调制波；当希望得到的波形为图 5.21（b）所示正弦波时，得到的波形即为 SPWM 波。

在载波调制中，希望得到的波形称"调制波"或调制信号，用于比较的波形称"载波"，载波的频率越高，得到的 PWM 脉冲就越多，实际输出波形也就越接近调制波。因此，载波频率（称 PWM 频率）是决定输出波形质量的重要技术指标，变频器、交流伺服驱动器的载波频率通常都在 15kHz 以上。

同样，如使用一个公共的载波信号来对图 5.22 所示的 a、b、c 三相正弦波进行调制，并假设直流电压的幅值为 E_d、参考电位为 $E_d/2$，则可得到图示的 u_a、u_b、u_c 三相 PWM 波形，这一波形再按 $u_{ab}=u_a-u_b$、$u_{bc}=u_b-u_c$、$u_{ca}=u_c-u_a$ 合成后，便可得到所需的 SPWM 波。

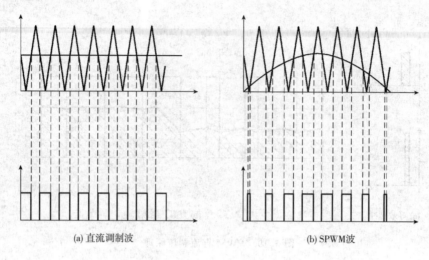

(a) 直流调制波   (b) SPWM波

图 5.21　载波调制方法

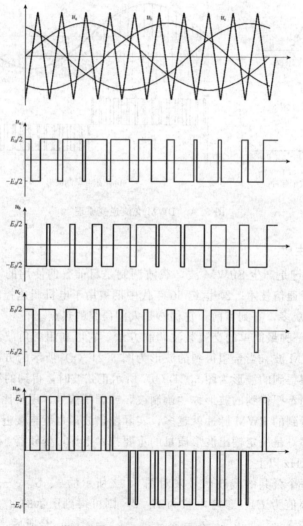

图 5.22　SPWM 载波调制原理

三、伺服驱动器结构原理

1. 驱动器结构

交流伺服电机速度、位置控制需要通过逆变器将工频交流电变为频率、相位、幅值可控的交流电，这一装置称伺服驱动器。

机电一体化设备使用的交流伺服驱动器有图 5.23 所示的通用型、专用型两类。

(a) 通用型　　　　　　　　　　　　　　　　　(b) 专用型

图 5.23　交流伺服驱动器

① 通用型。通用型交流伺服驱动器内部有完整的整流、逆变主回路和位置、速度、转矩控制软硬件，可直接通过脉冲指令控制位置，或通过直流模拟电压、电流控制电机速度与转矩，是一种可独立使用的通用控制器，可广泛用于各种机电一体化控制系统。SIEMENS 公司的 SINAMICS V 系列驱动器、日本安川公司的 Σ 系列驱动器，以及几乎所有国产驱动器，都属于通用型伺服驱动器。

通用型伺服驱动器具有独立的微处理器和完整的位置、速度、转矩控制功能，其位置指令脉冲、速度与转矩给定输入可来自任何控制装置，驱动器的设定、调整及状态显示通过自身的操作显示面板实现。通用型驱动器使用方便灵活，安装调试简单。但是，由于电机的位置、速度通常不反馈到上级控制器，因此上级控制器无法实时监控电机位置、速度，即对于上级控制器而言，其位置、速度控制实质上是开环的，因此在数控机床等需要多轴插补、轮廓控制的设备上，其定位精度、轮廓加工精度均较低，故只能用于国产普及型数控机床。

通用型伺服驱动器的位置、速度、转矩也可以通过总线通信的方式给定，但是，其通信协议必须是开放的。利用总线通信输入位置、速度、转矩指令的驱动器和利用脉冲、模拟量输入位置、速度、转矩指令的驱动器，只是指令输入形式上有区别，都无法用于高精度定位和轮廓加工的控制场合。

② 专用型。专用型伺服驱动器和通用型伺服驱动器的最大区别在于：专用型伺服驱动器的位置、速度闭环控制均由上级控制器实现，驱动器实际上只是一台 PWM 逆变器，故又称伺服放大器。

专用型伺服驱动器不具备位置、速度控制功能，它必须与上级控制器配套使用，驱动器与上级控制器之间多采用总线连接，但通信协议不对外开放。因此，专用型驱动器一般采用模块化的结构，且不能独立使用。由于专用型伺服驱动器的位置、速度闭环控制直接在上级控制器上实现，上级控制器可实时监控、调整电机的实际位置和速度，因此，这样的系统具有很高的定位和轮廓加工精度；而且驱动器的设定、调整及状态显示等均可在上级控制器上实现。

专用型伺服驱动器通常和数控系统配套使用，如 SIEMENS 公司的 SINAMICS S 系列驱动器、FANUC 公司的 αi、βi 系列驱动器等。专用型伺服驱动器涉及数控系统功能、结构等多方面内容，其专业性较强，本书不再对此进行介绍。

2. 驱动器原理

通用型交流伺服驱动器的组成与原理如图 5.24 所示。

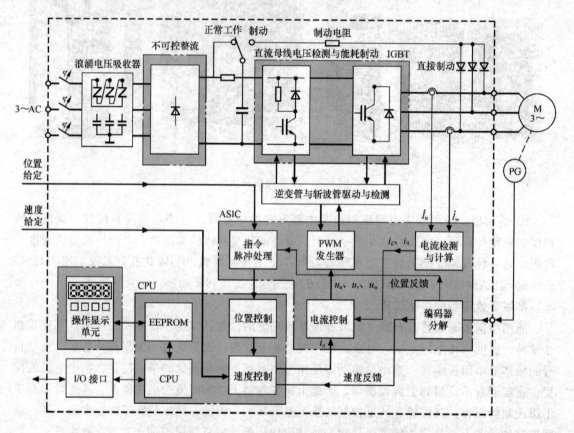

图 5.24 通用型交流伺服驱动器的组成与原理框图

驱动器的主回路通常采用三相桥式不可控整流电路，产生直流母线电压；交流输入回路安装有短路保护与浪涌电压吸收装置；直流母线电压一般通过制动电阻能量释放单元调节。驱动器的逆变主回路大多采用 IGBT、IPM 等电力电子器件，并设计有电机动力制动所需的相关电路。

通用型交流伺服驱动器一般采用位置、速度、转矩三闭环结构，并通过中央处理器（CPU）、专用集成电路（Application Specific Integrated Circuit，简称 ASIC）及相应的控制软件构成闭环数字控制系统。为了提高通用性，通用型伺服驱动器的速度环、转矩环可以独立调节，速度、转矩给定不仅可由位置、速度调节器完成，而且还可以直接以模拟量输入的形式完成。

驱动器的参数设定、状态显示可通过操作显示单元或通信总线实现，所设定的参数可保存在 EEPROM 中。为了提高处理速度，通用型交流伺服驱动器的电流检测与计算、电流控制、编码器信号分解、PWM 信号产生、位置指令脉冲信号处理一般均需要使用 ASIC。

四、伺服驱动器功能

通用型交流伺服驱动器是一种可用于位置、速度、转矩控制的多用途控制器。从图 5.25 看，通用型交流伺服驱动器由位置、速度、转矩 3 个闭环调节器组成内外 3 闭环自动调节系统，内环可以独立使用。因此，驱动器可根据需要，选择位置、速度、转矩控制方式；如需要，也可通过外部控制信号，进行位置/速度、位置/转矩、速度/转矩控制方式的切换。

1. 位置控制

闭环位置控制是驱动器最为常用的控制方式，也是通用型伺服驱动器区别于专用型伺服驱动器的主要特征。

驱动器选择位置控制时，将来自外部脉冲输入的位置指令与来自编码器的位置反馈信号通过位置比较环节进行计算，得到位置跟随误差信号，经过位置调节器（通常为比例调节）的处理，生成内部速度给定指令，速度给定指令与速度反馈信号通过速度比较环节进行计算，得到速度误差信号，误差信号经过速度调节器（通常为比例、积分调节）的处理，生成内部转矩给定指令；内部转矩给定指令与转矩反馈信号通过转矩比较环节处理，得到转矩误差信号，转矩误差经过转矩调节器（通常为比例调节）的处理与矢量变换后，生成 PWM 逆变控制信号，控制伺服电机的定子电压、电流与速度。因此，驱动器用于位置控制时，实际上也具有速度、转矩控制功能，但速度、转矩的给定输入由驱动器根据位置控制的要求自动生成。

驱动器选择位置控制方式时，可通过"指令脉冲禁止"信号强行封锁外部指令脉冲输入，使电机锁定在当前的定位点上。

2. 速度控制

交流伺服电机本质上是一种交流永磁同步电机，电机的各方面性能均优于感应电机，因此，它也可作为高精度闭环交流调速装置使用，其调速性能远远优于以感应电机为执行元件的变频器，甚至交流主轴驱动器。

驱动器的速度控制功能用于电机转速的闭环控制。速度给定输入有外部模拟量输入与驱动器参数设定两种方式。采用模拟量输入控制时，电机转速可通过模拟量输入实现无级调速；采用驱动器参数设定速度时，可通过驱动器的 DI 信号选择所需的速度，实现有级调速。驱动器闭环速度控制所需的速度反馈信号可通过位置反馈的微分处理得到。

驱动器选择速度控制时，电机的停止位置是随机的，停止后也无保持力矩，对于存在外力（如重力）作用的负载控制，就可能导致电机停止位置的偏离。为了避免发生此类情况，驱动器可通过"伺服锁定"信号建立临时的位置控制闭环，使电机保持在固定的位置上，这一控制功能亦称"零速钳位"或"零钳位"功能。

3. 转矩控制

驱动器的转矩控制用于电机输出转矩的闭环控制。转矩控制一般用于张力控制或主从同步控制系统中的从动轴控制，如需要，也可通过驱动器参数的设定，选择纯电流调节方式，

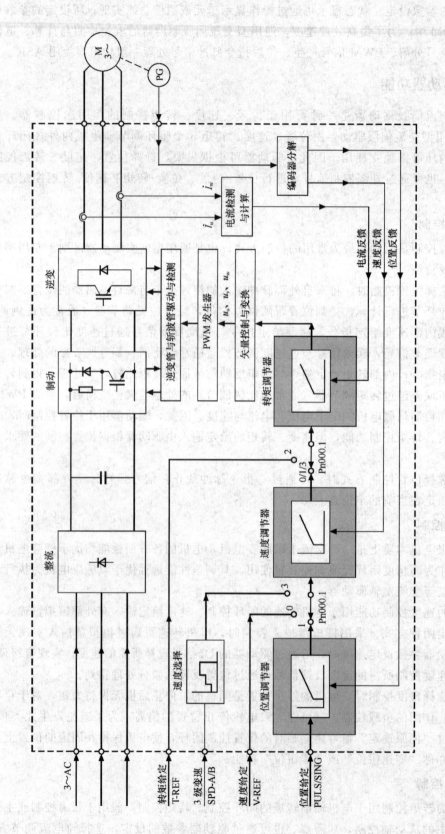

图 5.25　通用型交流驱动器的结构框图

以改善运行性能。

【任务实施】

一、安川交流伺服驱动器应用

日本安川（YASKAWA）公司是研发、生产交流伺服驱动器、变频器最早的企业之一，其交流伺服驱动器累计销售已达 2000 万台，产品的技术性能居全世界领先水平。

安川交流伺服驱动产品规格齐全、技术先进、可靠性好，Σ 系列驱动器是其代表性产品，在国内外市场占有较大的份额。Σ 系列驱动器是安川公司 20 世纪末研发的通用型交流伺服驱动产品，至今已先后推出了 Σ、ΣⅡ、ΣⅢ、ΣⅣ、ΣⅤ、Σ7 等产品系列；其中，ΣⅡ、ΣⅤ、Σ7 为该公司代表性产品。

安川 ΣⅤ、Σ7 系列驱动器的结构、性能类似，产品如图 5.26 所示，可用于安川伺服电机、直线电机、转台直接驱动电机的控制，产品主要技术特点如下。

图 5.26　安川 ΣⅤ、Σ7 系列驱动器

① 高速。ΣⅤ、Σ7 系列驱动器采用了最新的高速 CPU 与现代控制技术，驱动器的位置输入脉冲频率可达 4MHz；速度响应高达 3100Hz（Σ7S）；可控制伺服电机的转速最高为 6000r/min；最大过载转矩可以达到 $350\%M_e$（不同系列略有区别，M_e 为额定输出转矩），可用于高速控制。

② 高精度。ΣⅤ、Σ7 系列驱动器可采用伺服电机内置的 24bit 增量/绝对串行编码器作为位置检测元件，可通过光栅构成全闭环控制系统；驱动系统的调速范围可以达到 1：15000，其位置、速度、转矩控制精度均居同行领先水平。

③ 网络化。ΣⅤ、Σ7 系列驱动器配备了 USB 接口、二维码等，可直接通过安装有 Sigma Win＋调试软件的电脑、Sigma Touch 智能手机进行在线调试、获得在线帮助。

安川 ΣⅤ、Σ7 系列驱动器的主要技术指标如表 5.3 所示。

表 5.3　ΣV、Σ7 系列驱动器的主要技术指标

项目		技术参数
逆变控制		正弦波 PWM 控制
速度调节范围/控制精度		调速范围≥1∶15000（闭环）；速度误差≤±0.01％
频率响应		1600Hz，3100Hz（Σ7S）
位置反馈输入		20bit、24bit 绝对或增量编码器；可以采用全闭环控制
定位精度		误差 0～250 脉冲
速度/转矩给定	输入电压	DC −12～12V（max）
位置给定	输入方式	脉冲＋方向，90°差分脉冲，正转＋反转脉冲；电子齿轮比 0～100
	信号类型	DC 5V 线驱动输入，DC 5～12V 集电极开路输入
	脉冲频率	线驱动输入：max 4MHz；集电极开路输入：max 200kHz
位置反馈输出		任意分频，A/B/C 三相线驱动输出
DI/DO 信号		7/7 点
其他功能	动态制动	伺服 OFF、报警、超程时动态制动（5kW 以下制动电阻为内置）
	保护功能	超程、过电流、过载、过电压、欠电压、缺相、制动、过热等
	通信接口	RS422A，USB

　　ΣV、Σ7 系列驱动器可与安川 SGMA 系列高速小惯量电机、SGMJ/SGMS/SGMG 系列中惯量标准电机、SGMP 系列扁平电机、SGMC 系列转台直接驱动电机、SGL 系列直线电机等伺服电机配套使用，组成各类速度、位置控制系统，还可与安川 MP 系列运动控制器、DX 工业机器人控制器等上级控制器配套使用，构成运动控制网络系统或机器人控制系统，见图 5.27。

图 5.27　ΣV、Σ7 驱动器应用

二、驱动器硬件连接

1. 硬件组成与连接

交流伺服驱动系统的一般硬件组成如图 5.28 所示。进线断路器用于驱动器主电源短路保护，主接触器用于驱动器主电源通断控制，在正规产品上必须予以安装。进线滤波器用于抑制线路的电磁干扰；DC 电抗器用来抑制直流母线上的高次谐波与浪涌电流，减小整流、逆变功率管的冲击电流，提高驱动器功率因数；当电机需要频繁启/制动或负载产生的制动能量很大（如受重力作用的升降负载控制）时，应选配制动电阻。

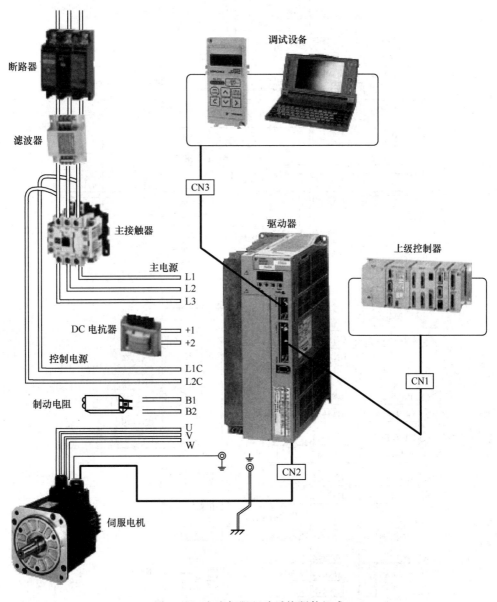

图 5.28　交流伺服驱动系统硬件组成

安川 ΣV 驱动器的连接总图如图 5.29 所示。

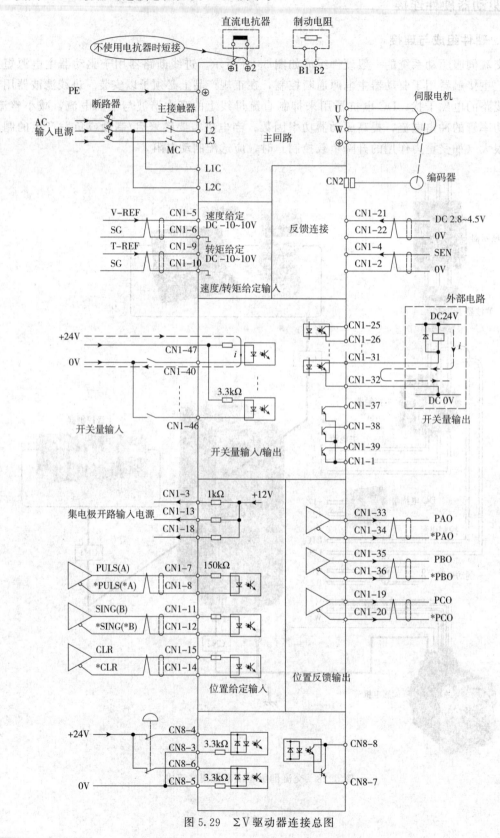

图 5.29 ΣV 驱动器连接总图

2. 主回路连接

主回路用来连接驱动器主电源、伺服电机电枢及直流电抗器、制动电阻等器件，见图 5.30。驱动器主回路主要连接端及功能如表 5.4 所示。

表 5.4 ΣV 系列驱动器主回路连接端及功能

端子号	功 能	规 格	功 能 说 明
L1/L2/L3	主电源(3相)	3～AC 200V,50/60Hz	驱动器主电源,允许范围:AC 170～253V
或:L1/L2	主电源(单相)	AC 100/200V,50/60Hz	单相主电源,允许范围:AC 85～127V/170～253V
U/V/W	电机电枢	—	伺服电机电枢
L1C/L2C	控制电源	AC 200V/100V	控制电源输入
PE	接地端	—	驱动器接地端
B1/B2	制动电阻连接	外部制动电阻	6kW 以上驱动器必须连接,其他规格可以短接
+1/+2	DC 电抗器连接	DC 电抗器	根据需要,连接直流电抗器
+/−	直流母线输出	—	直流母线电压测量端,不能连接其他装置

驱动器主电源进线必须安装短路保护断路器，断路器的额定电流应与驱动器容量匹配。驱动器存在高频漏电流，在必须安装漏电保护断路器的场合，应使用感度电流大于 30mA 的驱动器专用漏电保护器，或感度电流应大于 200mA 的普通工业用漏电保护器。

为了对驱动器的主电源进行通断控制，需要在主回路上安装主接触器。主回路的频繁通/断将产生浪涌冲击，影响驱动器使用寿命，因此，通断频率原则上不能超过 30min 一次。

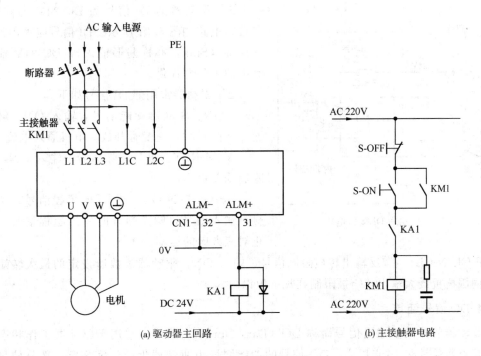

(a) 驱动器主回路 (b) 主接触器电路

图 5.30 ΣV 驱动器主回路

驱动器的故障输出触点串联到主接触器的控制线路中，以便驱动器出故障时切断主电源。如果系统的多台驱动器主电源用同一主接触器控制通断，应将所有驱动器的故障触点串联后，接入主接触器线圈控制回路；在使用外接制动单元或制动电阻时，为防止引发事故，主接触器线圈控制回路必须串联制动单元或制动电阻的过热保护触点。

3. DI 信号连接

驱动器的开关量输入控制信号简称 DI（Data Input）信号，它可用于驱动器运行控制，其点数通常在 10 点以内。DI 信号的功能由驱动器生产厂家规定，用户可通过驱动器的参数设定，在规定范围内选择若干信号连接外部输入。

ΣV 系列驱动器出厂默认的 DI 连接端及功能如表 5.5 所示。

表 5.5　ΣV 系列驱动器出厂默认的 DI 连接端及功能表

端子号	信号名称	作　用	规　格	功　能　说　明
CN1-40	S-ON	伺服使能	DC 24V	功能可通过参数 Pn50A～Pn50D 的设定改变
CN1-41	P-CON	PI/P 调节器切换	DC 24V	功能可通过参数 Pn50A～Pn50D 的设定改变
CN1-42	*P-OT	正向超程（常闭型）	DC 24V	功能可通过参数 Pn50A～Pn50D 的设定改变
CN1-43	*N-OT	负向超程（常闭型）	DC 24V	功能可通过参数 Pn50A～Pn50D 的设定改变
CN1-44	ALM-RST	报警清除	DC 24V	功能可通过参数 Pn50A～Pn50D 的设定改变
CN1-45	P-CL	正向电流限制	DC 24V	功能可通过参数 Pn50A～Pn50D 的设定改变
CN1-45	N-CL	反向电流限制	DC 24V	功能可通过参数 Pn50A～Pn50D 的设定改变
CN1-47	24V IN	输入电源	DC 24V	DI 信号驱动电源

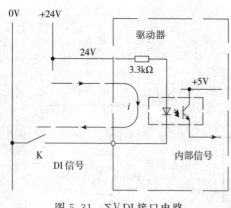

图 5.31　ΣV DI 接口电路

ΣV 驱动器的 DI 信号为 DC 24V 光耦输入，其接口电路如图 5.31 所示。DI 信号应采用汇点输入连接（Sink，亦称漏形输入），DC 24V 输入驱动电源由外部提供。

ΣV 驱动器常用的 DI 信号如下。

S-ON：驱动器使能信号，输入 ON（触点接通，下同）时，逆变管开放，电机通入电流。

ALM-RST：报警清除信号，输入 ON，可清除驱动器报警。

*P-OT/*N-OT：正/反向超程信号，常闭型触点输入信号，触点断开时发出超程信号，可禁止对应方向的运动。

P-CL/N-CL：正/反输出转矩限制信号，输入 ON，驱动器参数所设定的最大转矩将生效，伺服电机最大输出转矩被限制在规定值以内。

4. DO 信号连接

驱动器的开关量输出信号简称 DO（Data Output）信号，它用于驱动器工作状态的输出，其点数通常在 10 点以内。DO 信号的功能同样由驱动器生产厂家规定，部分信号的输出端固定（如驱动器报警等）；其他信号的输出端可通过驱动器参数设定，在规定范围内选择若干信号连接外部输出。

ΣⅤ驱动器出厂默认的 DO 连接端及功能如表 5.6 所示。

表 5.6　ΣⅤ系列驱动器出厂默认的 DO 连接端及功能表

端子号	信号名称	作　用	规　格	功　能　说　明
CN1-25/26	CONI	定位完成输出	DC 30V/50mA	功能可通过参数 Pn50E～Pn510 的设定改变
CN1-27/28	TGON	速度到达输出	DC 30V/50mA	功能可通过参数 Pn50E～Pn510 的设定改变
CN1-29/30	S-RDY	准备好输出	DC 30V/50mA	功能可通过参数 Pn50E～Pn510 的设定改变
CN1-31/32	ALM	报警输出	DC 30V/50mA	驱动器故障
CN1-37/1	ALO1	报警代码输出	DC 30V/20mA	驱动器报警代码输出 1
CN1-38/1	ALO2	报警代码输出	DC 30V/20mA	驱动器报警代码输出 2
CN1-30/1	ALO3	报警代码输出	DC 30V/20mA	驱动器报警代码输出 3

伺服驱动器的 DO 信号一般通过达林顿光耦或 NPN 晶体管集电极开路输出，负载驱动电源需外部提供。达林顿光耦通常为独立输出，驱动能力为 DC 30V/50mA；晶体管输出一般带公共 0V 端，驱动能力为 DC 30V/50mA，DO 信号的接口电路如图 5.32 所示。

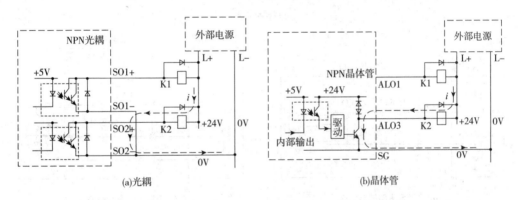

(a)光耦　　　　　　　　　　　　(b)晶体管

图 5.32　DO 信号接口电路

ΣⅤ伺服驱动器常用的 DO 信号如下。

S-RDY：驱动器准备好。当驱动器控制电源和主电源输入正确、驱动器无报警时，输出信号 ON。

ALM：驱动器报警。驱动器发生故障报警时输出该信号。

CONI：定位完成。在位置控制方式下，如驱动器的位置跟随误差已小于到位允差，信号输出 ON。

TGON：速度到达。在速度控制方式下，如电机实际转速到达了指令速度的允差范围，信号输出 ON。

5. 给定输入连接

伺服驱动器的给定输入有位置脉冲输入、速度/转矩模拟电压输入 2 类。ΣⅤ驱动器的给定输入连接端及功能如表 5.7 所示。

表 5.7　ΣV 驱动器给定输入连接端及功能表

端子号	信号代号	作　用	规　格	功能说明
CN1-5/6	V-REF	速度给定输入	DC −10~10V	速度给定模拟量输入
CN1-9/10	T-REF	转矩给定输入	DC −10~10V	转矩给定模拟量输入
CN1-7/8	PLUS	位置给定输入	DC 5~12V	位置给定脉冲输入（PLUS 或 CW、A 相信号）
CN1-11/12	SIGN	位置给定输入	DC 5~12V	位置给定脉冲输入（SING 或 CCW、B 相信号）
CN1-15/14	CLR	误差清除输入	DC 5~12V	清除驱动器位置跟随误差

　　位置脉冲输入用于位置控制方式，输入为 2 通道脉冲（PLUS、SIGN）信号，其连接电路如图 5.33 所示。

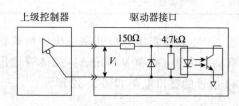

(a) 线驱动输入

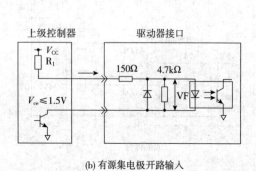

(b) 有源集电极开路输入

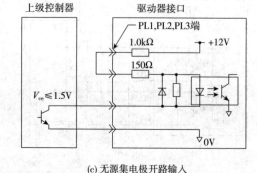

(c) 无源集电极开路输入

图 5.33　位置脉冲连接电路

　　伺服驱动器的速度/转矩给定输入一般为 DC −10~10V 模拟电压，输入阻抗一般为 10~20kΩ，其连接电路如图 5.34 所示。

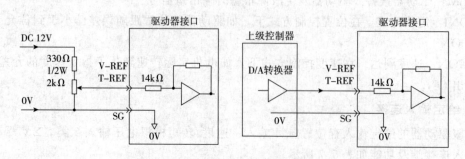

图 5.34　速度/转矩给定连接电路

6. 编码器连接

ΣV 驱动器的连接器 CN2 用于交流伺服电机内置编码器连接。交流伺服电机的内置编码器有增量式与绝对式 2 类，输出均为串行数据信号。增量式编码器为标准配置，其连接如图 5.35（a）所示；绝对式编码器为可选件，使用时需要连接断电数据保持后备电池，其连接如图 5.35（b）所示。

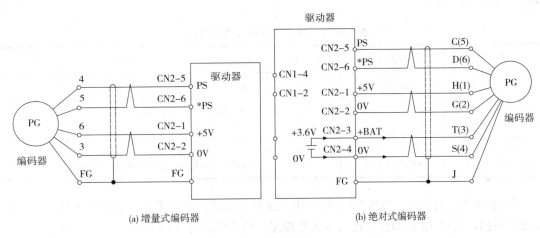

图 5.35　编码器连接

如果伺服驱动系统的闭环位置控制通过 CNC、PLC 等上级控制器实现，或系统其他控制装置需要使用位置反馈脉冲，则可连接驱动器的位置反馈脉冲输出信号，将电机内置编码器的位置反馈脉冲同步输出到驱动器外部。ΣV 驱动器的位置反馈脉冲输出为线驱动差分信号。

7. 安全电路连接

ΣV 驱动器的连接器 CN8 用于硬件基极封锁（Hardware Base Blocking，简称 HWBB），实现紧急分断安全控制。连接器 CN8 有 2 点双向光耦安全输入（HWBB1、HWBB2）及 1 点光耦输出（EDM1）。安全输入信号触点应为并联双常闭冗余触点，触点断开时，将直接通过硬件封锁逆变晶体管基极，强制关闭驱动器输出，切断电枢。输出 EDM 为安全输入检测信号，当 HWBB1 与 HWBB2 同时断开时，EDM 输出 ON，表明紧急分断安全回路已动作。

三、驱动器参数设定

交流伺服驱动器是一种通用型控制装置，它可以用于位置、速度、转矩控制，为了使驱动器和控制要求相适应，需要通过驱动器参数的设定来确定其具体用途、功能和控制方法、控制特性等要素，以满足不同对象的控制需要。

驱动器的参数众多，其中的部分参数，如电机特性参数、位置/速度/转矩调节器参数、负载参数等，其计算与设定涉及复杂的理论计算和专业的测试、实验，只能由驱动器及电机的生产厂家才能完成。因此，用户使用时一般只能、也只需要进行与应用相关的简单参数设定，便可保证驱动器的正常运行，其他参数均可通过驱动器的初始化操作，自动装载生产厂家的出厂默认参数，或者通过驱动器的自动调整运行，由驱动器软件自动测试、计算和设定负载参数。

ΣV驱动器使用时用户必须予以设定或确认的基本参数如下。

1. 驱动器基本参数设定

驱动器基本参数是用来定义驱动器功能与用途、确定 DI/DO 信号及连接端等软硬件配置的参数，用户必须根据控制要求，一一予以设定或确认。ΣV 系列伺服驱动器的基本参数如表 5.8 所示。

表 5.8　ΣV 系列伺服驱动器基本参数

参数号	参数名称	设定范围	功能与说明
Pn 000.0	电机转向	0/1	通过 0/1 的转换,可改变电机转向
Pn 000.1	驱动器控制方式	0～F	驱动器用途和功能选择,见下述
Pn50A～Pn 50D	DI 信号定义	0～F	选择 DI 信号,定义信号连接端
Pn 50E～Pn 512	DO 信号定义	0～F	选择 DO 信号,定义信号连接端

① 驱动器控制方式。参数 Pn 000.1 用来选择驱动器的控制方式，它实际上是一个 4 位二进制数据，可用 16 进制数据进行一次性设定，设定值的意义如下：

0：由模拟量输入控制的基本速度控制方式；

1：由位置脉冲输入控制的位置控制方式；

2：由模拟量输入控制的转矩控制方式；

3：通过 DI 信号选择的多级变速速度控制方式，速度值可通过驱动参数进行设定；

4：可进行基本速度控制/多级变速切换的控制方式；

5：可进行位置控制/多级变速切换的控制方式；

6：可进行转矩控制/多级变速切换的控制方式；

7：可进行位置控制/基本速度控制切换的控制方式；

8：可进行位置控制/转矩控制切换的控制方式；

9：可进行转矩控制/基本速度控制切换的控制方式；

A：可使用伺服锁定功能的速度控制方式；

B：可使用指令脉冲禁止的位置控制方式。

C～F：不使用。

参数 Pn 000.1 一旦设定，驱动器的用途和功能就被固定，与此无关的信号、参数将全部无效。例如，如设定 Pn 000.1=1，选择位置控制方式，电机的速度、转矩给定值将由位置、速度调节器自动生成，驱动器的速度、转矩模拟量输入电压将无效；反之，如设定 Pn 000.1=2，选择转矩控制方式，则电机输出转矩将直接由转矩模拟量输入电压控制，驱动器的位置指令脉冲输入、速度模拟量输入将全部无效。

② DI 信号定义。为了简化电路、方便使用，驱动器实际可使用的 DI/DO 连接端一般较少，为保证驱动器能适应各种控制要求，DI/DO 连接端所连接的信号功能可通过驱动器的 DI 信号定义参数改变。

ΣV 驱动器的 DI 信号定义参数如表 5.9 所示，参数设定范围均为 0～F；Pn50A.0 设定为"0"时，Pn50A.1～Pn 50D.2 自动选择出厂默认值。

表 5.9　ΣV 驱动器 DI 信号定义参数表

参数号	参数名称	默认值	功能说明
Pn50A.0	DI 信号功能定义方式	0	0:出厂默认设定; 1:用户设定
Pn50A.1	S-ON 信号连接端与极性	0	常开触点,从 CN1-40 脚输入
Pn50A.2	切换控制信号 P-CON 连接端与极性	1	常开触点,从 CN1-41 脚输入
Pn50A.3	* P-OT 信号连接端与极性	2	常开触点,从 CN1-42 脚输入
Pn 50B.0	* N-OT 信号连接端与极性	3	常开触点,从 CN1-43 脚输入
Pn 50B.1	ALM-RST 信号连接端与极性	4	常开触点,从 CN1-44 脚输入
Pn 50B.2	P-CL 信号连接端与极性	5	常开触点,从 CN1-45 脚输入
Pn 50B.3	N-CL 信号连接端与极性	6	常开触点,从 CN1-46 脚输入
Pn50C.0	转向信号 SPD-D 连接端与极性	8	选择多级变速速度控制方式时,默认为 1
Pn50C.1	速度选择信号 SPD-A 连接端与极性	8	选择多级变速速度控制方式时,默认为 5
Pn50C.2	速度选择信号 SPD-B 连接端与极性	8	选择多级变速速度控制方式时,默认为 6
Pn50C.3	C-SEL 信号连接端与极性	8	控制方式切换信号
Pn 50D.0	ZCLAMP 信号连接端与极性	8	伺服锁定信号
Pn 50D.1	INHIBIT 信号连接端与极性	8	指令脉冲禁止信号
Pn 50D.2	G-SEL 信号连接端与极性	8	增益切换信号

Pn50A.0 设定为"1"时,参数 Pn50A.1~Pn 50D.2 可由用户自由设定,设定值用来定义 DI 连接端和信号极性,不同设定值的含义如表 5.10 所示。

表 5.10　DI 定义参数设定值含义

设定值	意义	设定值	意义
0	CN1-40 输入、正常极性	8	信号不使用
1	CN1-41 输入、正常极性	9	CN1-40 输入、极性取反
2	CN1-42 输入、正常极性	A	CN1-41 输入、极性取反
3	CN1-43 输入、正常极性	B	CN1-42 输入、极性取反
4	CN1-44 输入、正常极性	C	CN1-43 输入、极性取反
5	CN1-45 输入、正常极性	D	CN1-44 输入、极性取反
6	CN1-46 输入、正常极性	E	CN1-45 输入、极性取反
7	始终 ON,不受外部输入控制	F	CN1-46 输入、极性取反

例如,参数 Pn50A.3 用于正向超程信号 * P-OT 的连接端与极性设定,因此,如设定 Pn50A.3＝2,则 * P-OT 信号需要连接到驱动器的连接端 CN1-42 上,极性与正常状态相同,即常闭型正向超程信号输入,输入 OFF(触点断开)时为正向超程;如设定 Pn50A.3＝B,

则 * P-OT 信号同样需要连接到驱动器的连接端 CN1-42 上，但极性与正常状态相反，即输入 ON（触点接通）时为正向超程；如设定 Pn50A.3＝7，则信号 * P-OT 始终为 ON 状态，如设定 Pn50A.3＝8，则不使用 * P-OT 信号，即电机总是允许正反转。

③ DO 信号定义。与 DI 一样，驱动器的部分 DO 连接端所连接的信号功能可通过驱动器的 DO 信号定义参数改变。ΣV 驱动器的 DO 功能定义参数见表 5.11，参数设定范围均为 0～F；Pn50A.0 设定为"0"时，Pn50E.0～Pn512.2 自动选择出厂默认值。

表 5.11　ΣV 驱动器 DO 信号定义参数表

参数号	参数名称	默认值	默认功能
Pn 50E.0	定位完成信号 COIN 连接端	1	CN1-25/26,位置控制方式有效
Pn 50E.1	速度一致信号 V-CMP 连接端	1	CN1-25/26,速度控制方式有效
Pn 50E.2	速度到达信号 TGON 连接端	2	CN1-27/28
Pn 50E.3	驱动器准备好信号 S-RDY 连接端	3	CN1-29/30
Pn50F.0	转矩限制生效信号 CLT 连接端	0	不使用
Pn50F.1	速度限制生效信号 VLT 连接端	0	不使用
Pn50F.2	电机制动信号 BK 连接端	0	不使用
Pn50F.3	驱动器警示信号 WARN 连接端	0	不使用
Pn 510.0	零点接近信号 NEAR 连接端	0	不使用
Pn 512.0	连接端 CN1-25/26 输出信号极性选择	0	常开输出
Pn 512.1	连接端 CN1-27/28 输出信号极性选择	0	常开输出
Pn 512.2	连接端 CN1-29/30 输出信号极性选择	0	常开输出

参数 Pn50E～Pn510 用来改变 DO 信号的输出连接端，设定值含义如表 5.12 所示。

表 5.12　DO 信号输出连接端选择参数设定值含义

设定值	意　义	设定值	意　义
0	信号不输出	2	连接端 CN1-27/28 输出
1	连接端 CN1-25/26 输出	3	连接端 CN1-29/30 输出

参数 Pn512.0～Pn 512.2 用来改变输出信号的极性，设定"0"代表常开触点输出，信号为"1"时，输出触点 ON（接通）；设定"1"代表常闭触点输出，信号为"1"时，输出触点 OFF（断开）。例如，如果驱动器准备好信号 S-RDY 需要以常闭触点的形式从连接端 CN1-27/28 输出时，应设定 Pn 50E.3＝2，Pn 512.1＝1。

2. 位置控制参数设定

位置控制是伺服驱动器最典型的应用，为了使驱动器能与各种控制要求相匹配，需要设定相关参数。不同公司生产的驱动器，虽然参数号有所不同，但参数内容、计算方法一致，ΣV 系列伺服驱动器用于位置控制时，必须设定或检查确认的参数见表 5.13。

表 5.13 ΣV 系列伺服驱动器位置控制参数

参数号	参 数 名 称	设定范围	功能与说明
Pn 200.0	指令脉冲类型选择	0～9	位置指令脉冲的输入形式
Pn 201	电机每转位置反馈输出	$16～2^{24}$	电机每转所对应的输出脉冲数
Pn 20E	电子齿轮比分子	$0～2^{24}$	指令脉冲与反馈脉冲当量匹配参数
Pn 210	电子齿轮比分母	$0～2^{24}$	指令脉冲与反馈脉冲当量匹配参数

① 指令脉冲类型。指令脉冲类型用来确定来自上级控制器的输入脉冲形式。ΣV 系列伺服驱动器的指令脉冲总是连接到驱动器的 PLUS、SIGN 输入端，脉冲形式可通过参数 Pn 200.0 的设定，选择以下几种，电机转向可用参数 Pn 000.0 （0 或 1）调整。

Pn 200.0=0：图 5.36 （a）所示的正极性脉冲与方向输入；

Pn 200.0=1：图 5.36 （b）所示的正极性正转脉冲（CW）与反转脉冲（CCW）输入；

Pn 200.0=2：图 5.36 （c）所示的正极性的 90°相位差 A/B 两相脉冲输入；

Pn 200.0=3 或 4：图 5.36 （c）所示的正极性 90°相位差 A/B 两相脉冲输入，但输入信号需要在驱动器上进行 2 倍频或 4 倍频处理。

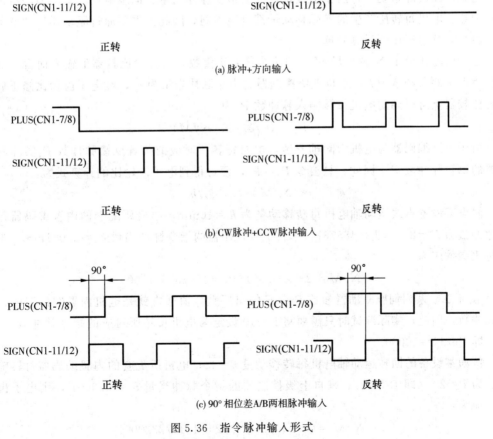

图 5.36 指令脉冲输入形式

Pn 200.0＝5：负极性脉冲与方向输入；脉冲形式与图 5.36（a）相同，但脉冲信号 PLUS 为状态 0 有效（负极性）；

Pn 200.0＝6：负极性正转脉冲与反转脉冲输入；脉冲形式与图 5.36（b）相同，但脉冲信号 CW、CCW 为状态 0 有效（负极性）。

② 反馈脉冲与电子齿轮比设定。反馈脉冲与电子齿轮比设定用于指令脉冲和反馈脉冲当量的匹配，匹配原则如图 5.37 所示。

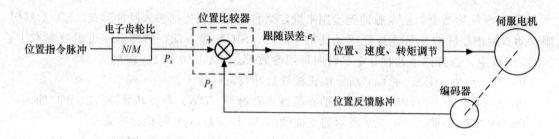

图 5.37 脉冲当量匹配原则

当伺服驱动器用于位置控制时，每一指令脉冲所代表的移动量（指令脉冲当量）必须与来自编码器的每一反馈脉冲所所代表的移动量（反馈脉冲当量）一致，这样，才能通过位置比较器计算两者的误差值，并进行闭环控制。

但是，在实际系统中，由于上级控制器的指令脉冲当量、伺服电机配套的编码器每转输出脉冲数、电机每转所产生的实际移动量都可能不同，因此，需要通过驱动器的"电子齿轮比"参数对其进行比例运算处理。

电子齿轮比分子 N 及分母 M 一般可为任意正整数。对位置比较器的输入而言，如电机每转所产生的移动量为 h，来自上级控制器的指令脉冲当量为 δ_s，经电子齿轮比修正后，在位置比较器上可得到的电机每转输入脉冲数 P_s 为：

$$P_s = (h/\delta_s) \times (N/M)$$

由于内置编码器与电机为同轴安装，电机每转所对应的位置反馈脉冲数 P_f 实际就是编码器的每转脉冲数 P。因此，只要令 $P_f = P_s$，便可得到电子齿轮比的计算式为：

$$N/M = P \times \delta_s/h$$

假设某设备直线运动轴电机每转移动量为 $h = 10$mm，电机所配套的内置编码器每转输出脉冲数为 $P = 2^{20}$（即 1048576），来自上级控制器的指令脉冲当量 $\delta_s = 0.001$mm，则电子齿轮比参数应为：

$$N/M = 2^{20} \times 0.001/10 = 1048576/10000$$

由于 $\Sigma \mathrm{V}$ 系列伺服驱动器参数 Pn20E 的出厂默认值通常就是电机内置编码器的每转输出脉冲数，因此，实际调试时只需要将 Pn210 设定为电机每转所对应的指令脉冲数 h/δ_s 便可，即 Pn210＝10000。

例如某设备的回转运动轴电机每转移动量 $h = 2°$；电机所配套的内置编码器每转输出脉冲数为 $P = 2^{17}$（即 131072）；来自上级控制器的指令脉冲当量 $\delta_s = 0.0001°$，则电子齿轮比参数应为：

$$N/M = (0.0001 \times 2^{17})/2 = 131072/20000$$

当参数 Pn 20E 采用ΣV系列伺服驱动器出厂默认值131072时，只需要将 Pn 210 设定为20000便可，这一值同样就是电机每转所对应的指令脉冲数。

3. 速度控制参数设定

交流伺服系统具有优异的调速性能，它不仅可用于位置控制，还可以作为高精度、闭环交流调速装置使用。驱动器用于电机速度控制时，一般可选择外部模拟量输入的无级调速和DI信号控制的有级调速2种方式。因此需要利用驱动器参数设定模拟量输入电压与电机转速的对应关系（模拟量输入无级调速），或者设定DI信号与电机转速的对应关系（DI信号有级调速）。不同公司生产的驱动器，虽然参数号有所不同，但参数内容、计算方法一致，ΣV系列伺服驱动器速度控制参数如表5.14所示。

表 5.14　ΣV系列伺服驱动器速度控制参数

参数号	参数名称	设定范围	功能与说明
Pn 300	速度给定增益	150～3000	设定额定转速所对应的模拟量输入电压
Pn 301	多级变速速度 1	0～10000	固定速度 1，DI信号 SPD-B/SPD-A＝10 时有效
Pn 302	多级变速速度 2	0～10000	固定速度 2，DI信号 SPD-B/SPD-A＝11 时有效
Pn 303	多级变速速度 3	0～10000	固定速度 3，DI信号 SPD-B/SPD-A＝01 时有效
Pn 305	多级变速加速时间	0～10000	从 0 加速到最高转速的时间
Pn 306	多级变速减速时间	0～10000	从最高转速减速到 0 的时间

① 速度给定增益。当驱动器采用模拟量输入速度控制方式时，伺服电机的转速与速度给定电压成线性比例关系，其比例系数称为速度给定增益，它可通过驱动器参数 Pn300 设定。参数 Pn300 设定值为电机额定转速所对应的速度给定电压值（单位 0.01V），因驱动器允许的模拟量输入极限为±12V，故 Pn 300 的设定值不能超过1200。

设某设备直线运动轴电机每转移动量为 $h＝6mm$，要求的机械部件最大移动速度为30m/min，最大移动速度所对应的速度给定电压为10V。如伺服电机的额定转速为3000r/min，最高转速为6000r/min，则参数 Pn 300 可计算如下：

最大移动速度 30m/min 对应的电机转速：$n_m＝30000/6＝5000$（r/min）；

电机额定转速 3000r/min 所对应的给定电压：$V＝10×3000/5000＝6.0$（V）；

因此，速度给定增益应设定：Pn 300＝6.0/0.01＝600。

采用模拟量输入控制的调速系统存在"零漂"，即当上级控制器的模拟量输出为 0 时，由于温度变化、参考电位偏移等原因，驱动器内部的速度给定电压会产生微量偏移，而使电机产生缓慢的旋转。ΣV系列伺服驱动器的"零漂"可通过驱动器的自动或手动调整操作减小，但不可能完全消除。

② 多级变速。多级变速是通过 DI 信号选择速度的有级变速，它可用于电梯、传送带等的定速控制。多级变速在驱动器控制方式参数 Pn000.1＝3 时生效，多级变速特性如图 5.38 所示。多级变速的加减速时间可通过参数 Pn305/Pn306 设定。

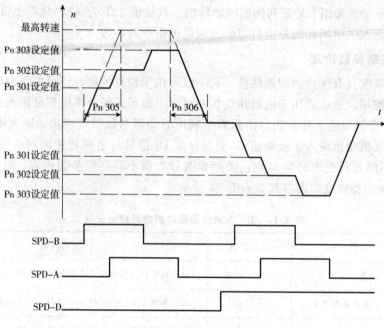

图 5.38 多级变速特性

四、驱动器初始化与试运行

通过驱动器初始化与试运行，可装载驱动器出厂默认参数，确认驱动器、电机、编码器的软硬件及连接。初始化与试运行可直接通过驱动器操作单元进行，外部只需要提供控制电源与主电源，而不需要任何信号，试运行应在电机与负载脱离的情况下进行。

1. 操作单元说明

为了对驱动器进行设定、调整与监控，通用型伺服驱动器都配套有简易的操作单元，操作单元上安装有数码管或简单液晶显示器与少量操作按键。

ΣV 系列伺服驱动器的操作单元如图 5.39 所示，操作单元由 4 个操作键和 5 只 8 段数码管组成，4 个操作键的功能分别如下。

【MODE/SET】：操作、显示切换键；

【DATE/SHIFT】：参数显示键；

【D-UP】、【D-DOWN】：数值增加、减少键；同时按可用于驱动器报警清除。

5 只 8 段数码管具有工作状态显示、辅助设定与调整、参数设定、驱动器状态监视 4 种基本显示模式。数码管显示模式可通过图 5.40 所示的【MODE/SET】键操作切换；显示模式选定后，按【DATE/SHIFT】键并保持 1s 左右，便可进入对应模式。

① 工作状态显示：驱动器电源接通时自动选择该显示模式，可显示驱动器当前的工作状态信

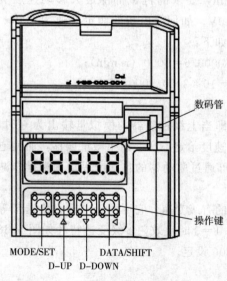

图 5.39 ΣV 系列伺服驱动器操作单元

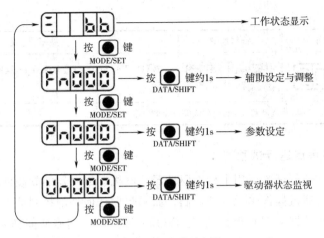

图 5.40 显示模式切换

息，如运行准备、驱动器运行、正/反转禁止等。

② 辅助设定与调整：可进行驱动器的参数初始化、速度偏移调整、调节器参数自适应调整等操作。

③ 参数显示与设定：可显示与修改驱动器参数。

④ 状态监视：显示与监控驱动器运行参数、DI/DO 信号等。

2. 驱动器参数初始化

驱动器参数初始化操作可使所有参数回到出厂默认设定值。参数初始化操作时，只需要连接驱动器的控制电源，而主电源及 DI/DO 信号连接器 CN1 应全部处于断开状态。

ΣV 系列伺服驱动器的参数初始化可在辅助调整模式 Fn005 下进行，其操作见表 5.15 所示。

表 5.15 ΣV 系列伺服驱动器的参数初始化操作

步骤	操作单元显示	操作按键	操作说明
1	Fn000	MODE/SET △ ▽ DATA/◁	选择辅助设定与调整模式
2	Fn005	MODE/SET △ ▽ DATA/◁	选择辅助调整参数 Fn005
3	P.Init	MODE/SET △ ▽ DATA/◁	按【DATA/SHIFT】键并保持 1s,显示参数初始化状态(Initial)
4	P.Init（闪烁）	MODE/SET △ ▽ DATA/◁	按【MODE/SET】键,参数初始化功能生效,显示闪烁 1s
5	donE（闪烁）	—	初始化完成后,"done"闪烁 1s
6	P.Init	—	自动返回参数初始化显示状态

步骤	操作单元显示	操作按键	操作说明
7	Fn005	MODE/SET △　▽ DATA/◁	按【DATA/SHIFT】键并保持1s,返回辅助设定与调整模式显示
8	切断驱动器电源,并重新启动,出厂默认参数生效		

3. 点动及回参考点运行试验

点动及回参考点运行试验可用来检查驱动器、电机、编码器的软硬件及连接是否存在故障,运行试验同样可通过操作单元直接控制,而不需要任何外部控制信号。由于点动及回参考点运行试验时,驱动器的超程保护信号*P-OT/*N-OT、伺服使能信号 S-ON 等 DI 信号均无效,试验应在电机与负载脱离的情况下进行;对于带制动器的电机,试运行时必须松开制动器。

点动及回参考点运行试验的步骤如下。

① 连接驱动器的主电源与控制电源,确保输入电压正确,连接无误。

② 连接电机电枢与编码器,确保电机绕组标号 U/V/W 与驱动器的输出 U/V/W 一一对应。

③ 取下驱动器的连接器 CN1,确认驱动器参数 Pn50A. 1 不为 "7"。

④ 安装与固定电机,松开制动器（如使用）,并对电机轴进行必要的防护。

⑤ 加入驱动器控制电源,确认驱动器无故障。

⑥ 加入主电源,启动驱动器。

⑦ 按表 5. 16 进行点动（JOG）运行试验。点动运行的电机转速由驱动器参数 Pn 304 设定,默认为 500r/min,修改此参数可改变电机转速。

表 5.16　驱动器点动运行试验操作步骤

步 骤	操作单元显示	操作按键	操 作 说 明
1	Fn000	MODE/SET △　▽ DATA/◁	选择辅助设定与调整模式
2	Fn002	MODE/SET ▲　▽ DATA/◁	选择辅助调整参数 Fn002
3	-..JoG	MODE/SET △　▽ DATA/◁	按【DATA/SHIFT】键并保持1s,进入点动运行操作
4	-..JoG	MODE/SET △　▽ DATA/◁	按【MODE/SET】启动驱动器
5	-..JoG	MODE/SET △　▽ DATA/◁	按【D-UP】键,电机正转 按【D-DOWN】键,电机反转 转速为参数 Pn304 设定的值
6	-..JoG	MODE/SET △　▽ DATA/◁	按【MODE/SET】可以停止电机
7	Fn002	MODE/SET △　▽ DATA/◁	按【DATA/SHIFT】键并保持1s,返回辅助设定与调整模式显示

⑧ 按表5.17进行回参考点运行试验。回参考点运行的默认速度为60r/min。

表5.17　驱动器的回参考点运行试验操作步骤

步　骤	操作单元显示	操作按键	操 作 说 明
1	Fn000	MODE/SET △ ▽ DATA/◁	选择辅助设定与调整模式
2	Fn003	MODE/SET △ ▽ DATA/◁	选择辅助调整参数 Fn003
3	-..05r	MODE/SET △ ▽ DATA/◁	按【DATA/SHIFT】键并保持1s,进入回参考点操作
4	..CSr	MODE/SET △ ▽ DATA/◁	按【MODE/SET】启动驱动器
5	..CSr	MODE/SET △ ▽ DATA/◁	选择回参考点方向: 按【D-UP】键,电机正转 按【D-DOWN】键,电机反转
6	..CSr （闪烁显示）	—	回参考点动作完成后显示闪烁
7	FnC03	MODE/SET △ ▽ DATA/◁	按【DATA/SHIFT】键并保持1s,返回辅助设定与调整模式显示

五、驱动器参数设定操作

1. 参数格式

安川驱动器参数有"数值型"与"功能型"两类。数值型参数是以十进制数字表示的数值参数，如Pn 100＝40等，参数的显示形式如图5.41（a）所示；由于驱动器显示器只有5

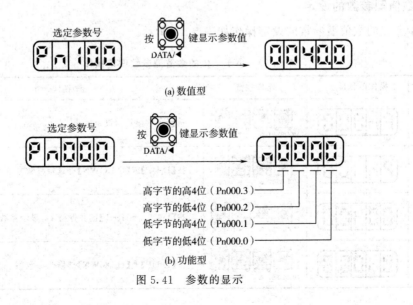

(a) 数值型

(b) 功能型

图5.41　参数的显示

只数码管，数值超过 4 位时需要分次设定。功能型参数以二进制位的形式表示，长度为 2 字节，如图 5.41（b）所示，以 4 位二进制为单位，按 16 进制格式显示。

2. 参数保护的取消

为了防止参数被意外修改，驱动器参数具有写入保护功能，设定参数前，首先需要通过表 5.18 中所列的操作，取消参数的写入保护功能。

表 5.18　参数写入保护功能的取消

步　骤	操作单元显示	操作按键	操 作 说 明
1	Fn000	MODE/SET △ ▽ DATA/◁	选择辅助设定与调整模式
2	Fn010	MODE/SET ▲ ▼ DATA/◁	选择辅助调整参数 Fn010
3	P.0000	MODE/SET △ ▽ DATA/◀	按【DATA/SHIFT】键并保持 1s，显示参数 Fn010 的值
4	P.0001	MODE/SET ▲ ▼ DATA/◁	按【D-UP】键，参数值置“1”，参数写入禁止 按【D-DOWN】键，参数值置“0”，参数写入允许
5	donE （闪烁）	MODE/SET △ ▽ DATA/◁	按【MODE/SET】输入参数值，“done”闪烁 1s
6	P.0001	—	自动返回参数值显示状态
7	Fn010	MODE/SET △ ▽ DATA/◀	按【DATA/SHIFT】键并保持 1s，返回辅助设定与调整模式显示
8	切断驱动器电源，并重新启动，生效参数		

3. 数值型参数的设定

小于 4 位的数值型参数的设定操作如表 5.19 所示。

表 5.19　小于 4 位的数值型参数设定操作

步　骤	操作单元显示	操作按键	操 作 说 明
1	Pn000	MODE/SET △ ▽ DATA/◁	选择参数显示与设定模式
2	Pn100	MODE/SET ▲ ▼ DATA/◁	按【D-UP】或【D-DOWN】键选定参数号
3	0040.0	MODE/SET △ ▽ DATA/◀	按【DATA/SHIFT】键并保持 1s，显示参数值
4	0100.0	MODE/SET ▲ ▼ DATA/◁	按【D-UP】或【D-DOWN】键修改参数值

步　骤	操作单元显示	操作按键	操作说明
5	01000.0（闪烁显示）	MODE/SET △　▽ DATA/◁	按【DATA/SHIFT】键（ΣⅡ系列）或按【MODE/SET】键（Σ V系列）并保持1s输入参数值,参数显示出现闪烁
6	Pn100	MODE/SET △　▽ DATA/◁	按【DATA/SHIFT】键返回参数显示

　　超过4位的数值型参数需要分次设定,数值位通过图5.42所示的方法选择与区分,参数设定操作如表5.20所示。

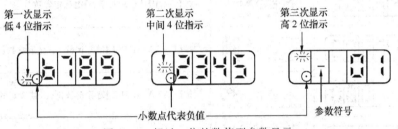

图 5.42　超过4位的数值型参数显示

表 5.20　超过4位的数值型参数设定操作

步　骤	操作单元显示	操作按键	操作说明
1	Pn000	MODE/SET △　▽ DATA/◁	选择参数显示与设定模式
2	Pn522	MODE/SET △　▽ DATA/◁	按【D-UP】或【D-DOWN】键选定参数号
3	0007	MODE/SET △　▽ DATA/◁	按【DATA/SHIFT】键并保持1s,显示参数值的低4位
4	变更后 6789	MODE/SET △　▽ DATA/◁	按【D-UP】或【D-DOWN】键修改参数值的低4位
5	0000	MODE/SET △　▽ DATA/◁	按【DATA/SHIFT】键并保持1s,显示数值中间4位数值
6	变更后 2345	MODE/SET △　▽ DATA/◁	按【D-UP】或【D-DOWN】键修改参数值的中间4位
7	00	MODE/SET △　▽ DATA/◁	按【DATA/SHIFT】键并保持1s,显示参数高2位数值
8	变更后 01	MODE/SET △　▽ DATA/◁	按【D-UP】或【D-DOWN】键修改参数值的高2位数值
9	01（闪烁显示）	MODE/SET △　▽ DATA/◁	按【DATA/SHIFT】键（ΣⅡ系列）或按【MODE/SET】键（Σ V系列）并保持1s输入参数值,参数显示出现闪烁
10	Pn522	MODE/SET △　▽ DATA/◁	按【DATA/SHIFT】键并保持1s,返回参数显示与设定模式

4. 功能型参数的设定

功能型参数的设定操作如表 5.21 所示，功能参数设定完成后，必须通过驱动器电源的重新启动使参数生效。

表 5.21 功能型参数的设定操作

步骤	操作单元显示	操作按键	操作说明
1	Pn000	MODE/SET △ ▽ DATA/◁	选择参数显示与设定模式
2	Pn000	MODE/SET △ ▽ DATA/◁	按【D-UP】或【D-DOWN】键选定参数号
3	n.0000	MODE/SET △ ▽ DATA/◁	按【DATA/SHIFT】键并保持 1s,显示参数值
4	n.0000	MODE/SET △ ▽ DATA/◁	按【DATA/SHIFT】键移动数据位,被选定的数据位闪烁
5	n.0010	MODE/SET △ ▽ DATA/◁	按【D-UP】或【D-DOWN】键修改参数值
6	n.0010（闪烁显示）	MODE/SET △ ▽ DATA/◁	按【DATA/SHIFT】键(ΣⅡ系列)或按【MODE/SET】键(Σ V系列)并保持 1s,输入参数值,参数显示出现闪烁
7	Pn000	MODE/SET △ ▽ DATA/◁	按【DATA/SHIFT】键并保持 1s,返回参数显示与设定模式显示

六、驱动系统快速调试操作

1. 位置控制快速调试

Σ V 系列驱动器用于位置控制时，对于一般应用，可直接通过图 5.43 所示位置控制快速调试操作，完成驱动系统的位置控制参数设定和运行试验。

Σ V 系列驱动器利用位置控制快速调试操作可完成以下功能：

① 使指令脉冲的类型与上级控制器一致；

② 完成脉冲当量与测量系统的匹配，使实际定位位置与指令位置一致；

③ 使电机转向与指令方向一致；

④ 能够正确输出位置反馈脉冲。

为了改善、优化系统的动静态性能，快速调试完成后，一般需要通过在线自动调整操作，进行驱动器调节器参数的自适应设定。

2. 驱动器在线自动调整

Σ V 系列驱动器的在线自动调整可自动优化调节器参数，使得驱动系统动静态性能达到最佳。为了使得调节器参数的设定更准确，实施在线自动调整前，应对驱动系统进行较长时间的全行程快速空运行，使机械传动系统趋于稳定；在自动调整实施时，应通过上级控制器使系统在全行程范围循环运动。

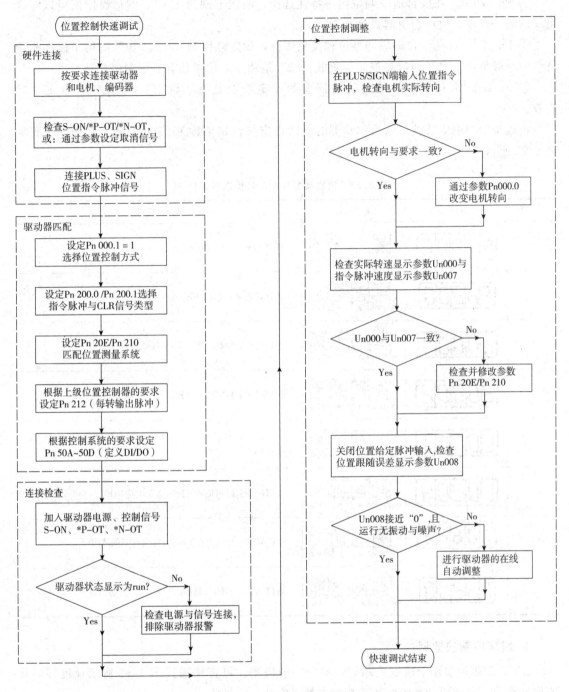

图 5.43　位置控制快速调试操作步骤

　　ΣV 系列驱动器的在线自动调整可通过功能参数的设定选择，在线自适应调整功能一旦选择，驱动器在运行时将工作于在线自动调整状态。因此，驱动器的写入保护功能参数 Fn 010 必须始终处于"允许"状态。在线自动调整参数的设定要求如下。

　　① Pn14F.1：在线自适应调整软件版本选择（使用出厂默认设定）。

　　② Pn 170.0：在线自适应调整功能选择，设定"0"功能无效；设定"1"功能有效。

③ Pn 170.2：在线自适应调整响应特性选择，设定范围为 1～4，增加设定值可以提高系统的响应速度，但可能引起振动与噪声。

④ Pn 170.3：在线自适应调整负载类型选择，设定范围为 0～2，"0"适用于标准响应特性的一般负载；"1"为位置控制类负载；"2"适用于对位置超调有限制的负载。

⑤ Pn 460.2：第 2 转矩给定陷波器参数设定功能选择，设定"0"无效；设定"1"有效。

负载类型与响应特性可通过驱动器的辅助设定与调整参数 Fn 200 选择，其操作步骤如表 5.22 所示。

表 5.22　负载类型与响应特性选择操作

步　骤	操作单元显示	操作按键	操　作　说　明
1	Fn000	MODE/SET △　▽ DATA/◁	选择辅助设定与调整模式
2	Fn200	MODE/SET ▲　▽ DATA/◁	选择辅助调整参数 Fn200
3	d0001	MODE/SET △　▽ DATA/◁	按【DATA/SHIFT】键，显示负载类型
4	d0002	MODE/SET ▲　▽ DATA/◁	按【D-UP】、【D-DOWN】键，选定负载类型
5	L0001	MODE/SET △　▽ DATA/◁	按【DATA/SHIFT】键并保持 1s，保存负载类型；显示切换为响应特性
6	L0004	MODE/SET △　▽ DATA/◁	按【D-UP】、【D-DOWN】键，选定响应特性
7	donE（闪烁）	MODE/SET △　▽ DATA/◁	按【MODE/SET】保存参数，完成后"done"闪烁
8	Fn200	MODE/SET ▲　▽ DATA/◁	按【DATA/SHIFT】键并保持 1s，返回辅助设定与调整模式

3. 速度控制快速调试

ΣV 系列驱动器用于速度控制时，对于一般应用，可直接通过图 5.44 所示速度控制快速调试操作，完成驱动系统的速度控制参数设定和运行试验。

ΣV 系列驱动器利用速度控制快速调试操作可完成以下功能。

① 使电机的实际转向与转速与要求一致。

② 保证速度给定输入为 0V 时，电机能够基本停止。

③ 保证在同一速度给定电压下的正反转速度一致。

④ 当驱动器通过上级控制装置（如 PLC、CNC 等）进行闭环位置控制时，能够正确输出位置反馈输出脉冲。

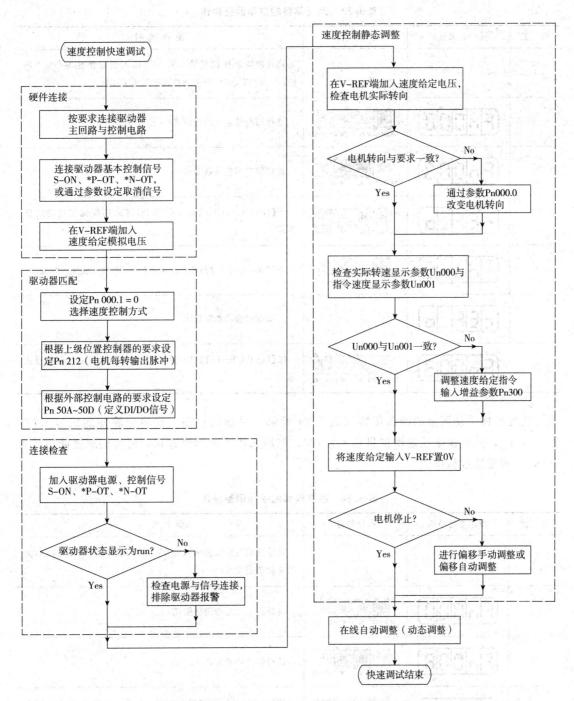

图 5.44 ΣV 系列驱动器速度控制快速调试步骤

为了改善、优化系统性能，快速调试完成后，一般需要通过速度偏移自动调整或手动调整操作，减小速度偏移。

4. 速度偏移调整操作

速度控制方式的速度偏移可选择自动、手动 2 种方式进行调整，偏移自动调整的操作步骤如表 5.23 所示。

表 5.23 速度偏移的自动调整操作

步 骤	操作单元显示	操作按键	操 作 说 明
1	—	—	将速度给定模拟量输入置 0V,加入伺服使能 S-ON,* P-OT/* N-OT 信号,使驱动器处于正常工作状态
2	Fn000	MODE/SET △ ▽ DATA/◁	选择辅助设定与调整模式
3	Fn009	MODE/SET △ ▽ DATA/◁	选择辅助调整参数 Fn009
4	rEF_o	MODE/SET △ ▽ DATA/◁	按【DATA/SHIFT】键并保持 1s,进入速度偏移自动调整方式
5	donE	MODE/SET △ ▽ DATA/◁	按【MODE/SET】偏移自动调整生效,调整完成显示"done"
6	rEF_o		自动返回偏移调整显示
7	Fn009	MODE/SET △ ▽ DATA/◁	按【DATA/SHIFT】键并保持 1s,返回辅助设定与调整模式显示

速度偏移手动调整的操作步骤如表 5.24 所示。手动调整前应先将伺服使能信号 S-ON 置 "OFF",并将速度给定模拟量输入置 0V,然后选择手动调整方式,再将伺服使能信号置 "ON",调整速度偏移。

表 5.24 速度偏移的手动调整操作

步 骤	操作单元显示	操作按键	操 作 说 明
1	—	—	将速度给定模拟量输入置 0V,取消伺服使能信号 S-ON,关闭驱动器逆变管
2	Fn000	MODE/SET △ ▽ DATA/◁	选择辅助设定与调整模式
3	Fn00A	MODE/SET △ ▽ DATA/◁	选择辅助调整参数 Fn00A
4	_.SPd	MODE/SET △ ▽ DATA/◁	按【DATA/SHIFT】键并保持 1s,进入速度偏移手动调整方式
5	_.SPd		将伺服使能信号 S-ON 置"ON"
6	00000	MODE/SET △ ▽ DATA/◁	按【DATA/SHIFT】键(1s 内)显示当前偏移设定值

续表

步 骤	操作单元显示	操作按键	操作说明
7		MODE/SET △ ▽ DATA/◁	调整偏移量设定,使得电机停止转动
8	ˉ.SPd	MODE/SET △ ▽ DATA/◁	按【MODE/SET】短时显示左图,调整完成显示"done"
9	Fn00A	MODE/SET △ ▽ DATA/◁	按【DATA/SHIFT】键并保持1s,返回辅助设定与调整模式显示

【思考与练习】

1. 根据驱动器主回路的设计要求,参照图5.30,画出两台伺服驱动器共用同一主接触器控制的驱动器主回路原理图。

2. 生产线、传送带常采用PLC的定位模块来实现位置控制。三菱 FX2N-1PG 定位模块的输入/输出电路如图5.45所示,输入/输出信号如表5.25所示。

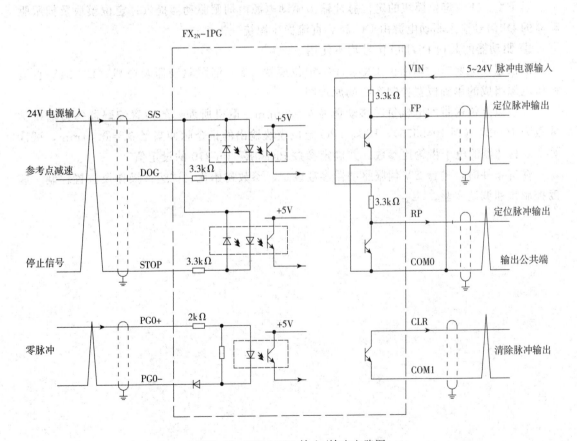

图 5.45 FX₂N-1PG 输入/输出电路图

表 5.25 FX$_{2N}$-1PG 输入/输出信号表

代号		信号名称	规格	功能
电源	SS	DI 输入驱动电源	DC 5～24V	输入接口驱动电源
	VIN	位置脉冲输出驱动电源	DC 5～24V	脉冲输出驱动电源
输入	STOP	停止	触点输入	停止输出脉冲
	DOG	参考点减速	触点输入	参考点减速信号
	PG0＋/PG0-	零脉冲输入	DC 5V 编码器零脉冲	编码器零脉冲信号
输出	FP/COM0	定位脉冲输出	10Hz～100kHz；DC 5～24V/20mA	位置脉冲或正转脉冲输出
	RP/COM0	定位脉冲输出		方向或反转脉冲输出
	CLR/COM1	误差清除脉冲输出	DC 5～24V	清除驱动器位置误差

假设该传送带采用 ΣV 系列伺服驱动系统，并且满足以下条件：

① FX$_{2N}$-1PG 定位模块的参考点减速信号 DOG、驱动器的正/负向超程 * P-OT/ * N-OT 信号线直接与行程开关 S1、S2/S3 连接；

② FX$_{2N}$-1PG 定位模块的停止信号 STOP、驱动器的伺服使能信号 S-ON 均由驱动器的主接触器辅助触点控制；

③ FX$_{2N}$-1PG 定位模块的定位脉冲输出驱动电源由伺服驱动器提供；定位模块及伺服驱动器的 DI 信号输入驱动电源由 DC 24V 直流稳压源统一提供；

④ 驱动器的其他 DI/DO 信号均不使用。

试根据以上要求，画出由 FX$_{2N}$-1PG 定位模块、ΣV 伺服驱动器及电机、DC 24V 直流稳压电源组成的单轴位置控制系统的原理图。

假设以上传送带的电机每转移动量为 $h=20$mm，电机所配套的内置编码器每转输出脉冲数为 $P=2^{20}$（即 1048576），FX$_{2N}$-1PG 定位模块输出的指令脉冲当量 $\delta_s=0.01$mm，试计算 ΣV 驱动器的电子齿轮比参数，并确定参数 Pn 20E、Pn 210 的设定值。

在有条件时，进行 ΣV 伺服驱动器参数设定、参数初始化、试运行操作及位置控制、速度控制快速调试实验。

项目六

⊡ PLC技术与应用

可编程序控制器（Programmable Logic Controller，简称 PLC）是随着科学技术的进步与生产方式的转变，为适应多品种、小批量生产的需要而研发出来的一种工业控制装置。PLC 从 1969 年问世以来，以其通用性好、可靠性高、使用方便的优点，在工业自动化的各领域得到了极为广泛的应用，PLC 技术、数控技术、工业机器人技术被称为现代工业自动化的三大支柱技术。

PLC 是机电一体化设备最为常用的控制器，在开关量逻辑顺序控制方面具有其他控制器所不可替代的优势。随着 PLC 的功能不断完善，用于过程控制、运动控制、网络控制的各种特殊功能模块相继被研发出来，其应用范围已遍及人们日常生活和工业生产的各个领域。

任务1　PLC控制系统

知识目标：

1. 了解 PLC 的特点与功能；
2. 了解 PLC 系统的组成；
3. 熟悉 PLC 基本结构和工作原理；
4. 掌握 PLC 的连接要求和控制电路设计的方法。

能力目标：

1. 能根据系统要求，正确选择 PLC 结构和型号；
2. 能根据控制要求，确定 PLC 的 DI/DO 规格和连接形式；
3. 能规划 PLC 控制系统，并完成控制电路设计。

【相关知识】

一、PLC 性能与组成

1. PLC 特点与功能

① 可靠性高。硬件设计上，PLC 的主要元器件一般都采用高可靠性的器件，并通过光耦、开关电源等器件及电路，使控制器内外电路实现了电隔离，提高了可靠性；在软件设计上，采用面向用户的专用编程语言（如梯形图）与特殊的"循环扫描"工作方式，不但程序编制简单方便，而且用户程序与系统程序相对独立，彻底消除了软件"死机"故障。PLC 具有对工作环境的要求低、抗干扰能力强、平均无故障工作时间（MTBF）长等诸多优点，是所有工业控制装置中可靠性最高的控制装置。

② 通用性好。PLC 可选择固定 I/O 式、集成式、基本单元加扩展式、分布式、模块式等多种结构形式，输入/输出点数、连接形式、规格以及各种特殊功能模块等都可根据需要任意选择；系统结构规模可大可小，功能可简单可复杂，动作可通过用户程序任意改变，可方便地满足各种控制系统的不同控制要求，有着其他工业控制器无法比拟的通用性。

开关量逻辑控制是 PLC 的基本功能，它可以根据按钮、行程开关、接触器触点等开关量输入的信号状态，通过逻辑运算与处理，实现指示灯、线圈等执行元件的通/断控制。模拟量控制是 PLC 的扩展功能，它需要通过实现模数转换（A/D 转换）、数模转换（D/A 转换）的模拟量输入/输出模块实现。模拟量控制功能的实现使 PLC 在化工、冶金、纺织等过程控制系统的应用成为可能。位置控制模块可用于步进、伺服驱动系统的开环/闭环位置、速度控制，使 PLC 像 CNC 一样作为步进驱动器、伺服驱动器、变频器等位置、速度控制装置的上级控制器使用，并通过编码器、光栅等检测装置实现闭环控制。通信网络功能是 PLC 与 PLC、PLC 与计算机、PLC 与其他控制装置之间的数据交换功能，网络控制功能不仅为 PLC 与外部设备的数据交换提供了方便，而且还为组建大型工厂自动化网络系统提供了可能。

2. PLC 技术性能

PLC 的技术性能主要通过可控制的 I/O 点、存储器容量、应用指令数量、基本逻辑指令执行时间、特殊功能模块种类等衡量。

① 可控制的 I/O 点。PLC 主要用于开关量逻辑控制，其输入（开关、按钮触点等）与输出（指示灯、线圈等）只有通和断两种状态，它们可用一个二进制位表示，故称 I/O 点。PLC 可控制的 I/O 点数决定了 PLC 控制系统的规模，它是描述 PLC 性能的主要指标。根据传统的习惯，I/O 点数少于 256 的 PLC 称小型 PLC；I/O 点数在 256～1024 范围的 PLC 称中型 PLC；I/O 点数大于 1024 的 PLC 称大型 PLC。

② 存储器容量。存储器容量是指 PLC 可存储的用户程序长度。PLC 的存储器容量以字节（B）或"步"为单位描述，"一步"是指一条基本逻辑运算指令所占用的字节数。存储器容量越大，用户程序就可以越复杂，软件功能也就越强。

③ 应用指令数量。在 PLC 上，将与、或、非、状态读入及输出等简单逻辑处理指令称为基本指令，将用来实现定时、计数、算术运算等复杂处理的指令称为应用指令，应用指令越多，程序编制就越方便，因此，它是衡量 PLC 使用性能的技术指标。

④ 基本逻辑指令执行时间。指令执行时间反映了 PLC 的 CPU 运算速度，指令越复杂，处理时间也越长。为了便于比较，PLC 一般统一以一条基本逻辑指令的执行时间作为衡量 CPU 运算速度的指标。

⑤ 特殊功能模块种类。PLC 的特殊功能模块是用来实现除开关量逻辑控制功能外的其他功能的模块，如模拟量处理、位置控制、网络通信等。PLC 可选配的特殊功能模块越多，可在逻辑控制基础上拓展的应用范围也就越广，PLC 的功能也就越强。

3. PLC 系统组成

PLC 控制系统的基本组成如图 6.1 所示。

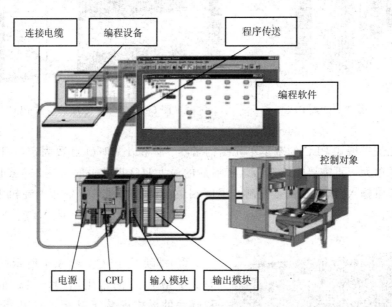

图 6.1 PLC 控制系统的基本组成

机电一体化控制系统中，PLC 主要用于机械部件的运动控制，输入器件一般为位置检测开关、按钮、继电器/接触器触点等；输出器件（控制对象）一般为液压/气动阀、继电器、接触器的线圈等。PLC 主机通常由电源、CPU、输入/输出等模块组成，输入/输出模块分别用来连接输入/输出器件。编程软件与编程设备是 PLC 编程、调试、维修的基本工具与设备，编程设备可以是专用编程器、安装了 PLC 专用软件的计算机等，触摸屏、文本单元等操作显示装置有时也用于简单调试与一般故障诊断。

二、PLC 结构与原理

1. PLC 结构

PLC 有固定 I/O 式、基本单元加扩展式、模块式、集成式、分布式 5 种基本结构。

① 固定 I/O 式。固定 I/O 式 PLC 如图 6.2 所示。这是一种整体结构、I/O 点数固定的小型或微型 PLC，PLC 的 CPU、存储器、电源、输入/输出接口、通信接口等都集成一体，I/O 点数不能改变，无扩展模块接口。

固定 I/O 式 PLC 结构紧凑、体积小、安装简单，但品种、规格较少，适用于需要 I/O 点数较少（32 点以内）的机电一体化设备或仪器的控制。作为功能的扩展，此类 PLC 一般可在 CPU 上安装少量的通信接口、显示单元、模拟量输入等简单选件，以扩展部分功能。

② 基本单元加扩展式。基本单元加扩展式 PLC 如图 6.3 所示。这是一种由 I/O 点数固定的基本单元和可选扩展 I/O 模块构成的小型 PLC，PLC 的 CPU、存储器、电源及固定数量的输入/输出接口、通信接口等均集成于基本单元上；基本单元可通过扩展接口连接 I/O 扩展模块与功能模块，进行 I/O 点数及功能扩展。

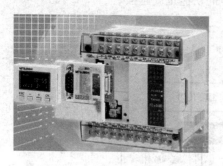

图 6.2　固定 I/O 式 PLC

图 6.3　基本单元加扩展式 PLC

基本单元加扩展式 PLC 的基本单元结构紧凑、体积小、I/O 点数固定，可以独立使用；扩展模块自成单元，不需要安装基板，扩展后的最大 I/O 点数一般可达 256 点以上；功能模块种类有模拟量输入/输出、位置控制、温度测量与调节、网络通信等。在机电一体化产品中的用量最大。

图 6.4　模块式 PLC

③ 模块式 PLC。图 6.4 所示的模块式 PLC 是大中型 PLC 的常用结构，PLC 的各组成部件以模块的形式安装于基板上；基板除用来安装、固定 PLC 的组成模块外，通常还带有内部连接总线，模块通过内部总线构成整体。

模块式 PLC 的全部模块均可由用户自由选择，配置灵活；I/O 点数可达 1024 点以上；功能模块数量众多；可用于复杂机电一体化产品与自动线控制。

④ 集成式 PLC。图 6.5 所示的集成式 PLC 又称内置式 PLC，它一般作为数控装置（CNC）、工业机器人控制器的辅助控制装置使用，用来实现数控机床、工业机器人的开关量逻辑控制功能。

集成式 PLC 的结构类似模块式，但 PLC 的 CPU、电源等部件与 CNC、工业机器人控制器集成一体。集成式 PLC 的输入/输出同样以 I/O 模块的形式安装，但是模块的点数较多，用途单一，规格固定，通常无特殊功能模块。

集成式 PLC 可通过 CNC 操作进行程序编辑、调试与监控。集成式 PLC 设计有用于 CNC 特殊控制的功能指令，如译码、刀具自动交换控制等。

大型数控系统有时直接采用模块式 PLC 作为附加控制器，PLC 与 CNC 通过总线进行网络连接，这种 PLC 就是带有 CNC 网络接口模块的模块式 PLC。

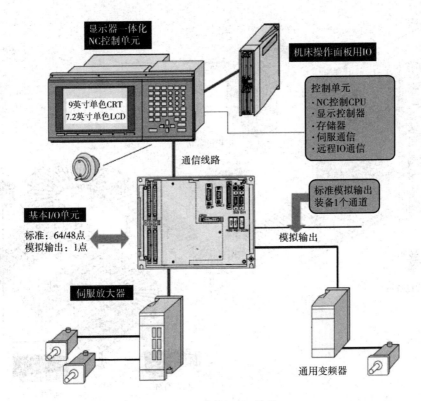

图 6.5 集成式 PLC 结构

⑤ 分布式 PLC。分布式 PLC 用于大型设备远程控制，见图 6.6，PLC 的结构类似基本单元加扩展式 PLC，但是，其扩展模块可远离主机布置，且还可用 PLC、CNC、伺服驱动器、变频器等控制器替代 PLC 扩展模块，因此，其使用更加灵活、方便，可以组建以 PLC为核心的大型机电一体化网络控制系统。

分布式 PLC 的基本单元和扩展单元之间需要通过网络接口模块及网络总线连接。PLC的基本单元又称网络主站（Master station），扩展单元又称网络从站（Slave station）；基本单元上用来连接扩展单元的网络接口模块通常称为主站模块，作为扩展模块使用的 PLC 上的网络接口模块通常称为从站模块。

2. PLC 的程序处理

PLC 的程序处理方法与通用计算机有很大的不同，它采用循环扫描方式，程序处理过程可分为图 6.7 所示的输入采样、程序执行、通信处理、CPU 诊断、输出刷新 5 个基本步骤，并无限重复。

CPU 诊断（Perform the CPU Diagnostics）是 CPU 对 PLC 硬件、模块的连接、存储器状态、用户程序等软硬件进行的检查与监控，称为 PLC 自检。如果自检过程中发现异常，PLC 程序将停止运行，报警，在内部产生出错标志。此外，CPU 诊断还可对用户程序的执行时间进行监控，避免程序出现"死循环"。

在通信处理（Process any Communications Requests）阶段，CPU 可进行通信检查与处理，还可利用通信接口发送/接收外设的通信数据，实现 PLC 与外部设备或网络的通信。

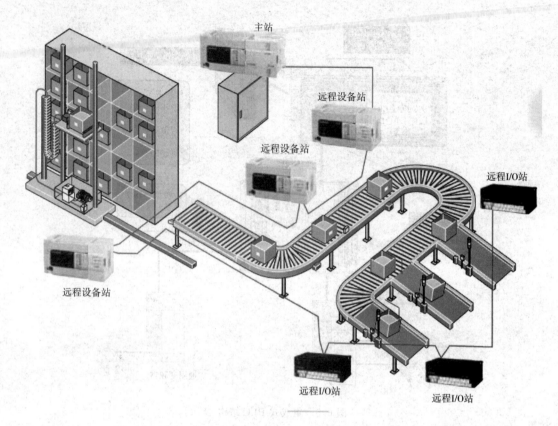

图 6.6　分布式 PLC 控制系统示意图

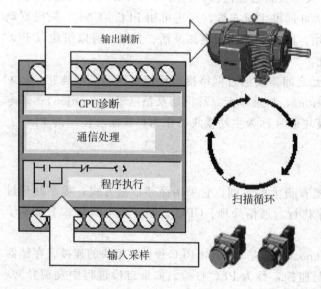

图 6.7　PLC 的程序处理

输入采样（Read the Inputs）过程是 CPU 对 PLC 输入的集中批处理过程。在输入采样阶段，CPU 可一次性读取全部输入信号，并将输入状态保存到输入暂存器中，输入暂存器的状态称输入映像。输入采样的信号读入是全面与彻底的，它与输入端是否连接实际信号无关，换言之，即使输入端未使用，其状态同样被读入（状态为 0）；输入采样所读入的输入信号可一直保持到下次输入采样处理阶段。

PLC 的输入采样存在 1 个 PLC 循环周期的时间间隔，因此，普通的 PLC 输入不能用于频率高、周期短的脉冲信号处理；PLC 的高速输入信号必须通过 PLC 专用的高速输入点，或者直接选配高速计数器模块处理。

程序执行（Execute the Program）是 CPU 处理 PLC 用户程序的过程，在这阶段，CPU

将根据程序的要求，对输入映像、输出映像、辅助继电器等编程元件的状态进行处理操作。程序处理的结果可立即保存到辅助继电器、输出寄存器、数据寄存器中；在同一 PLC 循环周期中，除非再次对编程元件进行赋值操作（称多重线圈编程），否则不能改变编程元件的状态。

输出刷新（Writes to the Outputs）是 CPU 对 PLC 输出的集中批处理过程。在输出刷新阶段，CPU 可一次性将用户程序处理所得到的输出映像输出到外部，控制执行元件动作。PLC 的输出状态更新同样是集中、统一进行的，在用户程序执行过程中输出映像的状态可能不断改变，但最终向外部输出的状态是唯一的，它只能是用户程序全部执行完成后的输出映像最终状态。

输出刷新同样存在 1 个 PLC 循环周期的时间间隔，因此，普通的 PLC 输出不能用于频率高、周期时间短的高速脉冲信号输出，高频脉冲输出必须使用 PLC 专用的高速输出点，或者直接选配高速脉冲输出模块。

以上处理过程中的通信处理、CPU 诊断实际上为 CPU 所进行的内部处理，它与用户程序的执行无直接关联。因此，从 PLC 用户程序处理方面看，也可认为 CPU 的处理需要进行图 6.8 所示的输入、执行程序、输出刷新 3 个基本步骤。

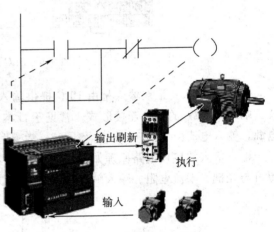

图 6.8　用户程序的处理

三、PLC 控制电路

1. 连接端布置

PLC 的连接端布置非常简单，一般只需要根据要求连接 PLC 电源和 I/O 点。随着标准化技术的进步，PLC 的设计越来越规范。对于同类 I/O 信号，如开关量输入、开关量输出等，PLC 的连接端布置在所有 PLC 上基本可以通用。

以三菱小型 PLC 为例，PLC 基本单元的连接端布置如图 6.9 所示。PLC 的左上方为电源输入端，交流电源输入的连接端标记为 L、N；直流电源输入标记为 "＋" "－"。PLC 的上部为开关量输入连接端，输入公共连接端用 COM 表示，空余端以 "●" 标记。PLC 的下部为开关量输出连接端，输出公共连接端用 COMn（n 为 0、1、…）表示，不同的输出公共端相互独立，公共端与使用该公共端的输出连接端以粗线框分隔。部分 PLC 还设计有 DI 驱动的 DC 24V 电源输出端，连接端通常位于 PLC 的左下方，其标记一般为 "24＋/0V"。

PLC 的输入电源通常有 AC 100/200V 及 DC 24V 两种规格，PLC 对电源电压的要求较低，AC 100/200V 输入的允许范围为 AC 85～264V；DC 24V 的输入范围为 DC 20.4～26.4V。

2. 输入连接

PLC 的 DI 信号以 DC 24V 直流输入为常用，输入连接形式有汇点输入、源输入及汇点/源通用输入 3 种，其一般连接要求如下。

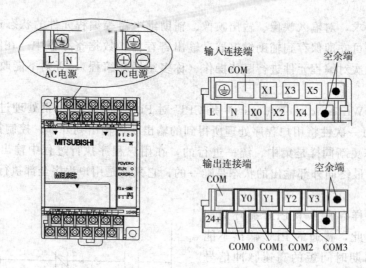

图 6.9　PLC 连接端布置

① 汇点输入。汇点输入是由 PLC 提供输入信号电源，全部输入信号的一端汇总到输入公共端（COM）的输入连接形式，常见于日本生产的 PLC。汇点输入不需要外部输入驱动电源，输入电流由 PLC 向外部"渗漏"，故又称"漏形输入（Sink Input）"。

汇点输入的接口电路原理如图 6.10 所示，当输入接点 K2 闭合时，PLC 的 DC 24 V 电源可与光耦、限流电阻、输入触点、公共端 COM 构成回路，接点闭合时输入为"1"。

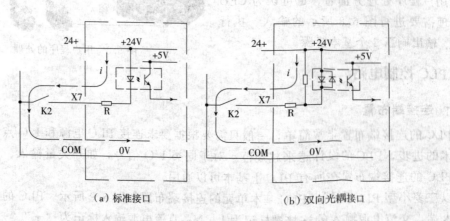

（a）标准接口　　　　　　　　　　　（b）双向光耦接口

图 6.10　汇点输入接口电路原理

② 源输入。源输入（Source Input）是一种需要提供驱动电源的有源输入连接方式，接口电路原理如图 6.11 所示，当输入接点 K2 闭合时，DC 24 V 电源与光耦、限流电阻、输入触点、公共端 COM 构成回路，触点闭合时输入为"1"。

③ 汇点/源通用输入。汇点/源通用输入是一种可根据外部要求采用源输入或汇点输入的连接方式，其内部接口电路原理如图 6.12 所示。汇点/源通用输入的公共端 COM 与 PLC 的内部电路无连接，因此，可通过变更公共端的输入连接来进行汇点输入与源输入转换。汇点/源通用输入一般需要采用双向光耦。

3. 输出连接

PLC 的输出以继电器触点输出与晶体管集电极开路输出为常用，其一般连接要求如下。

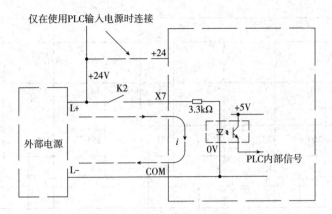

图 6.11 源输入接口电路原理

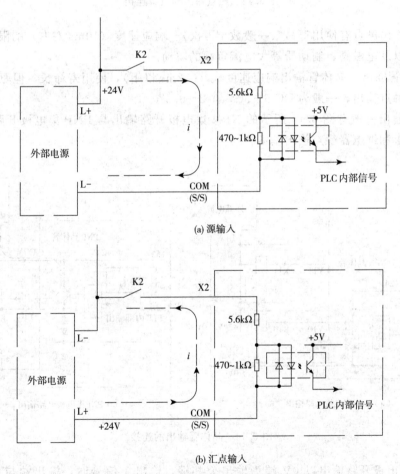

(a) 源输入

(b) 汇点输入

图 6.12 汇点/源通用输入内部接口电路原理

① 继电器触点输出。继电器触点输出使用灵活，既可用于驱动交流负载，也可驱动直流负载；负载连接如图 6.13 所示，连接感性负载时，应在负载两端加过电压抑制二极管（DC 负载）或 RC 抑制器（AC 负载）；负载驱动电源需要外部提供。

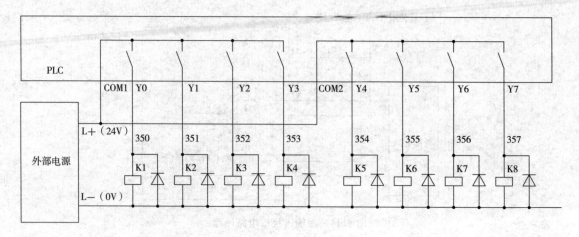

图 6.13　触点输出的负载连接

继电器输出触点有使用寿命（一般数十万次）、响应速度（10ms 左右）的限制，不宜用于高频输出以及电磁阀、制动器等大电流负载的驱动。

②　晶体管输出。晶体管输出响应速度快（0.2ms 以下），使用寿命长，但驱动能力一般小于继电器触点输出，一般为 DC 5～30V/0.2～0.5A。

晶体管输出一般有图 6.14 所示的 NPN 集电极开路输出与 PNP 集电极开路输出两类，外部连接要求和继电器触点输出基本相同。

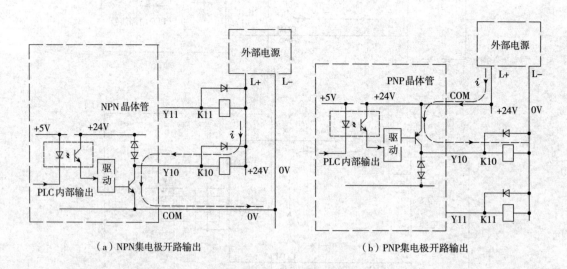

（a）NPN集电极开路输出　　　　　　　　　　（b）PNP集电极开路输出

图 6.14　晶体管输出的连接

NPN 集电极开路输出以 0V 端为输出公共端，输出 1 信号时，输出端与 0V 端接通；PNP 集电极开路输出以＋24V 端作为输出公共端，输出 1 信号时，输出端与＋24V 端接通。晶体管输出只能驱动直流负载。与继电器输出一样，当连接感性负载时，为了防止过电压冲击，应在负载两端加过电压抑制二极管。

【任务实施】

一、三菱 FX 系列 PLC 应用

PLC 的生产厂家众多，几乎所有国外大型工业自动化控制装置生产企业都有自己的 PLC 产品。国内所使用的 PLC 几乎都来自进口。在大型 PLC 方面，美国 Rockwell（罗克韦尔）、德国 SIEMENS（西门子）、法国 Schneider（施耐德）在国际市场占有率较高。在中小型 PLC 上，日本三菱、德国 SIEMENS、日本 OMRON（欧姆龙）产品被普遍使用。

FX 系列 PLC 是三菱公司在 F 系列 PLC 基础上发展起来的小型 PLC 产品（图 6.15），国内市场使用较多的主要有 FX_{1S}、FX_{1N}、FX_{2N}、FX_{3U} 四种型号，性能依次增强，其中 FX_{1S} 为整体固定 I/O 结构，FX_{1N}、FX_{2N}、FX_{3U} 均为基本单元加扩展式结构。

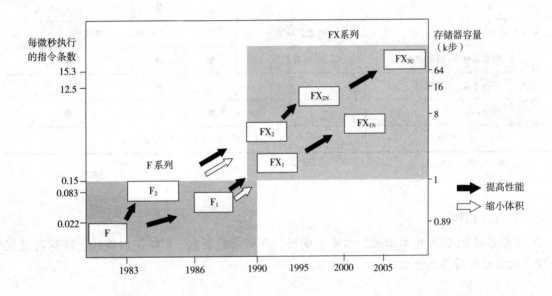

图 6.15　FX 系列 PLC 产品

FX_{1S} 属于简易 PLC，它只能在基本单元上安装简单内置扩展板，进行通信接口以及模拟量输入/输出的功能扩展。FX_{1NC}、FX_{2N}、FX_{3U} 可使用大量的模拟量输入/输出、定位控制等模块，实现速度/位置控制功能，还可与 PID 调节模块、温度测量与控制模块组成过程控制系统。

FX_{1S} 型号 PLC 可通过 RS232/RS485/RS422 串行接口与外设进行"点到点"通信，但不具备网络控制功能；FX_{1NC}、FX_{2N}、FX_{3U} 型号 PLC 可通过网络主站模块，构成分布式 PLC 控制系统，或通过从站模块接入到其他网络系统中。

FX 系列的几种 PLC 的主要技术指标如表 6.1 所示。

表 6.1　FX 系列的几种 PLC 主要技术指标

项　　目	基　本　参　数			
	FX$_{1S}$	FX$_{1N}$	FX$_{2N}$	FX$_{3U}$
最大输入点数	16＋4（内置扩展）	128	184	248
最大输出点数	14＋2（内置扩展）	128	184	248
I/O 点总数	30＋4（内置扩展）	128	256	主机 256，含远程 384
最大程序存储器容量（步）	2K	8K	16K	64K
基本逻辑指令执行时间（μs）	0.7	0.7	0.08	0.065
基本输入	DC 24V/5～7mA，源/汇点输入			
基本输出	DC 24V/0.5A 晶体管集电极开路输出或 DC 30V/AC 250V，2A 继电器输出			
AC 100V 输入/双向晶闸管输出	—	—	●	—
I/O 扩展性能	内置扩展板		扩展单元＋扩展模块	
特殊功能模块　模拟量输入/输出模块	2 点（内置扩展）	●	●	●
高速计数、定位模块		●	●	●
网络功能		●	●	●
输入电源	AC 85～264V 或 DC 20.4～26.4V			

注：●：功能可以使用；

　　—：无此功能。

1. PLC 结构

FX 系列 PLC 由基本单元、内置扩展板、存储器扩展盒、I/O 扩展模块、特殊功能模块、通信适配器等部分组成，见图 6.16。

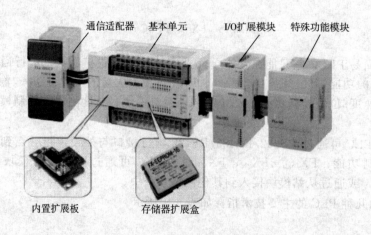

图 6.16　FX 系列 PLC 的组成

① 基本单元。基本单元是 PLC 的核心，它安装有中央处理器（CPU）、存储器、电源、

输入/输出接口、通信接口等硬件以及 PLC 操作系统、用户程序等软件。基本单元有固定点数的 I/O，可以独立使用。

② I/O 扩展模块。I/O 扩展模块用来增加 PLC 的 I/O 点数，模块需要基本单元或扩展单元提供电源。PLC 的 I/O 扩展模块规格通常较多，既可以是单独的输入扩展或单独的输出扩展，也可是输入/输出混合扩展。

I/O 扩展单元与 I/O 扩展模块的作用相同，但它带有独立的电源，扩展单元不但不消耗基本单元的电源，而且还可以为其他扩展模块提供电源。I/O 扩展单元的 I/O 点数、规格、外部电源供电方式可根据需要选择，扩展单元的输入/输出连接方式、连接端布置与同规格的基本单元相似。

③ 内置扩展板。内置扩展板是直接安装在 PLC 基本单元上的扩展选件，通常包括通信接口、存储器扩展盒、电池等，一般用于整体固定 I/O 型 PLC。

④ 特殊功能模块。PLC 的特殊功能模块种类较多，它包括温度测量与调节模块、高速计数模块、脉冲输出与定位模块、位置控制单元等。PLC 通过特殊功能模块可以向传统的 CNC 控制、DCS 控制领域拓展。

⑤ 通信适配器。通信适配器是 PLC 的通信接口转换模块，它可以进行 PLC 通信接口的转换与扩展，增强 PLC 的通信能力。通信适配器一般安装在 PLC 基本单元的左侧（其他扩展模块均安装于右侧），它不需要占用 PLC 的 I/O 点。

2. 规格与型号

FX 系列 PLC 用于开关量逻辑控制时，PLC 的常用部件包括基本单元、I/O 扩展模块、I/O 扩展单元 3 类。

① 基本单元。三菱 FX 系列 PLC 基本单元的型号表示如下。

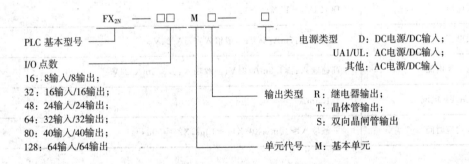

FX$_{1S}$ 基本单元有 10/14/20/30 点四种规格；FX$_{1N}$ 的基本单元有 24/40/60 点四种规格，扩展后的最大 I/O 点数可达 128 点；FX$_{2N}$ 基本单元有 16、32、48、64、80、128 点六种规格，扩展后的最大 I/O 点数可达 256 点；FX$_{3U}$ 基本单元有 16、32、48、64、80、128 点六种规格，扩展后主机控制的最大 I/O 点数为 256 点，连接远程 I/O 从站时，最大 I/O 点数可达 384 点。

如果需要，PLC 基本单元还可通过内置扩展选件与附件扩展功能，三菱 FX 系列 PLC 的内置选件有通信接口、存储器扩展盒、电池等，选件多用于整体固定 I/O 型 PLC。

② I/O 扩展模块。FX 系列 I/O 扩展模块的规格较多，单个模块的最大 I/O 点数为 16，模块型号表示如下。

③ I/O 扩展单元。FX 系列 I/O 扩展单元有 32/48 点两种规格，单元型号表示如下。

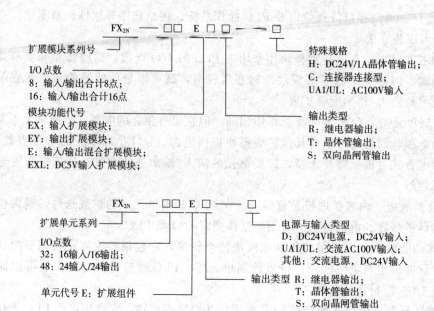

3. I/O 连接

FX 系列 PLC I/O 连接以汇点输入/继电器触点输出、汇点输入/晶体管输出为常用,基本单元连接如图 6.17 所示,PLC 的输入/输出规格如表 6.2、表 6.3 所示。

表 6.2　FX 系列 PLC 的输入规格表

项　　目	规　　格
输入电压	DC 24V,−15%～＋10%
输入电流	高速输入:7mA/24V;一般输入:5mA/24V
输入 ON 电流	高速输入:≥4.5mA/24V;一般输入:≥3.5mA/24V
输入 OFF 电流	≤1.5mA
输入响应时间	一般输入≈10ms;X0/X1:≈10μs;X2:≈50μs

表 6.3　FX 系列 PLC 的输出规格表

项　　目	继电器输出	晶体管输出
输出电压	AC 电源:≤250V;DC 电源:≤30V	DC5～30V
最大输出电流	电阻负载:2A/点;	电阻负载:0.5A/点;0.8A/4 点
感性负载容量	≤80VA/点	≤12VA/点
电阻负载功率	≤100W/点	≤15W/点
输出最小负载	2mA/DC5V	—

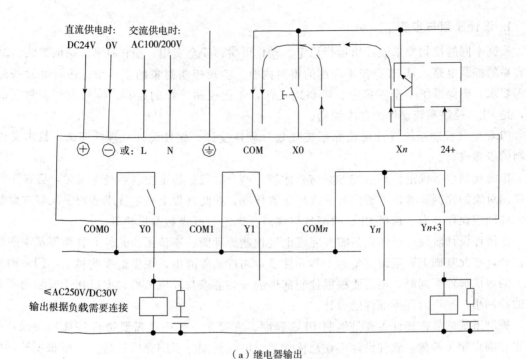

（a）继电器输出

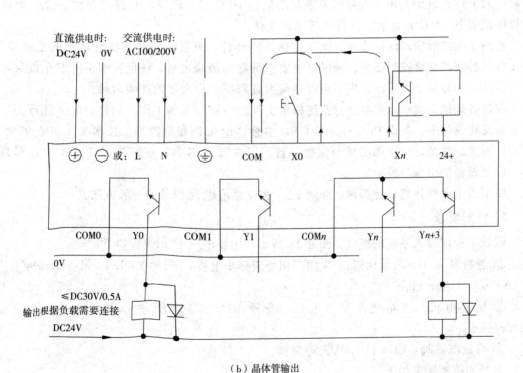

（b）晶体管输出

图 6.17　FX 系列 PLC 基本单元的连接

二、PLC 控制系统设计

1. 设计原则与步骤

根据不同的控制要求设计出运行稳定、动作可靠、安全实用、操作简单、调试方便、维护容易的控制电路，是 PLC 技术应用的重要内容。实现控制对象的全部动作，满足设备的全部要求，确保系统安全、稳定、可靠地工作，简化控制系统的结构，降低生产、制造成本，是 PLC 控制系统设计的基本原则。

PLC 电气控制系统设计可按照系统规划、硬件设计、软件设计、现场调试、技术文件编制的步骤进行。

系统规划包括确定控制系统方案与总体设计两个阶段。确定控制系统方案时，应首先明确控制对象的控制要求，了解设备的现场布置情况，在此基础上确定技术实现手段与主要部件，如确定操作界面、选择 PLC 的型号与规格、确定 I/O 点数与模块等。

在硬件设计阶段，设计人员需要完成电气控制原理图、连接图、元件布置图等基本图样的设计，在此基础上，汇编完整的电器元件目录与配套件清单，提供给采购供应部门，购买相关的组成部件。同时，还需要根据控制部件的安装要求与环境条件，完成用于安装电器元件的控制柜、操纵台等零部件的设计。

控制系统的软件设计主要是编制 PLC 程序，在复杂系统中还需要进行特殊功能模块的编程并确定相关参数。软件设计应在总体方案与电气控制原理图完成后进行，要根据原理图所确定的 I/O 地址编写出实现控制要求与功能的 PLC 用户程序，并编写调试、维修所需要的程序说明书、I/O 地址表、注释表等辅助文件。

控制系统的现场调试是检查、优化控制系统硬件、软件，提高系统可靠性的重要步骤。调试阶段必须以满足控制要求、确保系统安全可靠为最高准则，任何影响系统安全性与可靠性的设计，都必须予以修改，决不可以遗留事故隐患，以免导致严重后果。

在设备调试完成后，需要进行系统技术文件的整理与汇编工作，如修改电气原理图、编写设备操作说明书、备份 PLC 程序与 CNC 参数、记录调整参数等。技术文件应正确全面，编写应规范、系统，设计图必须与实物一致，用户程序与参数必须为调试完成后的最终版本，以便设备的维修与维护。

以下以工业搅拌机设计为例，介绍 PLC 控制系统电路设计的一般方法。

2. 控制要求

假设工业搅拌机系统的组成如图 6.18 所示，主要电气件的参数如下。

① 进料泵 A/B（两泵相同）：采用三相交流异步电机，型号 Y90L-4，$P_e=1.5kW$，$I_e=3.7A$，$n_e=1400r/min$。

② 搅拌电机：三相交流异步电机，型号 Y132M-6，$P_e=4kW$，$I_e=9.4A$，$n_e=1440r/min$。

③ 排放电磁阀：DC 24V/30VA 电磁阀。

系统的控制要求如下。

① 系统可以对两种液体（成分 A、成分 B）的混合与搅拌，组成一种新的成分。成分 A 与 B 的供料系统由手动进料阀、进料泵、手动出料阀组成，手动进料阀、手动出料阀安装有检测开关。

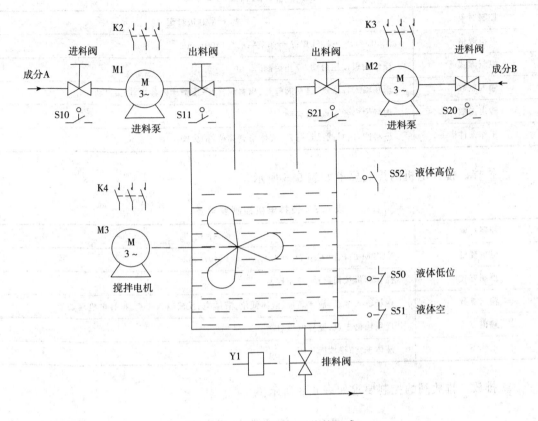

图 6.18 工业搅拌机系统的组成

② 搅拌机系统由电机通过减速器驱动，搅拌后的液体可通过排料阀出料。搅拌桶中安装有液位检测开关，当液位过高、过低或液体空时有相应的检测信号。

③ 整个搅拌系统统一通过操作控制面板控制，系统的启动通过控制面板 ON 按钮进行，系统的停止与紧急停止共用一个急停按钮；泵 A、泵 B、搅拌电机、排放阀由独立的启动/停止按钮进行控制。系统启动后，要求在控制面板上能通过指示灯显示系统所有部件的实际工作状态。

控制系统各部分的动作互锁要求如下：

① 在手动进料阀、手动出料阀未打开，或者出料阀打开，液体到达高位时，禁止启动供料泵；

② 当液体空或出料阀打开时，不允许启动搅拌机；

③ 在搅拌电机工作、液体空时，不允许进行排料；

④ 系统紧急停止按钮动作时，停止全部动作；

⑤ 若 PLC 输出接通后 2s 内泵 A、泵 B、搅拌电机的接触器未动作，则认为系统出现故障。

3. 系统规划

根据系统结构与控制要求，对系统分析如下。

① 进料。成分 A/B 进料的控制要求如表 6.4 所示。

表 6.4　成分 A/B 进料控制要求表

控制对象	成分 A/B 进料泵
电机规格	Y90L-4;P_e=1.5kW;I_e=3.7A;n_e=1400r/min
控制方式	操作面板按钮启动/停止控制
输入点数	现场输入各 2 点,进料阀打开、出料阀打开;反馈输入各 1 点,泵启动
输出点数	现场输出各 1 点,泵启动
工作条件	进料阀/出料阀已经打开;液体未到高位;排放阀关闭

② 搅拌。搅拌电机的控制要求如表 6.5 所示。

表 6.5　搅拌电机控制要求表

控制对象	搅 拌 电 机
电机规格	Y132M-6;P_e=4kW;I_e=9.4A;n_e=1440r/min
控制方式	操作面板按钮启动/停止控制
输入点数	现场输入 3 点,液体高位、液体低位、液体空;反馈输入 1 点,搅拌电机启动
输出点数	现场输出 1 点,搅拌电机启动
工作条件	液体未空;排放阀关闭

③ 排放。排放阀的控制要求如表 6.6 所示。

表 6.6　排放阀控制要求表

控制对象	排 放 阀
阀规格	DC 24V/27W
控制方式	操作面板按钮启动/停止控制
输入点数	现场输入:无;
输出点数	现场输出:1 点,排放启动
工作条件	搅拌停止

④ 操作面板。根据控制要求设计的操作面板如图 6.19 所示,操作面板的 I/O 点汇总如表 6.7 所示。根据机电设备安全标准规定（如 CE 标准）,用于设备紧急分断的控制必须由电磁元件控制的强电线路实现,不允许通过 PLC 程序控制实现,因此,表中的设备启动及急停按钮不占用 PLC 输入。

根据以上要求,PLC 的 I/O 点可以统计如下。

① PLC 输入:现场输入 11 点,操作面板输入 8 点,共计 19 点,全部为触点输入信号。

② PLC 输出:现场输出 4 点,3 点为 AC220V 交流接触器线圈,1 点为 DC 24V 电磁阀;操作面板输出 11 点;共计 15 点,输出均由 DC 24V 指示灯指示。

由于 PLC 输出动作频率低,且交直流混用,为了简化电路设计,PLC 以选择继电器输出为宜。根据 I/O 点数要求,本例 PLC 可选择具有 24 点 DC 24V 输入、24 点 AC250V/DC 30V-2A 继电器输出的三菱 FX$_{2N}$-48MR-001 型。

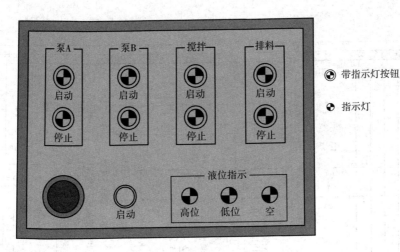

图 6.19　搅拌机操作面板

表 6.7　操作面板 I/O 点汇总表

代号	名　称	器件要求	PLC-I/O	备　注
S1	设备急停按钮	1NO/1NC,强电控制	0	红色蘑菇头
S2	设备启动按钮	1NO/1NC,强电控制	0	白色
S12	泵 A 启动按钮	1NO/1NC,带 DC 24V 指示灯	1 点 DI	绿色
S13	泵 A 停止按钮	1NO/1NC,带 DC 24V 指示灯	1 点 DI	红色
S22	泵 B 启动按钮	1NO/1NC,带 DC 24V 指示灯	1 点 DI	绿色
S23	泵 B 停止按钮	1NO/1NC,带 DC 24V 指示灯	1 点 DI	红色
S32	搅拌启动按钮	1NO/1NC,带 DC 24V 指示灯	1 点 DI	绿色
S33	搅拌停止按钮	1NO/1NC,带 DC 24V 指示灯	1 点 DI	红色
S42	排放启动按钮	1NO/1NC,带 DC 24V 指示灯	1 点 DI	绿色
S43	排放停止按钮	1NO/1NC,带 DC 24V 指示灯	1 点 DI	红色
E10	泵 A 启动指示灯	DC 24V	1 点 DO	绿色
E11	泵 A 停止指示灯	DC 24V,故障时闪烁	1 点 DO	红色
E20	泵 B 启动指示灯	DC 24V	1 点 DO	绿色
E21	泵 B 停止指示灯	DC 24V,故障时闪烁	1 点 DO	红色
E30	搅拌启动指示灯	DC 24V	1 点 DO	绿色
E31	搅拌停止指示灯	DC 24V,故障时闪烁	1 点 DO	红色
E40	排放启动指示灯	DC 24V	1 点 DO	绿色
E41	排放停止指示灯	DC 24V	1 点 DO	红色
E50	液体低位指示灯	DC 24V	1 点 DO	黄色
E51	液体空指示灯	DC 24V,液体空时闪烁	1 点 DO	红色
E52	液体高位指示灯	DC 24V	1 点 DO	黄色

4. 电路设计

根据以上规划方案所设计的搅拌机控制电路如图 6.20～图 6.22 所示,电路图说明如下。

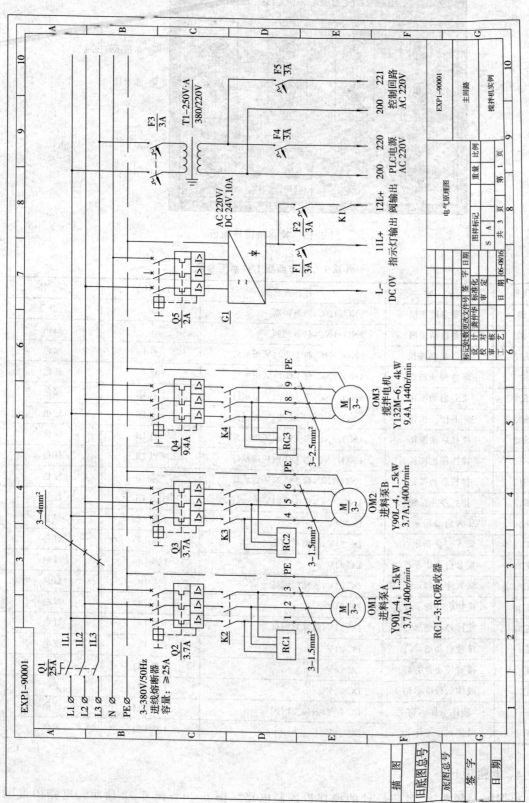

图 6.20 搅拌机控制主回路

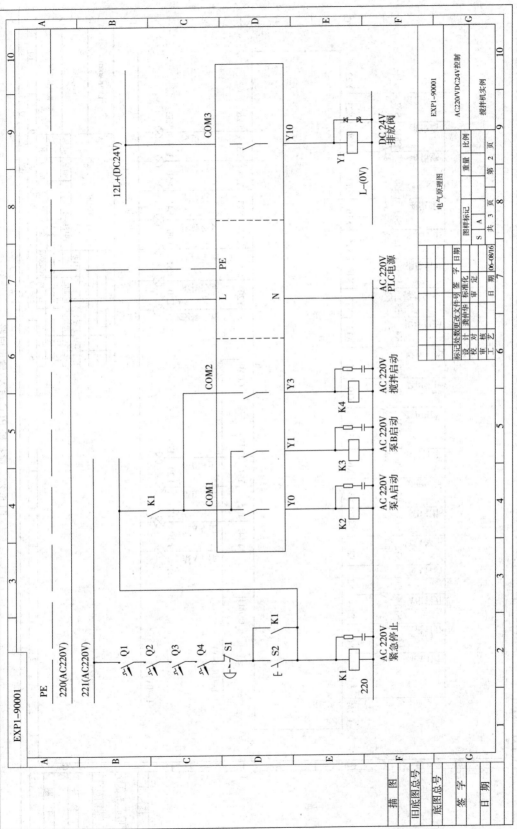

图 6.21 搅拌机控制回路

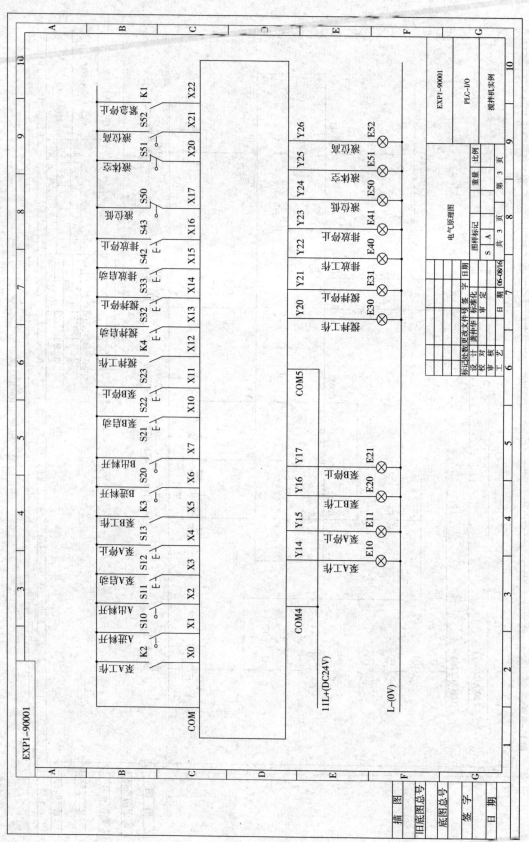

图 6.22 搅拌机 PLC 输入/输出回路

① 主回路。搅拌系统主回路包括进料 A、进料 B、搅拌 3 台感应电机的主回路与 PLC 电源、PLC 输入/输出电源、AC220V 控制电源回路。

设备总电源安装有电源总开关 Q1，用于设备全部电气控制系统与电网的隔离。进料 A 电机、进料 B 电机、搅拌电机采用电机保护断路器进行短路及过载保护，断路器的整定电流与电机额定电流一致；电机可分别利用接触器 K2、K3、K4 控制启动/停止。

由于系统控制简单，负载输出容量小，为节约成本，AC220V 控制回路与 PLC 电源共用一个隔离变压器，两者由独立的微型断路器 F4、F5 进行保护；PLC 的 DC 24V 输出采用了开关稳压电源集中供电，指示灯、阀的电源支路安装有独立的微型断路器 F1、F2。

② 控制回路。控制回路包括设备启/停控制回路、AC220V 接触器控制回路、DC 24V 阀输出控制回路 3 部分。

设备启动、停止利用主接触器 K1 控制，由于系统简单、安全风险较低，设备紧急分断与停止共用急停按钮，急停操作未使用安全电路。通过急停按钮及电机保护断路器 Q2~Q5 可直接断开主接触器 K1，并利用 K1 的主触点强制切断所有电机控制接触器及 DC 24V 电磁阀电源，实现系统的紧急分断。同时，K1 的辅助触点作为输入接入 PLC，以便 PLC 程序进行软件互锁。

接触器与电磁阀为感性负载，所以，接触器两侧需要加过电压抑制 RC 吸收器，电磁阀两侧需增加直流二极管与稳压管串联的过电压抑制器。

③ PLC 输入/输出。PLC 的输入/输出回路设计非常简单，只需按照 PLC 的连接要求进行设计。为了实现交直流隔离，PLC 的 AC220V 接触器控制输出使用了单独 1 组输出：Y0~Y3（Y4~Y7 空余），以增加 AC220V 与 DC 24V 连接线的绝缘距离，提高安全可靠性。电磁阀的负载电流较大，为提高可靠性，使用单独 1 组带公共端输出 Y10（Y11~Y13 空余）。

【思考与练习】

1. 机电一体化设备常用的接近开关有 NPN 晶体管集电极开路输出和 PNP 晶体管集电极开路输出 2 种形式，试回答以下问题。

① 为了简化电路设计，当机电一体化设备使用三菱 FX 系列 PLC 控制时，应优先选择何种接近开关？

② 画出接近开关与 FX 系列 PLC 的输入连接电路图。

2. 图 6.23 是 PNP 晶体管集电极开路输出型接近开关与 PLC 汇点输入连接的常用电路图，试根据表 6.2 所示的 FX 系列 PLC 输入规格，回答以下问题。

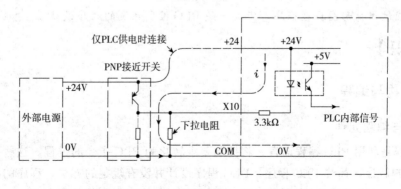

图 6.23 连接电路图

① 图中的输入连接电路与通常的触点输入电路的输入状态有什么不同？图中的"下拉电阻"有什么作用？

② 根据表 6.2 的 FX 系列 PLC 输入规格，计算确定"下拉电阻"的阻值范围。

③ 根据"下拉电阻"的阻值范围，计算确定接近开关的额定工作电流。

3. 图 6.24 是 NPN 晶体管集电极开路输出接近开关与 PLC 源输入连接的常用电路图，试根据表 6.2 回答以下问题。

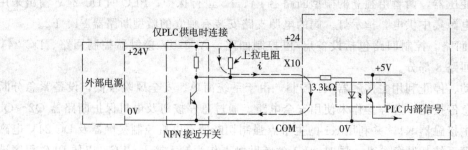

图 6.24　NPN 晶体管集电极开路输出连接电路

① 图中的输入连接电路与通常的触点输入电路的输入状态有什么不同？图中的"上拉电阻"有什么作用？

② 根据表 6.2 计算确定"上拉电阻"的阻值范围。

③ 根据"上拉电阻"的阻值范围，计算确定接近开关的额定工作电流。

任务2　PLC程序编制

知识目标：

1. 了解 PLC 的编程语言，知道各种编程语言的特点。

2. 掌握逻辑梯形图编程技术，知道梯形图程序与继电器控制线路的区别。

3. 掌握定时、计数控制程序的设计方法。

能力目标：

1. 能正确选择 PLC 编程语言。

2. 能编制逻辑梯形图及定时、计数控制程序。

3. 能正确运用梯形图典型程序，完成一般 PLC 控制系统的程序设计。

【相关知识】

一、程序结构与编程

1. 指令与编程元件

PLC 编程是利用 PLC 编程语言，将控制要求转化为 PLC 指令的过程，这些指令的集合称为 PLC 用户程序，简称 PLC 程序。PLC 程序设计并没有规定的方法，程序的结构、形式可以灵活多变，只要所设计的程序能满足控制要求，工作可靠，就是好程序。

PLC 指令有逻辑运算指令、数据比较与转换指令、数学运算指令等多种，所有的指令都是由操作码和操作数两部分组成，例如：

$$\text{LD} \quad \text{X001}$$
操作码 ——⌐⌐—— 操作数

指令中的操作码又称指令码，它用来定义 CPU 需要执行的操作，操作码通常用助记符表示，如 LD、AND、OUT 等；指令中的操作数用来定义操作对象，它可以是地址、常数等。通俗地说，操作码告诉 CPU 需要做什么，而操作数则告诉 CPU 用什么去做。操作码是唯一且必不可少的，操作数则可多可少，甚至省略。

PLC 程序的操作对象众多，因此，操作数的类别要用不同的符号（即地址）区分；同类操作数再通过后缀的数字进行区分。以地址表示的操作对象又称"编程元件"，PLC 常用的编程元件有以下几种。

① 输入继电器 X。输入继电器代表输入信号，如图 6.25 所示，以八进制位的形式表示。输入继电器在程序只能使用其"触点"，而不能对其赋值。

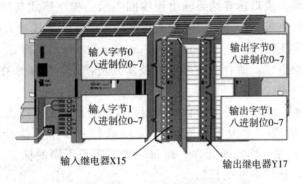

图 6.25 输入继电器与输出继电器

② 输出继电器 Y。输出继电器用来代表开关量输出信号，如图 6.25 所示，以八进制位的形式表示。它有唯一对应的物理触点，在程序中既可对其进行赋值，也可使用其触点。

③ 辅助继电器 M。辅助继电器用于程序中间状态的存储，按用途可分为普通辅助继电器与特殊继电器。普通辅助继电器可在程序中任意使用，它除了无对应的物理触点输出外，其他功能与输出继电器相同。特殊继电器有规定的功能，有的为 PLC 的状态标记（只读，只能使用触点），有的为程序控制信号标记（可读写，可使用触点并对其赋值），例如，FX 系列 PLC 的 M8000 为程序运行信号标记，程序运行时状态为 1；M8037 为程序停止控制信号标记，一旦为 1，PLC 程序将停止执行等。

④ 定时器 T。定时器用于延时控制，当定时线圈的状态为 1 时启动计时，计时到达设定值时触点接通；定时器的延时时间可在程序中设定。

⑤ 计数器 C。计数器用于计数控制，当计数输出线圈状态为 1 时启动计数，计数到达设定值时触点接通；计数器与定时器的区别在于触点接通的条件不同，其他性质相同。

⑥ 数据寄存器 D。数据寄存器通常用来存储数据，数据寄存器一般以字或双字为单位使用，可存储 16 位或 32 位二进制数据；存储带符号数据时，最高位为符号位。数据寄存器编号以 10 进制格式连续排列。

2. PLC 编程语言

PLC 程序指令又称 PLC 编程语言，梯形图、指令表、顺序功能图是 PLC 常用的编程语言。

① 指令表。指令表（Statement List，简称 STL 或 LIST）是一种用助记符表示的 PLC 编程语言，例如，用指令代码 LD、AND、ANI、OR、OUT 分别代表读入、与、与非、或、输出等逻辑操作；用操作数 X1、M2、Y1 等代表输入继电器、辅助继电器、输出继电器等。

指令表是 PLC 使用最早、最基本的编程语言，任何 PLC 功能均可用指令表进行编程，用其他编程语言编写的程序，在 PLC 上最终都要被转换到指令表；部分梯形图与其他编程语言无法表示的程序，也需要用指令表才能编程。此外，如果梯形图编程出现错误，有时也需要转换成指令表后才能进行修改。因此，即使采用其他编程语言，仍离不开指令表。

② 梯形图。梯形图（Ladder Diagram，简称 LAD）是一种沿用了继电器的触点、线圈、连线等符号的图形编程语言，在 PLC 编程中使用最广泛。

梯形图程序操作数直接用触点、线圈等符号代替，与、或运算用触点的串、并联表示；逻辑非用常闭触点表示；逻辑运算结果输出用线圈表示。程序形式与继电-接触器控制电路十分相似。梯形图程序直观、形象，故障检测与维修方便，深受技术人员的欢迎。

③ 顺序功能图。顺序功能图（Sequential Function Chart，简称 SFC）是一种按照工艺流程图编程的图形编程语言，适合于非电气类技术人员使用，近年来在 PLC 编程中已开始逐步普及。

顺序功能图的基本设计思想类似子程序调用，设计者先按照生产工艺的要求，将机械动作划分为若干个工作阶段（称为工步或步），并明确每一步所要执行的动作（输出）。在 PLC 程序中，用编程元件（称状态元件）对每一步都赋予不同的标记，编程时通过对状态元件进行置位或复位，选择需要执行的步。

总体而言，SFC 编程是一种基于机械控制流程的编程语言，但不同 PLC 在具体表现形式上有所不同。如为了保持 PLC 梯形图的风格，且又能与 SFC 程序有简单的对应关系，三菱公司采用了一种利用步进指令（STL）表示的 SFC 编程方法，其编程思路同 SFC，但每一步的动作则采用梯形图编程，故称步进梯形图或步进阶梯图。

④ 逻辑功能图。逻辑功能图又称功能块图（Function Block Diagram，简称 FBD），这是一种沿用数字电子逻辑门电路符号的图形编程语言，与、或、非、置位、复位等逻辑操作可用与门、或门、非门、RS 触发器等符号表示，程序形式与数字电路十分相似，程序使用十分方便，但是目前只有 SIEMENS 等少数 PLC 才具有 FBD 编程功能。

除以上常用编程语言外，在大、中型 PLC 中，为完成复杂运算或实现复杂控制，有时还可直接使用计算机的 BASIC、Pascal、C 等语言进行编程。

二、梯形图程序编制

1. 编程要点

开关量逻辑顺序控制是 PLC 最基本的功能，由于程序简单，人们普遍采用梯形图编程。触点、线圈、连线是组成梯形图程序的三要素，其编程要点如下。

① 触点。采用梯形图编程时，开关量输入/输出、内部继电器等的二进制状态均用触点

进行表示。

梯形图中的触点本质上是 PLC 内部存储器二进制数据位的状态,程序中的常开触点表示直接以该二进制位的"逻辑与"状态进行逻辑运算;常闭触点表示使用该二进制位的"逻辑非"状态进行运算。它与继电器接点控制电路中的触点的区别在于:第一,触点可以在 PLC 程序中无限次使用,它不像物理继电器那样受到实际触点数量的限制;第二,触点具有唯一的状态,在任何时刻,常开、常闭触点不可能同时为 1。

② 线圈。采用梯形图编程时,逻辑运算结果可用内部继电器、输出继电器等编程元件的线圈表示。

梯形图程序中的线圈并非实际的物理继电器线圈,它只是 PLC 内部某一存储器的二进制数据位,线圈接通是将该二进制数据位置 1;线圈断开是将二进制数据位置 0。因此,它与继电器控制电路中的线圈的区别在于:第一,如果需要,二进制数据位可在程序中多次赋值,即梯形图编程时可使用"重复线圈";第二,梯形图程序严格按从上至下、从左至右的次序执行,在同一 PLC 程序执行循环内,它不能改变已处理完成的输出状态,故可以设计出许多区别于继电器控制线路的特殊逻辑,如边沿处理等。

③ 连线。梯形图程序中的逻辑处理顺序用"连线"表示,但它不像继电器接点控制电路那样存在实际电流,因此,梯形图程序中的每一输出线圈都应有明确的逻辑关系,而不能使用继电器接点控制线路中的"桥接"方式,试图通过后面的执行条件来改变前面的线圈输出状态。

2. 基本逻辑指令

基本逻辑指令是用来实现读入、输出及逻辑与、或、非运算的基本指令,以 FX 系列 PLC 为例,基本逻辑指令如表 6.8 所示。

表 6.8 FX 系列 PLC 的基本逻辑指令

指令代码	功 能	操作数	梯形图表示
LD	状态读入	X、Y、M、T、C 触点	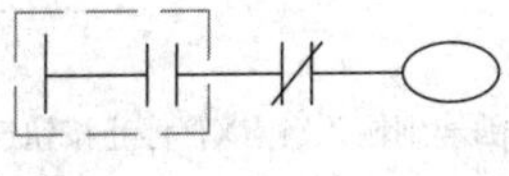
LDI	状态取反读入	X、Y、M、T、C 触点	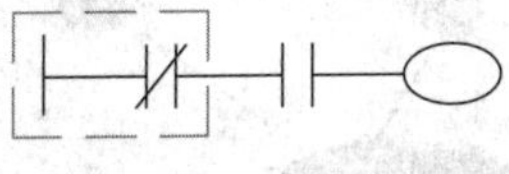
AND	逻辑与运算	X、Y、M、T、C 触点	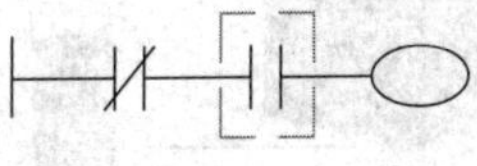
ANI	状态取反与运算	X、Y、M、T、C 触点	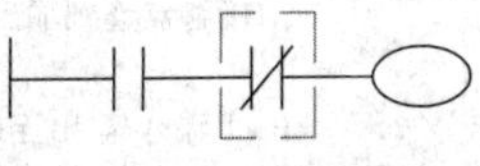
OR	或运算	X、Y、M、T、C 触点	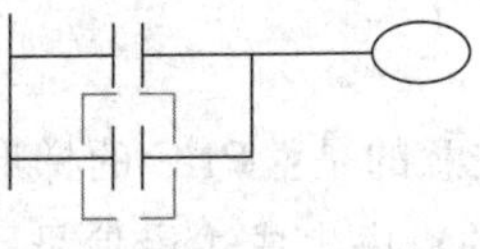

指令代码	功　能	操作数	梯形图表示
ORI	状态取反或运算	X、Y、M、T、C 触点	
OUT	输出	Y、M、T、C 线圈	
INV	累加器取反	—	INV
SET	输出置位	Y、M 线圈	SET
RST	输出复位	Y、M 线圈	RST
END	程序结束	—	END

3. 逻辑程序编制

用于逻辑控制的 PLC 梯形图编程非常简单，它可按继电-接触器控制电路设计的方法进行设计。

例如，对于电机启动与停止控制，按图 6.26 （a）将启动/停止按钮的常开触点分别连接到 PLC 的输入触点 X1/X2；接触器连接到 PLC 的输出触点 Y1，其 PLC 程序如图 6.26（b）所示。

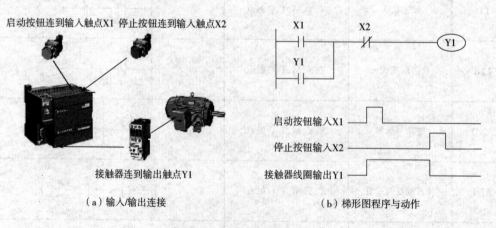

（a）输入/输出连接　　　　　（b）梯形图程序与动作

图 6.26　电机启动/停止控制

需要注意的是：PLC 的梯形图程序严格按"从上至下"的时序执行，因此，可通过图 6.27 所示的程序生成边沿信号。

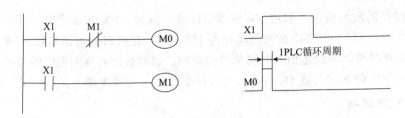

图 6.27　边沿信号生成程序

图 6.27 的程序在 X1 为"1"后的第 1 个 PLC 循环周期执行第 1 行程序时，因 M1 在上一 PLC 循环周期的输出为 0，常闭触点接通，故 M0 可输出 1；执行第 2 行指令时，X1 将使 M1 输出 1，但这时的 M1 状态已不能改变 M0 的状态，因此，第 1 个 PLC 循环的执行结果是 M0、M1 同时为 1。

当程序进入 PLC 的第 2 个循环周期时，由于 M1 在前一循环结束时已为 1，故第 1 行的常闭触点断开，M0 将输出 0，而第 2 行的 M1 保持 1，这样就可在 M0 上获得宽度为 1 个 PLC 循环周期的脉冲信号。

4. 定时程序编制

PLC 的定时控制通过定时器 T 实现，线圈为 1 时可启动定时；定时器线圈接通后，如计时值达到或超过延时时间，定时器触点将接通；如定时器线圈被断开，则触点立即断开，当前计时值清除。因此，使用常开触点控制定时器线圈时，可实现通电延时接通功能，反之，如使用常闭触点控制定时器线圈，则可实现断电延时接通功能，对于其他形式的延时，需要通过程序的处理实现。

例如，图 6.28（a）所示为基本的通电延时接通的程序，当输入 X1 接通并保持 5s 后，T1 触点接通，输出 Y1。图 6.28（b）所示为断电延时断开程序，在输入 X1 接通的同时输出 Y1；当 X1 断开时，Y1 可通过自锁触点保持 1，直至 T1 的延时时间到达。

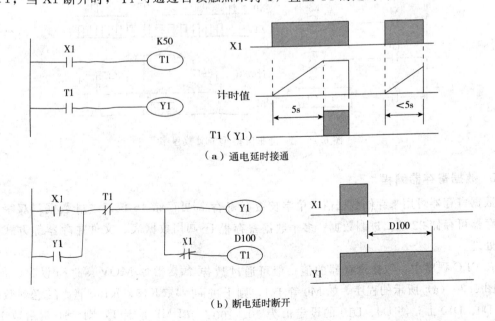

图 6.28　定时程序的编制

PLC 定时器的时间单位一般通过定时器号区分，例如，FX2N 的定时器 T0～T199 的时间单位为 100ms，T200～T245 的时间单位为 10ms 等；延时时间可用常数 K 或数据寄存器 D 指定，实际延时时间为设定值与时间单位的乘积。定时线圈在梯形图中的符号与输出继电器相同，定时设定值 K50（或 D100 等）可直接编写在定时器线圈上。

5. 计数程序编制

计数功能通过计数器实现，计数器有非保持型计数器、停电保持型计数器 2 类，计数方式可以为加计数、加/减计数，计数频率可选择一般计数、高速计数，计数值可以选择 16 位计数、32 位计数等。

计数器类型可用计数器号区分，例如，FX$_{2N}$ 的 C0～C99 为 16 位非保持型一般计数器，C100～C199 为 16 位保持型一般计数器，C200～C219 为 32 位非保持型一般加/减计数器，C235～C255 为 32 位非保持型高速计数器等。

在梯形图程序中，计数程序一般以计数输入触点控制计数器线圈的形式表示，线圈符号与输出继电器相同；计数设定值可用常数 K 或数据寄存器 D 指定，并编写在线圈上。计数输入为上升沿有效，对于加计数，计数输入的每一个上升沿都可使计数器加 1；当计数值达到或超过设定值时，计数器触点接通。对于减计数，计数输入的每一个上升沿都可使计数器减 1；当计数值小于等于 0 时，计数器触点接通。

非保持型计数器的计数值在 PLC 电源断开时将被自动清除；保持型计数器的计数值即使 PLC 电源断开，仍然能够保存。计数器的计数值复位需要通过复位指令 RST 实现，复位输入触点接通时，计数器触点立即断开，并清除当前计数值。

图 6.29 所示为常用的 16 位非保持型一般加计数程序，计数器 C0 可对 X1 的输入脉冲进行计数，当计数值到达设定值 5 时，C0 触点接通，输出 Y1；如果计数器复位信号 X0 接通，则计数器触点 C0 断开，计数值清除。

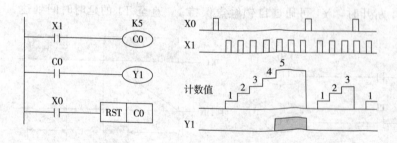

图 6.29　16 位非保持型加计数程序

6. 数据寄存器编程

数据寄存器可用来存储数据值，单字长数据寄存器可存储 16 位二进制数据，双字长数据寄存器可存储 32 位二进制数据；多个数据寄存器还可用数据表、文件寄存器等方式进行批量处理。

在 PLC 程序中，数据寄存器的值一般可通过数据传送指令 MOV 等进行设定。例如，对于图 6.30（a）所示的程序，如 M0 等于 1，则十进制常数 K10、K100 将被传送到数据寄存器 D0、D10 上，使 D0、D10 的设定值为 10、100；如 M1 等于 1，则十进制常数 K20、K200 被传送到数据寄存器 D0、D10 上，使 D0、D10 的设定值为 20、200。

在 PLC 程序中，数据寄存器与常数具有同样的功能，因此，它可用来设定、改变定时器、计数器的设定值，使得程序设计更加灵活方便。例如，在图 6.30（b）所示的程序中，当 M0 为 1 时，T0 的延时设定值 D0 与常数 K10 相同，计数器 C1 的计数设定 D10 与常数 K100 相同；而当 M1 为 1 时，则可在不改变程序的前提下，将 T0 的延时值更改为 K20，将计数器 C1 的计数值更改为 K200 等。

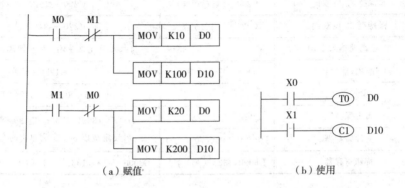

图 6.30 数据寄存器的编程

【任务实施】

一、PLC 编程元件应用

PLC 的编程元件与 PLC 性能有关，PLC 规模越大、功能越强，可使用的编程元件种类、数量就越多。三菱常用的 FX 系列中小型 PLC 的编程元件如表 6.9 所示。

表 6.9 FX 系列中小型 PLC 编程元件一览表

编程元件类别		PLC 型号		
		FX$_{1N/1NC}$	FX$_{2N/2NC}$	FX$_{3U/3UC}$
输入继电器（最大）		X000～177(128 点)	X000～267(184 点)	X000～367(248 点)
输出继电器（最大）		Y000～177(128 点)	Y000～267(184 点)	Y000～367(248 点)
辅助继电器	非保持型	M0～383(384 点)	M0～499(500 点)	
	可设定保持型	—	M500～1023(524 点)	
	保持型	M384～1535	M1024-3071	M1024-7679
	特殊继电器	M8000～8255(256 点)	M8000～8255(256 点)	M8000～8511(512 点)
定时器	100ms(0.1～3276.7s)	T0～199(200 点)	T0～199(200 点)	
	10ms(0.01～327.67s)	T200～245(46 点)	T200～245(46 点)	
	1ms(0.001～32.767s)	—	—	T256～511(256 点)
	1ms 停电保持	T246～249(4 点)	T246～249(4 点)	
	100ms 停电保持	T250～255(6 点)	T250～255(6 点)	

续表

编程元件类别		PLC 型号		
		FX$_{1N/1NC}$	FX$_{2N/2NC}$	FX$_{3U/3UC}$
计数器	非保持 16 位加计数	C0～15(16 点)	C0～99(100 点)	
	保持型 16 位加计数	C16～199(184 点)	C100～199(100 点)	
	非保持 32 位双向	C200～219(20 点)	C200～219(20 点)	
	保持型 32 位双向	C220～234(15 点)	C220～234(15 点)	
	32 位高速输入专用	C235～C255,与基本单元高速输入配套使用		
数据寄存器	一般用(非保持)	D0～127(128 字)	D0～199(200 字)	
	可设定保持区	—	D200～511(312 字)	
	固定保持区	D128～999(872 字)	D512～7999(7488 字/电池);从 D1000 起可设定成以 500 字为单位的文件寄存器	
	文件寄存器	D1000～7999(7000 字)		
	特殊寄存器	D8000～8255(256 字)	D8000～8195(196 字)	D8000～8511(512 字)

二、典型梯形图程序应用

PLC 控制系统的要求尽管千变万化,但大多数动作都为若干典型动作的组合,因此,程序设计时同样可通过 PLC 典型程序来实现各种控制功能。以下是 PLC 梯形图程序设计常用的典型程序,可用来实现 PLC 的基本逻辑控制功能。

1. 恒 1 与恒 0 信号生成

PLC 程序设计时经常需要使用状态固定为 0 或 1 的信号,因此,程序中通常都有用来产生恒 0 与恒 1 的程序段。图 6.31 是用来产生恒 0 与恒 1 信号的常用梯形图程序。

由于 PLC 程序中的触点在每一时刻具有唯一的状态,在任何时刻,常开、常闭触点不可能同时为 1,因此,任何同一地址的常开触点和常闭触点的"与"运算结果必然为 0"或"运算结果必然为 1。

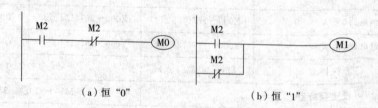

图 6.31　恒 "0" 与恒 "1" 的生成程序

2. 采样控制

所谓"采样",是通过一个信号(采样信号)来检测另一信号的状态,并将被测信号的状态保持到下次采样。实现这一要求的梯形图程序如图 6.32 所示,图中的 M1 为采样信号,X1 为被测信号,Y1 为状态输出。

在图 6.32 (a) 所示的程序中,如 M1 为 1,可通过第 1 行程序,将被测信号 X1 的状态输出到 Y1 中,程序第 2 行无效;如 M1 为 0,则第 1 行程序无效,第 2 行程序可保持输出

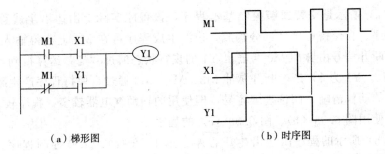

（a）梯形图　　　　　　　　（b）时序图

图 6.32　采样控制程序

Y1 的状态。

3. 交替通断控制

PLC 控制系统有时需要用同一信号的重复操作控制执行元件交替通断，即要求输出的通断频率为输入的 1/2，故又称"二分频"控制。

交替通断控制的实现方法一般有图 6.33 所示的 3 种。

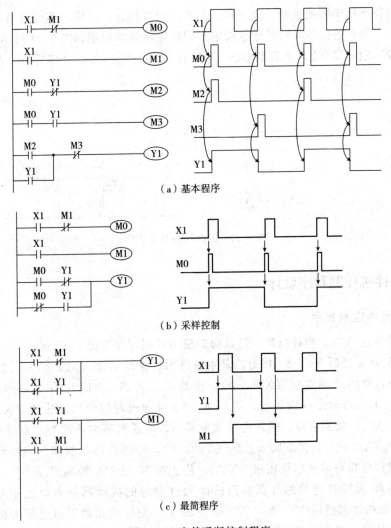

（a）基本程序

（b）采样控制

（c）最简程序

图 6.33　交替通断控制程序

图 6.33（a）所示是交替通断控制基本程序，该程序实际上由边沿生成程序、启动/断开信号生成程序、自保持程序 3 部分构成。边沿生成程序可在 M0 上获得输入 X1 的上升沿脉冲；启动、断开信号由脉冲 M0 与输出 Y1 的现行状态通过"与"运算得到，Y1 为 0，产生启动脉冲 M2，Y1 为 1，产生断开脉冲 M3；M2、M3 通过自保持程序产生新的输出 Y1。

基本程序的动作清晰，阅读理解容易，但使用的辅助继电器较多，程序较长，为此，实际编程时也可使用图 6.33（b）、图 6.33（c）的程序。

图 6.33（b）所示的程序由边沿生成程序（第 1、2 行）、采样控制程序（第 3、4 行）构成。采样程序以输入 X1 的上升沿脉冲 M0 作为采样信号，将输出 Y1 现行状态取反后，作为被测信号；因此，利用输入 X1 的上升沿采样，可在输出 Y1 上得到与现行状态相反的输出。

图 6.33（c）所示的程序是专业 PLC 程序设计人员常用的实现交替通断控制的最简程序，程序使用的内部继电器最少，程序长度最短。该程序的概念性较强，充分体现了 PLC 的工作特点，可作为技能练习自行分析理解。

4. 闪烁控制

闪烁控制程序用于闪光报警、蜂鸣器、间隙润滑等场合，其输出不但可自动实现交替通断，而且状态 1 和 0 的保持时间可任意设定。闪烁控制基本程序如图 6.34 所示，输入 X1 为闪烁启动信号，定时器 T1 用来控制输出 Y1 状态为 0 的保持时间、定时器 T2 用来控制输出 Y1 状态为 1 的保持时间。

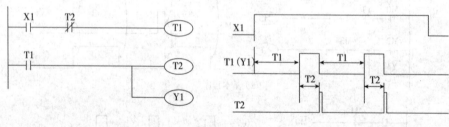

图 6.34　闪烁控制基本程序

三、工业搅拌机控制程序设计

1. 执行元件控制程序

设计的进料泵 A/B、搅拌电机、排放阀的输出控制程序如图 6.35 所示。

进料泵 A/B 接触器 Y0、Y1 接通的基本条件为：系统启动（X22＝1），进/出料阀打开（X1、X2＝1），液体未到高位（X21＝0），排放阀未开启（Y10＝0）及外部线路无故障（M10、M11＝0）；启动条件满足时，进料泵 A/B 可通过对应的启动按钮（X3、X10）、停止按钮（X4、X11）控制启停。搅拌电机接触器 Y3 接通的基本条件为：系统启动（X22＝1），液体未空（X20＝1），排放阀未开启（Y10＝0），外部线路无故障（M12＝0）；启动条件满足时，搅拌电机可通过启动按钮（X13）、停止按钮（X14）控制启停。

进料泵 A/B 及搅拌电机的外部线路故障通过对应的接触器触点检测信号（X0、X5、X12）检测，如接触器线圈 Y0、Y1、Y3 接通 2s 后，对应的接触器触点仍未接通，则认为外部电路存在故障。外部电路故障信号利用置位指令保存在内部继电器 M10、M11、M12

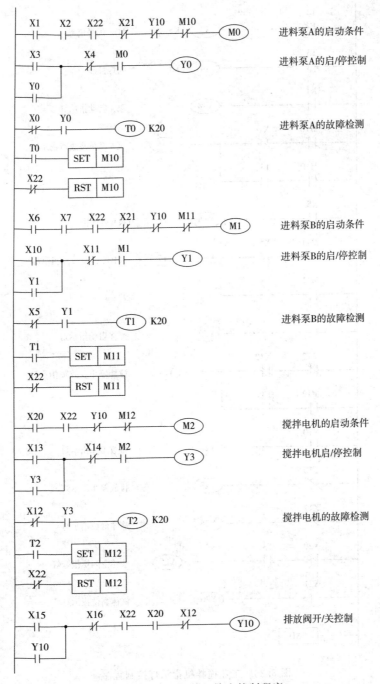

图 6.35　工业搅拌机输出控制程序

中：M10、M11、M12 需要对操作设备进行关机操作（X22＝0）才能复位。

　　排放阀 Y10 开启的条件为：系统启动（X22＝1），液体未空（X20＝1），搅拌电机未启动（X12＝0）；启动条件满足时，可通过开启按钮（X15）、关闭按钮（X16）控制开/关。

2. 指示灯控制程序

　　指示灯控制程序如图 6.36 所示。进料泵 A/B、搅拌电机、排放阀启动，排放阀关闭、液体低位、液体高位都为静态指示，即对应检测信号输入为 1 时，指示灯亮。液体空时为

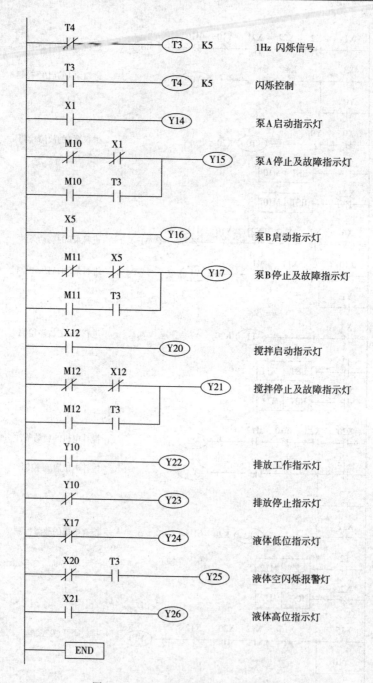

图 6.36　工业搅拌机指示灯控制程序

1Hz 闪烁指示。进料泵 A/B、搅拌电机停止指示灯有两种状态：正常停止为静态指示，指示灯亮；外部线路出现故障时，为 1Hz 闪烁指示。指示灯的 1Hz 闪烁信号通过定时器 T3、T4 生成。

【思考与练习】

1. 分析图 6.33（c）所示的交替通断控制程序，说明程序的工作原理，并画出内部继电器与输出的动作时序图。

2. 如果任务 1 中的工业搅拌机需要增加如下控制条件：

① 系统可通过操作面板的开关，选择手动、自动两种运行方式；手动运行时，PLC 输入信号 X23＝0；自动运行时，PLC 输入信号 X23＝1。

② 系统手动运行时，可实现图 6.35 所示程序完成的控制，由各自的启动/停止按钮控制进料泵 A/B、搅拌电机、排放阀的启动与停止。

③ 系统自动运行时，按下设备启动按钮 S2，便可按"进料泵 A/B 启动→液体到达高位→关闭进料泵 A/B，启动搅拌→搅拌延时（PLC 定时）→关闭搅拌，开启排放→液体到达低位→关闭排放，再次启动进料泵 A/B 进料"的顺序自动循环。

试编制满足以上控制要求的 PLC 程序，在条件允许时，在实验台上进行程序模拟运行试验。

项目七

→ CNC技术与应用

数控（Numerical Control，简称NC）技术诞生于1952年，它最初是为解决金属切削机床的轮廓加工难题而研发的一种技术，由于现代数控都采用了计算机控制，故又称计算机数控（Computerized Numerical Control，简称CNC）。

机床是用来生产机器的机器。没有好的机器，就生产不出好的产品，因此，机床是国民经济基础的基础。机床也是CNC技术应用最早、最广泛的领域，数控机床是一种综合应用了机械、液压气动、计算机控制、运动控制、测量等多种技术的典型机电一体化产品；一般认为，数控机床的出现是机电一体化产品诞生的标志。

数控机床是机床最高水平的体现，它不仅代表了当前CNC技术的水平和发展方向，而且也是衡量一个国家制造技术水平和综合实力的标志。CNC技术和PLC技术、工业机器人技术被并称为现代工业自动化的三大支柱技术。

任务1　CNC控制系统

知识目标：

1. 了解数控机床及其产品；

2. 熟悉CNC控制系统的组成；

3. 熟悉CNC的控制原理与系统结构；

4. 掌握CNC的连接要求和CNC控制电路设计的方法。

能力目标：

1. 能区分普通机床和数控机床；

2. 能区分数控车床、车削中心、车铣复合加工机床；

3. 能区分数控镗铣床、加工中心和FMC；

4. 能区分普及型数控与全功能数控；

5. 能够设计普及型数控系统电路。

【相关知识】

一、数控技术与机床

1. 机床控制要求

数控技术的诞生源自于机床。机床是对金属或其他材料的坯料、工件进行加工，使之获得所要求的几何形状、尺寸精度和表面质量的机器，是机械制造业的主要加工设备。

金属切削机床是利用刀具或其他手段（如电加工、激光加工）去除坯料上的多余金属，从而得到具有一定形状、尺寸精度和表面质量工件的加工设备，它在工业企业中使用最广、数量最多，是数控技术应用最为广泛的领域。

在金属切削机床上，为了能够使得机床自动完成零件的加工，一般需要进行以下三方面的控制。

① 动作顺序控制。机床对零件的加工一般需要有多个动作，并有规定的顺序（称为工序）要求。以图 7.1 所示的攻丝机加工螺纹为例，为了使丝锥加工出螺纹，攻丝机需要进行图 7.1（b）所示的丝锥向下接近工件→丝锥正转并向下运动加工螺纹→丝锥反转并向上退出工件→丝锥离开工件的 4 步运动。

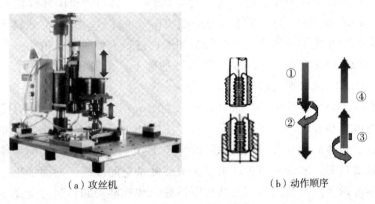

（a）攻丝机　　　　　　　　　　（b）动作顺序

图 7.1　攻丝机加工螺纹

机床的动作顺序控制只需要按要求通断液压、气动、电机等执行元件便可实现，它属于开关量逻辑控制的范畴，利用传统的继电-接触器控制系统也可实现，而 PLC 技术的应用使之变得更加容易。

② 切削速度控制。在金属切削机床上，为了满足加工要求、提高加工效率和加工质量，机床需要根据刀具和零件的加工工艺、材料、表面质量等要求来控制刀具与工件的相对运动速度（称为切削速度）。例如，对于图 7.1 所示的攻丝机，就需要保证丝锥的转速和上下移动同步，即丝锥每向下、向上移动一个螺距，必须同时正向、反向旋转 360°。

切削速度控制既可通过机械变速齿轮、皮带传动等方法实现，也可利用电气传动技术直接改变电动机转速，因此，它也无须依赖数控技术。

③ 运动轨迹控制。为了能够加工出符合规定要求的形状（轮廓），必须控制刀具相对于工件的运动轨迹。例如，对于图 7.2 所示的叶轮加工，加工时必须对刀具上下运动（Z 轴）、叶轮回转（C 轴）和摆动（A 轴）进行同步控制，才能加工出所需的轮廓。

图 7.2　叶轮加工

刀具运动轨迹控制包括了刀具和工件的相对位置、移动速度的控制，并需要有多方向的运动合成（称为多轴联动）才能实现，这样的控制只有通过数控技术才能实现。因此，机床采用数控技术的根本目的是为了解决刀具运动轨迹控制问题，使机床能够加工出所需要的各种形状，这是数控机床与其他机床的本质区别。

2. 数控技术

数控技术（Numerical Control，简称 NC）是利用数字化信息对机械运动及加工过程进行控制的一种方法。由于现代数控都采用计算机控制，因此又称计算机数控（Computerized Numerical Control，简称 CNC），相应的硬件和软件整体称为数控系统（Numerical Control System）；数控系统区别于其他控制系统的核心部件是数控装置（Numerical Controller）。

数控技术、数控系统、数控装置的英文缩写均为 NC 或 CNC，因此，在不同的使用场合，英文的 NC 和 CNC 一词具有三种不同含义：在广义上代表一种控制方法和技术，在狭义上代表一种控制系统的实体，此外，还可特指一种具体的控制装置——数控装置。

利用数控技术来解决金属切削机床刀具轨迹的自动控制问题的设想，是由美国 Parsons 公司在 20 世纪 40 年代末最先提出的。1952 年，Parsons 公司和美国麻省理工学院（Massachusetts Institute of Technology）联合，在一台 Cincinnati Hydrotel 立式铣床上安装了一套试验性的数控系统，并成功地实现了三轴联动加工，这是人们所公认的第一台数控机床。到了 1954 年，美国 Bendix 公司在 Parsons 专利的基础上，研制出了第一台工业用的数控机床，随后，数控机床得到快速发展和迅速普及。

机床采用数控系统后，其脉冲当量可达到 0.001mm 以下，传动系统的反向间隙、丝杠的螺距误差等均可自动补偿，一次装夹可完成多工序加工，人为误差小，尺寸一致性好，其加工精度一般高于普通机床。数控机床只需改变加工程序，就能进行不同零件的加工，而且还可通过多轴联动控制，实现普通机床难以完成的复杂空间曲线、曲面加工，其柔性比普通机床更强，适用范围更广。数控机床的结构刚性好，快速移动和切削速度高，一般具有自动换刀、工件自动交换等功能，其加工辅助时间短，加工效率高。

数控机床是一个广义上的概念，所有机床都可采用数控系统，即使没有多轴联动、复杂轨迹控制功能的专用机床和生产线，为增加其加工适应能力（柔性），也可采用数控技术。但是，如设备使用的控制器为 PLC，即使运动部件使用了轴控模块、伺服驱动器，一般也不能通过多轴联动控制刀具运动轨迹，这样的机电一体化设备不能称为数控机床。

二、数控原理与系统

1. 轨迹控制原理

轨迹控制是数控系统最为主要的功能，也是机床等机电一体化设备需要采用数控技术的根本原因。运动轨迹的数字化控制实质上是应用了图 7.3 所示的轨迹控制原理，CNC 的控制原理与工作过程如下。

① 微分处理。CNC 根据运动轨迹的要求，将各坐标轴需要移动的距离，微分为微小的单位脉冲移动量 ΔX、ΔY、ΔZ 等，这一移动量称为 CNC 的插补单位或脉冲当量。

② 插补运算。CNC 用单位脉冲移动量所组成的折线拟合运动轨迹，找出最接近理论轨迹的拟合折线。

在 CNC 中，将这种根据给定的数学函数，在理想轨迹的已知点之间，通过微分确定中间点的方法称为插补。插补的方法有多种，由于当代计算机的处理速度和精度都足以满足机械加工的精度需要，在此不再进行介绍。

③ 指令分配。CNC 按拟合线的要求，依次向需要参与插补拟合的坐标轴分配（输出）位置指令脉冲；指令脉冲通过伺服驱动系统的放大，转换为对应的坐标轴运动，最终合成为运动轨迹。

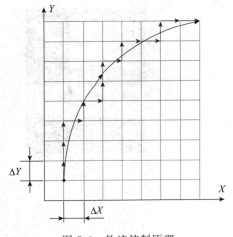

图 7.3　轨迹控制原理

由此可得到以下结论：

① 只要 CNC 的插补单位 ΔX、ΔY 足够小，拟合线就可完全等效代替理论轨迹；

② 改变坐标轴的指令脉冲分配方式，可改变拟合线的形状，并改变运动轨迹；

③ 改变指令脉冲的输出频率，即可改变坐标轴的运动速度。

因此，只要有相应的软硬件，利用数控技术就可实现任何运动轨迹的控制。

在 CNC 上，将能够同时参与插补的坐标轴数量称为联动轴数，它曾经是衡量 CNC 性能水平的重要技术指标之一。显然，联动轴数越多，CNC 的轨迹拟合能力就越强，例如，利用 2 轴联动插补，便可拟合二维平面的任意曲线；利用 3 轴联动插补，便可拟合 3 维空间的任意曲线；利用 5 轴联动插补，不仅可拟合 3 维空间的任意曲线，而且还可生成与加工面垂直的法线等。

随着计算机技术的发展，多轴联动的插补运算已不再是 CNC 技术的难题，CNC 最重要的功能是保证坐标轴能按指令脉冲运动，产生准确无误的运动轨迹。为此，国外生产的全功能 CNC 将坐标轴的闭环位置控制功能集成到 CNC 上，来确保实际运动和指令一致；而国产的普及型 CNC 则只能输出指令脉冲，不能实现坐标轴的闭环位置控制，因此其轨迹控制精度和全功能 CNC 相比存在极大差距，这点在选用时必须十分注意。

2. 数控系统组成

数控系统的基本组成如图 7.4 所示，它通常由数控装置、数据输入/显示装置、伺服驱动系统（包括驱动器、伺服电机及检测装置）、PLC 等硬件及配套的软件组成。

① 数控装置。数控装置（CNC）是数控系统的核心，它由微处理器、存储器、输入/输出接口等部件构成。轨迹控制是数控装置最主要的功能，坐标轴的指令脉冲需要通过数控装置的插补运算生成；全功能 CNC 还需要具备坐标轴闭环位置控制功能。

国产普及型 CNC 目前还不具备闭环位置控制功能，它只能输出位置指令脉冲，其闭环位置控制需要通过伺服驱动器实现，因此，系统的位置控制、轮廓加工精度远低于带闭环位置控制功能的全功能 CNC。

② 数据输入/显示装置。数据输入/显示装置是用于程序和数据输入、状态显示和监控、系统调试的人机界面。键盘和显示器是任何 CNC 都必备的基本装置。在 CNC 上，键盘又称手动数据输入单元，简称 MDI；显示器一般为液晶显示器，简称 LCD；两者通常被制成一

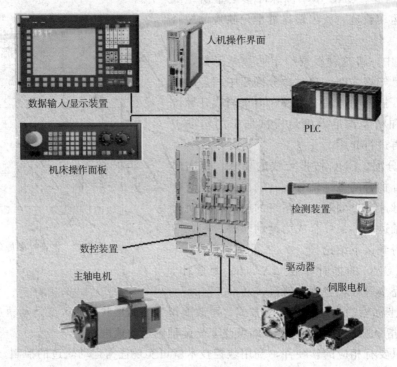

图 7.4　数控系统的基本组成

体，称为 MDI/LCD 单元。早期的光电阅读机、磁带机、软盘驱动器和 CRT、纸带穿孔机等输入/输出设备已淘汰，并由存储卡、U 盘、电脑（PC）等代替。

③ 伺服驱动系统。伺服驱动系统由驱动器、伺服电机、检测装置等部件组成，交流伺服驱动系统的执行元件可以是传统的旋转电机，也可以是先进的直线电机、转台直接驱动电机等。早期的直流伺服驱动系统现已淘汰；在简易数控设备上，有时也可采用步进电机驱动系统。

伺服驱动系统的结构形式是区分经济型、普及型与全功能型数控的依据。采用步进电机驱动的数控系统称为经济型数控；国产数控系统由于不具备闭环位置控制功能，只能使用带位置控制功能的通用型伺服驱动系统，无法实现高精度的轨迹控制，故称为普及型数控；进口数控系统具有闭环位置控制功能，配套的是无位置控制功能的专用型伺服驱动系统，可实现高精度的轨迹控制，故称为全功能数控。

④ PLC。PLC 是数控装置的附加控制器，它用于坐标轴外的其他辅助动作控制，如数控机床的主轴转向和启/停、刀具自动交换、冷却、润滑控制。在简单数控系统上，辅助控制命令在经过数控装置的编译后，一般以电平或脉冲信号的形式直接输出，由强电控制电路或外部 PLC 进行处理。在全功能 CNC 上，为了便于用户使用，PLC 一般作为 CNC 的基本组件，直接集成在 CNC 上，或通过网络链接，使两者成为统一的整体。数控系统附加的 PLC 通常用于机床的开关量逻辑控制，为了区别，有时又称可编程序机床控制器（Programmable Machine Controller，简称 PMC）。

随着数控技术的发展，数控系统的功能日益增强，例如在金属切削机床上，为了控制切削速度，主轴是其必需部件，特别是随着车铣复合等先进 CNC 机床的出现，主轴不仅需要进行速度控制，而且还需要参与坐标轴的插补运算（Cs 轴控制），因此，在全功能 CNC 上，主轴驱动系统也是数控系统的基本组件之一。

3. 普及型数控

国产普及型数控是一种最简单的数控装置，它实际上只具备通过插补运算生成位置指令脉冲及加工程序输入、编辑、译码等基本功能。国产普及型数控系统的一般组成如图 7.5 所示，它通常由 CNC/MDI/LCD 集成单元（简称 CNC 单元）、通用型伺服驱动器、主轴驱动器（一般为通用变频器）、机床操作面板和 I/O 设备等硬件组成，CNC 对配套的驱动器、变频器的厂家和型号无要求。

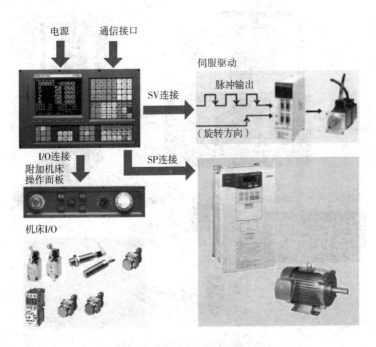

图 7.5　国产普及型数控系统的组成

普及型 CNC 的数控装置只能输出指令脉冲，而不具备闭环速度、位置控制功能，这样的数控装置实际上只是一个具有插补运算功能的指令脉冲发生器，因此，它只能配套具有闭环速度、位置控制功能的通用型交流伺服器或步进驱动器。由于实际位置不能反馈到 CNC 上，故 CNC 不能对位置、速度进行实时监控，也不能精确控制运动轨迹。但由于伺服驱动系统可实现连续、任意位置的定位，也不存在步进电机的失步，因此其性能优于采用步进驱动系统的经济型数控系统。

国产普及型数控大多无集成式 PLC，它们只能将辅助功能中的少量常用 M 代码，译码后作为 CNC 接口信号直接输出，因此，其辅助功能控制一般需要通过强电控制线路实现。SIEMENS 公司近年推出的 SINUMERIK 808D 系统同样只能输出指令脉冲，而不具备闭环速度、位置控制功能，它也只能采用 SINAMICS V60/70/80/90 等通用伺服驱动器，故属于普及型数控产品，但其 CNC 集成有 PLC，其 PLC 性能高于国产普及型 CNC。

4. 全功能数控

全功能数控是一种由数控装置实现闭环位置控制、需要配套专用伺服驱动器并带有内置

PLC 或 PMC 的完整系统，系统的位置与轨迹控制精度高，功能强，结构复杂，组成部件多。全功能数控的各组成部件均需要在 CNC 的统一控制下运行，伺服驱动器、主轴驱动器、PMC 等都不能独立使用。

当前的全功能数控一般都采用了网络控制技术。以日本 FANUC 公司生产的 FS-0iD 系统为例，系统的基本组成如图 7.6 所示。与早期的数控系统比较，它采用了网络控制系统，以 I/O-Link、PROFIBUS、FSSB 等现场总线替代了传统的 I/O 单元、伺服驱动器的连接电缆，以工业以太网替代了传统的通信连接，故 CNC 的连接简单，扩展性好，可靠性高。

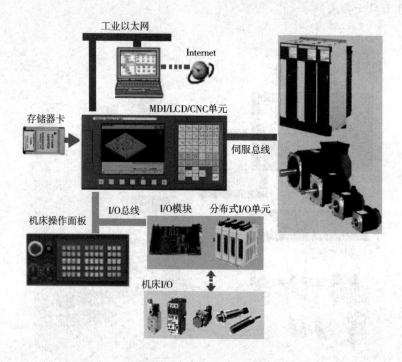

图 7.6　FS-0iD 系统基本组成

全功能数控能实时监控运动部件的位置、速度，可根据机床的实际运动来调整 CNC 的指令脉冲输出，确保运动轨迹准确无误，是一种真正意义上的闭环位置控制系统，其定位精度、轮廓加工精度要远远高于普及型数控。

全功能数控可以使用集成式 PLC（PMC）或使用外置式 PLC，5 轴以下的中小型系统通常使用集成式 PLC（PMC），大型、复杂的多轴控制系统使用外置式 PLC。

使用集成式 PLC 的系统，PLC 与 CNC 共用电源和 CPU，用户可根据需要，选配开关量输入/输出连接模块（I/O 单元或 I/O 模块），构成相对简单的 PLC 子系统。集成式 PLC 的 I/O 单元（模块）结构紧凑、I/O 点较多，但模块种类少，输入/输出规格固定，用途单一，I/O 点的总数有一定的限制，通常也不能选择特殊功能模块。

外置 PLC 具有独立的 CPU 和电源、I/O 模块，结构与模块化大中型通用 PLC 相同。外置式 PLC 可控制的 I/O 点数众多，输入/输出模块种类齐全，输入/输出规格可变，还可以选择模拟量控制、轴控制等特殊功能模块。外置 PLC 的软件功能强大、指令丰富，其使用方法与通用 PLC 完全相同。

三、CNC 控制电路

CNC 控制电路与系统的硬件组成、结构、功能等因素有关，需要结合设备的其他控制要求，进行统一的整体设计，以确保系统能够在 CNC 的集中、统一控制下，稳定、可靠运行。由数控系统的一般组成可见，CNC 系统的控制电路通常需要包括电源、伺服控制、主轴控制、I/O 控制、设备辅助部件控制等部分，电路设计的一般内容和基本要求如下。

1. 电源主回路

CNC 系统的电源电路（主回路）通常包括图 7.7 所示的三部分。

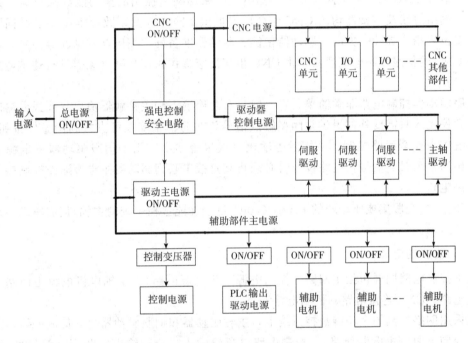

图 7.7　CNC 系统电源电路

① CNC 电源。CNC 电源是向 CNC 单元及配套部件（如 I/O 单元、操作面板及全功能 CNC 全闭环控制用的分离型检测单元等）提供电源的回路。伺服驱动器、主轴驱动器是数控系统的重要组成部分，也是 CNC 正常工作的条件，特别是在全功能 CNC 上，它们都是 CNC 的网络从站，因此，驱动器的控制电源原则上需要和 CNC 单元同时接通，以便 CNC 对其进行相关检测，并建立网络连接。

CNC 多采用 DC 24V 供电，电源容量与组成部件有关。CNC 单元及其他所有电源电压相同的配套部件，均应由同一电源统一供电，由于 CNC 对电源的干扰敏感，故必须采用稳压电源供电，并保证电压控制（包括纹波、噪音与脉动）在 DC 24V±10％以内。

② 驱动器主电源。驱动器主电源用来产生逆变主回路的直流母线电压，它是伺服电机、主轴电机的动力来源。驱动器主电源必须在驱动器、CNC 无重大故障时才能加入；一旦系统出现紧急情况，它必须能通过安全电路紧急分断。驱动器主电源采用高电压、大电流电路，国内使用的大多数驱动器为三相 AC200V 供电，允许的电压范围为 170～264V。

③ 辅助部件主电源。辅助部件主电源向设备辅助控制部件，如冷却、润滑、液压、排屑、风机等辅助部件供电。

为了保证 CNC 控制系统安全可靠运行，系统正常工作时，以上三部分的电源一般应按照①→②→③次序依次接通；系统断电时，则应按照③→②→①次序依次断开。

2. 伺服控制电路

伺服控制电路除了上述主回路（控制电源、主电源回路）外，还包括伺服电机电枢主回路、编码器连接电路、CNC 连接电路、控制电路等。

伺服驱动器和伺服电机电枢、编码器的连接一般直接采用带连接器的专用电缆，用户无需（通常也不允许）进行连接电路的其他设计。

驱动器和 CNC 的连接电路与系统类型有关。采用网络控制的全功能数控只需要连接网络总线，网络总线及连接器均由 CNC 生产厂家提供。国产普及型数控则需要通过伺服控制电缆连接位置指令脉冲、方向、驱动器使能、驱动器准备好、编码器零脉冲等信号；连接驱动器和 CNC 的伺服控制电缆通常也由 CNC 生产厂家提供，用户通常无需进行连接电路的其他设计。

伺服驱动器控制电路非常简单，它一般只有急停输入和主接触器输出（或报警输出）两部分。急停输入只需要外部提供常闭型触点信号，在简单系统上可直接利用急停按钮控制，复杂系统应由安全回路控制。主接触器输出（或报警输出）用于伺服驱动器主电源通断互锁，输出通常为触点信号，电路设计时必须将其直接串联到驱动器主电源通断控制接触器的线圈控制电路中。

采用主轴/伺服集成驱动器的 FANUC 0iC/D 全功能数控系统的主轴/伺服驱动控制电路如图 7.8 所示。

3. 主轴控制电路

主轴控制电路同样包括主回路（控制电源、主电源回路）、主轴电机电枢主回路、编码器连接电路、CNC 连接电路、控制电路等。

在采用网络控制的全功能数控系统上，主轴驱动器和伺服驱动器通常集成一体，二者主回路（控制电源、主电源回路）、控制电路（急停输入、故障输出）共用，无需另行设计；主轴驱动器和主轴电机电枢、编码器的连接同样直接采用带连接器的专用电缆；主轴驱动器和 CNC 间也只需要连接网络总线（见图 7.8）。

国产普及型数控需要通过主轴控制电缆连接 CNC 的主轴模拟量输出端、使能端及螺纹车削用的主轴编码器；主轴驱动器（一般为变频器）、主轴编码器与 CNC 间一般只需要直接利用电缆按规定连接主轴模拟量输出端及编码器反馈信号端，用户通常无需进行连接电路的其他设计。主轴驱动器（变频器）的其他控制信号，如正反转、停止等，需要设计简单的 I/O 电路。

4. I/O 控制电路

CNC 的 I/O 控制信号包括来自操作面板与机床的按钮、触点、检测开关等开关量输入以及指示灯、接触器、电磁阀通断控制的开关量输出。

全功能数控系统集成有 PLC（PMC），可通过 I/O 单元或模块连接 I/O 信号，其连接要求、连接电路与 PLC 控制系统相同。

国产普及型数控系统一般无内置 PLC，I/O 信号需要与 CNC 的 DI/DO 接口连接，常用

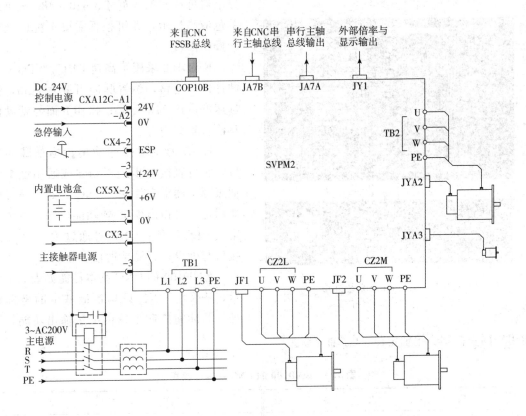

图 7.8 FANUC 0iC/D 全功能数控系统主轴/伺服驱动器控制电路

的输入信号有急停（*ESP）、参考点减速（*DEC）、进给保持（*SP）、循环启动（ST）、车床刀位检测（T1～T4）等；常用的输出信号有主轴正反转（M03/M04）、冷却控制（M08/M09）、润滑控制（M32/M33）、车床电动刀架控制（TL＋/TL－）等。

5. 辅助控制电路

数控系统的辅助部件控制电路用于 CNC 的 ON/OFF 控制、驱动器主电源 ON/OFF 控制以及冷却、润滑、液压、排屑、风机等辅助电机控制，其设计要求与普通的电气控制系统相同。在复杂系统上，驱动器主电源 ON/OFF 控制需要有专门的紧急分断安全电路。

【任务实施】

一、普及型数控系统应用

1. 典型产品与性能

北京 KND（凯恩蒂）公司的 KND 系列、广州数控设备厂的 GSK 系列产品是机床行业常用的国产普及型 CNC 产品，两者的结构、功能、使用方法类似。KND 公司的普及型 CNC 主要有 KND1、KND10、KND100、KND1000 等系列，KND100 系列是其代表性的产品，在国产普及型数控机床上用量较大。

KND100 采用了 CNC、MDI/LCD、I/O 模块集成一体型结构，系统外形如图 7.9 所示；

图 7.9　KND100 系统外形

显示器可选择 7.4 英寸、640×480 彩色或单色液晶显示，并可根据需要选配标准机床操作面板。

KND100 采用了高速 CPU、FPGA 及硬件插补电路，位置脉冲当量为 1μm，快进速度可达 24m/min；操作界面与帮助信息语言均为中文。

KND 的位置指令输出为标准脉冲信号，它可直接与步进驱动器或通用型交流伺服驱动器配套使用；CNC 的 I/O 信号功能固定，可输出少量 M 功能代码，系统无集成 PLC 功能；CNC 可通过 RS232 标准接口与外设进行简单通信。

KND100 的 CNC 基本性能如表 7.1 所示，普及型 CNC 只具备最基本的坐标轴插补脉冲输出和主轴模拟量输出功能，不能用于同步控制、主轴定位、Cs 轴控制。

表 7.1　KND100 的 CNC 基本性能表

项　目		性　能	项　目		性　能
轴控制	最大控制轴数	4	误差补偿	反向间隙补偿	可
	最大联动轴数	4		螺距误差补偿	单向
	插补功能	直线/圆弧	其他	刀具补偿	可
	脉冲当量	0.001mm		内置 PMC	无
	回参考点	减速开关回参考点		固定 I/O 连接	24/24 点
	快进速度	24m/min		急停/互锁	可
主轴控制	最大主轴数	1		软件限位	可
	速度控制	S 模拟量输出		辅助功能输出	M 代码
	传动级交换	2 级		通信接口	RS232C

2. 产品应用

普及型数控系统结构简单、价格低廉、使用方便，但 CNC 功能简单，不能在 CNC 上实现坐标轴闭环位置控制，因此，其加工精度特别是轮廓加工精度与全功能型数控有很大的差距，不能用于高精度加工；此外，由于 CNC 无集成 PLC（PMC）或只有简单的 PLC 功能，通常也不能用于加工中心的复杂控制。

普及型数控系统一般分车床控制（T 型）和镗铣床控制（M 型）两类，可分别用于普及型数控车床和普及型镗铣床控制。

① 普及型数控车床。普及型数控车床如图 7.10 所示，它是在普通车床结构的基础上配套数控系统后的简单产品，其床身、主轴箱、尾座、拖板等主要部件结构与普通车床并无太

大的区别。普及型数控车床采用普及型数控系统，主电机一般采用变频调速，进给系统采用通用型伺服驱动系统，自动换刀通过电动刀架实现。

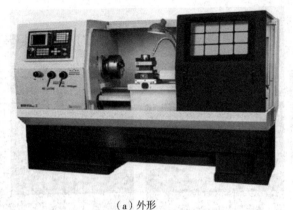

（a）外形　　　　　　　　　　　　　（b）刀架

图 7.10　普及型数控车床

② 普及型数控镗铣床。根据机床的结构，普及型数控镗铣床可分图 7.11 所示的立式和卧式两类。

（a）立式　　　　　　　　　　　　　（b）卧式

图 7.11　普及型数控镗铣床

普及型数控镗铣床通常只有主轴正反转、冷却、润滑等简单辅助动作，无刀具自动交换功能。

二、全功能数控系统与应用

1. 典型产品与性能

全功能数控系统以日本 FANUC 公司产品为主导，SIEMENS、三菱等公司的产品也有一定的销量。FANUC-0i 系列数控系统（简称 FS-0i）市场销售量大、可靠性好、性价比高，在国内全功能数控机床上的使用最为广泛。FS-0iC、FS-0iD 是 FS-0i 的代表性产品，两者的

结构与功能基本相同。

FS-0iC/D 系列 CNC 有基本型（FS-0iC/D）和紧凑型（FS-0iMateC/D）之分，CNC 单元布置如图 7.12 所示。

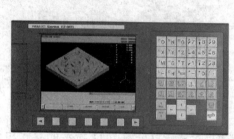  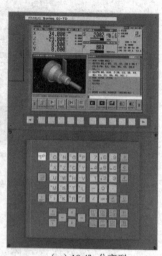

（a）8.4″ 水平布置　　（b）8.4″ 垂直布置　　（c）10.4″ 分离型

图 7.12　FS-0iC/D CNC 单元布置

FS-0iC/D 系列 CNC 功能完善，可靠性高，性价比优越，是目前国内外数控机床用量最大的数控系统，基本性能如表 7.2 所示。

表 7.2　FS-0iC/D 系列 CNC 基本性能表

软件与功能			基本型		紧凑型	
			MD	TD	MD	TD
轴与主轴控制	2 通道	最大进给轴数（总计/1 通道最大）	—	8/7	—	—
		最大联动轴数		4		
		最大主轴数（总计/1 通道最大）	—	4/3		
	单通道	最大进给轴数（含 Cs 轴）	7	7	5	5
		最大主轴数	2	3	1	2
	PMC 轴控制		●	●	★	★
	Cs 轴控制		●	●	—	●
	全闭环控制		★	★	★	★
	同步轴控制		●	●	★	★
	倾斜轴控制		★	★		
	螺旋线插补		●	★	●	
	圆柱面插补		●	●	★	●
	刚性攻丝		●	★	●	★
	多头螺纹、变导程螺纹加工		—	●		●

软件与功能		基本型		紧凑型	
		MD	TD	MD	TD
轴与主轴控制	AI 控制	●	—	●	—
	插补前加减速	★	★	★	★
	S 串行/模拟输出、传动级交换	●	●	●	●
	主轴定向准停、线速度恒定控制	●	●	●	●
	0.0001mm/0.00001inch/0.0001deg 输入	●	●	●	●
误差补偿	反向间隙补偿、快速/进给分别补偿	●	●	●	●
	平滑型反向间隙补偿	★	★	—	—
	螺距误差补偿	●	●	●	●
	双向、直线型(斜度)螺距误差补偿	★	★	—	—
	直线度补偿	★	—	—	—
其他	轴互锁、机床锁住、急停、超程保护	●	●	●	●
	存储行程检测 1、2、3, 运动前检测	●	●	●	●
	8 位 M、B 代码输出	●	●	●	●
	PMC 最大存储器容量(步)	64000	64000	24000	24000
	最大 DI/DO 点	1024	1024	1024	1024
	报警、报警历史、定期维护信息显示	●	●	●	●
	伺服、主轴调整,伺服波形显示	●	●	●	●
	RS232、存储卡接口	●	●	●	●
	PROFIBUS、Device Net、FL-net 等网络控制	★	★		

注: ● 基本功能; ★ 选择功能。

全功能数控系统的控制轴数多,软件功能强,定位和轮廓加工精度高,且集成有 PLC (PMC),故可用于各类数控机床的控制。但是,全功能 CNC 及驱动器的价格相对较高,因此多用于高规格设计的全功能数控车床、车削中心、车铣复合加工中心以及 FMC 等复杂系统的控制。

2. 产品应用

① 全功能数控车床和车削中心。车削是以工件旋转为主运动、刀具作进给运动的切削加工方式,钻、镗、铣是以刀具旋转为主运动、工件或刀具作进给运动的切削加工方式;只有车削加工功能的数控机床称为数控车床,在车削加工的基础上增加了钻、镗、铣加工功能的数控机床称为车削中心。

卧式全功能数控车床如图 7.13 所示,其结构和布局均按数控机床的要求设计,机床多采用斜床身布局,刀架布置于床身后侧。全功能数控车床的加工精度高,主轴性能好,换刀动作复杂,且需要诸如控制卡盘、尾座等的辅助动作,因此,需要使用具有 CNC 闭环位置控制功能的集成有 PLC 的全功能数控系统,主轴也需要采用专用的交流主轴系统驱动。

卧式车削中心如图 7.14 所示,它是一种复合了回转体零件车削和表面铣削、孔加工的

（a）外形 （b）刀架

图 7.13 卧式全功能数控车床

车铣复合加工机床。主轴具有 Cs 轴控制功能，刀架上可安装用于钻、镗、铣加工的旋转刀具（Live Tool，又称动力刀具）。刀具能够进行垂直方向运动（Y 轴）是车削中心和数控车床在功能上的主要区别。

（a）外形 （b）刀架

图 7.14 卧式车削中心

车削中心的主轴不但能够进行旋转运动，且还能够在任意位置定位，并参与坐标轴的插补，实现进给运动；回转体的侧面、端面的铣削和孔的加工需要有轴向、径向和垂直方向的运动，因此，车削中心有 3 个以上的进给轴。

车削中心的刀架外形和数控车床液压刀架类似，但数控车床刀架上的刀具不能旋转，而车削中心的刀架不但可安装车刀，还可安装钻、镗、铣加工用的旋转刀具，刀架不但有回转分度和定位功能，还安装有动力刀具主传动系统，其结构较为复杂。

② 车铣复合加工中心与车削 FMC。车铣复合加工中心与车削 FMC 是为了适应现代高速、复合加工和无人化加工要求而研发出的新型机床。

卧式中小型车铣复合加工中心如图 7.15 所示。车铣复合加工中心和车削中心的主要区别在刀具安装和自动换刀方式上，车铣复合加工中心具有与镗铣加工机床一样的刀具主轴，其刀具安装和自动换刀方式与加工中心相同，刀具主轴可安装车削或镗铣刀具，并可进行大范围摆动。刀具主轴换上车刀锁紧后，便可利用车削主轴的旋转，进行内外圆或端面车削加工；机床需要铣削、孔加工时，刀具主轴换上镗铣刀具，车削主轴切换为Cs轴控制，机床便可进行与镗铣加工机床同样的铣削和孔加工。

（a）外形　　　　　　　　　　　　（b）刀架

图7.15　卧式中小型车铣复合加工中心

FMC是柔性加工单元（Flexible Manufacturing Cell）的简称，其最大特点是能够进行工件的自动交换，实现无人化加工。车削FMC是在车削中心、车铣复合加工中心的基础上，通过增加工件自动输送和交换装置而构成的自动化加工单元。图7.16为某国外著名机床厂家生产的车削FMC。

图7.16　车削FMC

③ 加工中心。带有刀具自动交换装置（Automatic Tool Changer，简称ATC）的数控镗铣机床称为加工中心（Machining Center），常见的立式、卧式加工中心如图7.17所示，加工中心是目前数控机床中产量最大、使用最广的数控机床之一。

为了提高加工效率、缩短辅助时间，卧式加工中心经常采用图7.17（b）所示的双工作台交换装置，增加双工作台交换的主要目的是提高效率、缩短工件装卸辅助时间，由于只能进行一个工件的交换，故不能称为FMC。

④ 车铣复合加工中心和FMC。车铣复合加工中心和FMC都是为了适应现代高速复合加工需求而研发出来的新型机床。

（a）立式

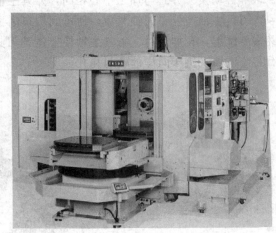

（b）卧式

图 7.17　加工中心

立式中小型车铣复合加工中心有两种常见结构：一种是图 7.18 所示的以水平回转轴为车削主轴、主轴箱可摆动的结构，它特别适合于细长轴类零件的车铣复合加工，故又称棒料加工中心；另一种为以垂直回转轴为车削主轴、回转轴可摆动的结构，它适用于法兰、端盖类零件的车铣复合加工。

在加工中心的基础上增加工作台（托盘）自动交换装置（Automatic Pallet Changer，简称 APC）的加工设备称柔性加工单元（Flexible Manufacturing Cell），简称 FMC，见图 7.19。FMC 不但可完成单个工件的多工序的加工，实现工序的集中和工艺的复合，而且还能够自动交换加工零件，实现较长时间的无人看管加工，是一种真正能够实用化的无人化加工设备，它在先进的企业中已经得到普及和应用。

图 7.18　棒料加工中心

图 7.19　FMC

三、CNC 控制系统设计

CNC 控制系统的设计原则、设计步骤和 PLC 控制系统相同。满足设备的全部要求，确保系统安全、稳定、可靠地工作，简化控制系统的结构，降低生产制造成本，是机电一体化系统设计的基本原则；CNC 控制系统设计可按系统规划、硬件设计、软件设计、现场调试、技术文件编制的步骤进行。

以下以国产普及型数控系统的设计为例，介绍 CNC 控制系统设计的一般方法。

1. 机床控制要求

① 机床：采用普及型 CK6140 数控车床，最大车削直径为 400mm，配套 4 刀位电动刀架；具备内外圆、锥面、圆弧面、螺纹等常规车削加工功能。

② CNC：采用 KND100T 国产普及型 CNC，配套 KND 机床操作面板。

③ 伺服驱动器：采用安川 $\sum$ 系列通用型交流伺服驱动器。X 轴伺服电机型号为 SGMGH-20ACA61，$P_e = 1.8\text{kW}$，$M_e = 11.5\text{N} \cdot \text{m}$，$I_e = 16.7\text{A}$，$n_{max} = 3000\text{r/min}$，配套安川 SGDM-20ADA 驱动器；Z 轴伺服电机为 SGMGH-30ACA61，$P_e = 2.9\text{kW}$，$M_e = 18\text{N} \cdot \text{m}$，$I_e = 23.8\text{A}$，$n_{max} = 3000\text{r/min}$，配套安川 SGDM-30ADA 驱动器。

④ 主轴：采用三菱 A740 系列变频器无级变速，并配有 1024P/r 主轴编码器，实现螺纹车削功能。主电机为 Y132M-4 普通三相感应电机，$P_e = 7.5\text{kW}$，$I_e = 15.4\text{A}$，$n_e = 1440\text{r/min}$，配套三菱 FR-A740-7.5K-CH 变频器；电机的变频调速范围为 90～1800r/min，通过机械变速后的主轴转速范围为 22.5～1800r/min。

⑤ 刀架。配套 4 刀位电动刀架，刀架电机为三相感应电机，$P_e = 120\text{W}$，$I_e = 0.22\text{A}$，$n_e = 1400\text{r/min}$；换刀可通过机床操作面板的手动操作键及加工程序的 T 指令自动控制。

⑥ 冷却：采用 AB25C 型冷却泵，冷却泵电机为三相感应电机，$P_e = 90\text{W}$，$I_e = 0.18\text{A}$，$n_e = 1400\text{r/min}$；冷却可通过机床操作面板的手动操作键及加工程序的 M08/09 指令自动控制。

2. CNC 控制信号

CNC 的所有输入/输出控制信号都与 CNC 单元连接。KND100T 的 I/O 连接器布置如图 7.20 所示，其中，XS1、XS9 用于 CNC 配套的电源、机床附加操作面板连接，XS56 用于 RS232C 通信，无需设计电路。

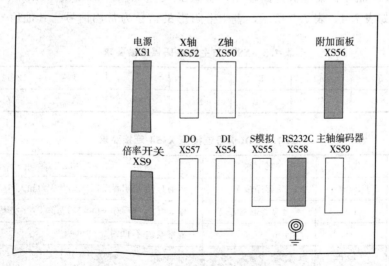

图 7.20　KND100T 的 I/O 连接器布置

其他连接器的信号连接要求如下。

① 驱动器连接。KND100T 的 X/Z 轴伺服连接器 X52/X50 的接口电路如图 7.21 所示，

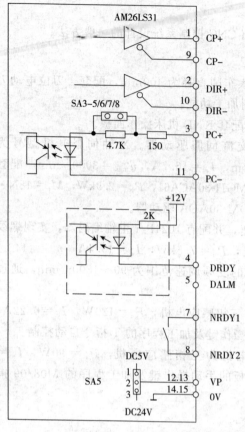

图 7.21 接口电路

信号要求如下：

CP+/CP-：用于通用型伺服驱动器的位置指令脉冲输出；

DIR+/DIR-：用于通用型伺服驱动器的运动方向输出；

PC+/PC-：坐标轴回参考点所需的编码器零脉冲输入，来自伺服驱动器；

DRDY：来自伺服驱动器的驱动器准备好输入；

DALM：来自伺服驱动器的驱动器报警输入；

MRDY1/MRDY2：用于驱动器伺服 ON 控制的 CNC 准备好输出；

VP/0V：输入驱动电源，可通过设定端 SA5 选择 DC5V 或 DC 24V。

② 主轴连接。KND100T 可输出控制主轴速度的 S 模拟量电压，并连接螺纹加工用的 1024P/r 编码器。S 模拟量由连接器 XS55 的 5 脚输出，2、3、4 脚为 0V。

主轴编码器通过连接器 XS51 连接，要求见表 7.3。

③ I/O 连接。连接器 XS54 用于 DI 信号连接，连接方式为源输入，驱动电源原则上应由外部提供；连接器 XS57 用于 DO 信号连接，输出形式为 NPN 晶体管集电极开路输出，负载驱动电源由外部提供。XS54、XS57 的信号连接要求分别如表 7.4、表 7.5 所示，表中带阴影的信号为常用信号，其他信号较少使用。

表 7.3 XS51 与主轴编码器连接要求

引脚	3	4	5	6	7	8	12/13	14/15
信号	*C	C	*B	B	*A	A	5V	0V

表 7.4 DI 信号连接器 XS54 连接要求

连接端	代号	名 称	功 能
XS54-1/2/3	UI6/5/4	宏程序输入	可通过用户宏程序读入的开关量输入 6/5/4
XS54-4	TW	尾架控制输入	输入"ON→OFF→ON"，TWJ/TWT 交替输出 1/0
XS54-5/6	—	—	标准系统不使用
XS54-7	*ESP1	急停输入	常闭输入，"0"CNC 急停
XS54-8	T06	刀号输入	实际刀位 6 输入
XS54-9	*TCP	刀架锁紧输入	刀架已锁紧，可通过 CNC 参数设定取消。
XS54-10	—	—	标准系统不使用

续表

连接端	代号	名　称	功　能
XS54-11/12	T03/T01	刀号输入	实际刀位 3/1 输入
XS54-13	—	—	标准系统不使用
XS54-14	UI7	宏程序输入	可以通过用户宏程序读入的开关量输入 7
XS54-15	QP	卡盘控制输入	输入"ON→OFF→ON"，QPJ/QPS 交替输出 1/0
XS54-16	—	—	标准系统不使用
XS54-17	* DECZ	Z 轴参考点减速信号	连接 Z 轴参考点减速开关
XS54-18	PSW	压力报警输入	压力报警输入，可通过 CNC 参数设定取消。
XS54-19/20/21	T08/07/05	刀号输入	实际刀位 8/7/5 输入
XS54-22	—	—	标准系统不使用
XS54-23	* DECX	X 轴参考点减速信号	连接 X 轴参考点减速开关
XS54-24/25	T04/02	刀号输入	实际刀位 4/2 输入

表 7.5　DO 信号连接器 XS57 连接要求

连接端	代号	名　称	功　能
XS57-1	VOI	蜂鸣器输出	报警、手动主轴、换刀提示
XS57-2	M10	M 代码输出	执行 M10 代码时输出 ON
XS57-3	M04	M 代码输出	执行 M4 代码时输出 ON，通常为主轴反转
XS57-4	M05	M 代码输出	执行 M5 代码时输出 ON，通常为主轴停止
XS57-5	ENB	主轴使能输出	S 代码不为 0，输出 ON
XS57-6	QPJ	卡盘夹紧输出	输入 QP"ON→OFF→ON"，QPJ 交替输出 ON→OFF
XS57-7	TL-	刀架反转输出	刀号一致时，刀架反转锁紧时输出 ON
XS57-8	TWT	尾架松开输出	输入 TW"ON→OFF→ON"，TWT 交替输出 OFF→ON
XS57-9	M33	M33 代码输出	M33 代码及手动润滑 OFF 输出
XS57-10/11	UO2/1	用户宏程序输出	用户宏程序输出 2/1
XS57-12	M09	M09 代码输出	M09 代码及手动冷却 OFF 输出
XS57-13	—	—	标准系统不使用
XS57-14	M32	M 代码输出	M32 代码及手动润滑 ON 输出
XS57-15	M03	M 代码输出	执行 M3 代码时输出 ON，通常为主轴正转
XS57-16	M08	M 代码输出	M08 代码或手动冷却 ON 输出
XS57-17	ZD	主轴制动输出	主轴停止后输出 ON，可作为主轴制动器控制信号
XS57-18	TWJ	尾架夹紧输出	输入 TW"ON→OFF→ON"，TWJ 交替输出 ON→OFF
XS57-19	TL＋	刀架正转输出	执行 T 代码换刀时，输出 ON
XS57-20	QPS	卡盘松开输出	输入 QP"ON→OFF→ON"，QPS 交替输出 OFF→ON
XS57-21	FNL	程序结束输出	执行程序结束 M30 代码时输出 ON
XS57-22	M11	M11 代码输出	M11 代码输出
XS57-23/24	UO0/3	用户宏程序输出	用户宏程序输出 0/3
XS57-25	—	—	主轴模拟量输出时不使用

3. CNC 控制系统设计

根据以上要求设计的普及型数控车床控制系统电路图如图 7.22～图 7.27 所示，简要说明如下。

① 伺服控制电路。安川伺服驱动器的主电源输入为三相 AC200V，控制电源为 AC200V；驱动器通过伺服变压器变压；控制电源在机床总电源接通后直接加入，主电源通过主接触器控制。

驱动器的位置给定脉冲输出直接与 CNC 连接；零脉冲信号 PCO 连接到 CNC，用于坐标轴的回参考点控制。驱动器的报警输出 ALM 用于 CNC 的驱动器报警 ALM 输入；驱动器的伺服 ON（S-ON）信号利用 CNC 准备好信号 MRDY 控制；CNC 的驱动器准备好信号 DRDY 不使用。

② 主轴控制电路设计。三菱 FR-A740-7.5K-CH 变频器的频率给定输入信号为 DC0～10V 模拟电压，CNC 的 S 模拟量输出可直接连接变频器的频率给定输入端 2、5。螺纹车削需要的主轴位置检测信号由 1024P/r 编码器提供，编码器信号直接连接到 CNC 的 XS51 连接器上。

变频器的电机转向信号通过输入信号 STF/STR 控制，CNC 的 M03/M04 输出通过中间继电器转换为 STF/STR 控制触点信号；变频器可在停止信号 STOP 断开或 STF/STR 均断开时自动停止，可以不使用 CNC 的 M05 信号。

③ CNC 控制电路。机床所使用的 CNC-DI 信号有 X/Z 参考点减速、急停、刀号输入等，参考点减速信号直接连接减速开关输入；急停由伺服启动信号控制；刀号输入直接来自电动刀架的霍尔检测元件。

机床所使用的 CNC-DO 信号有主轴正反转（M03/M04）信号、冷却控制（M08）信号和刀架正反转（TL＋/TL－）信号，输出信号通过中间继电器控制对应的强电回路。

【思考与练习】

1. 识读电路原理图 7.22～图 7.24，并回答以下问题。

（1）图 7.22 中的 F1、Q1、Q2、F11 分别代表什么电气元件？它们各有什么作用？

（2）根据图 7.22，分析 CNC 电源在什么情况下接通，这样处理有什么优点。

（3）根据图 7.23，分析伺服驱动器的控制电源、主电源各在什么情况下接通，这样处理有什么优点。

（4）根据图 7.24，分析变频器的控制电源、主电源各在什么情况下接通，这样处理有什么优点。

2. 根据图 7.25、图 7.26，完成以下练习。

（1）参照图 7.21 和项目 5 中图 5.31，画出 CNC 的 MRDY 信号的连接电路图，说明接口电路工作原理，并计算驱动器输出 ON 信号时，S-ON 信号的实际工作电流。

（2）参照图 7.21 和项目 5 中图 5.32，画出 CNC 的 DALM 信号连接电路图，说明接口电路工作原理，并计算驱动器报警时，DALM 信号的实际工作电流。

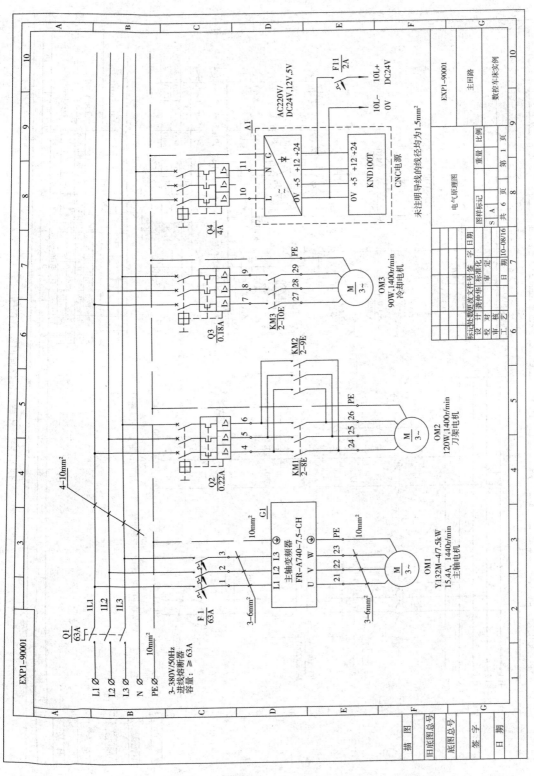

图 7.22　数控车床主回路原理图

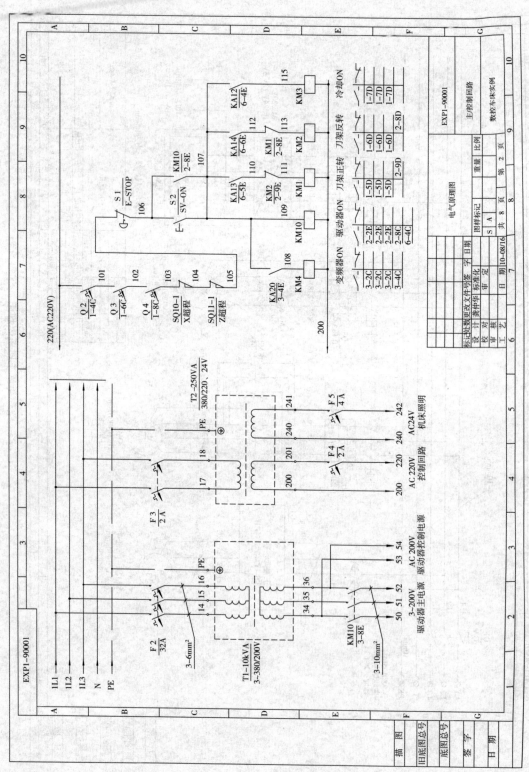

图 7.23 数控车床控制回路原理图

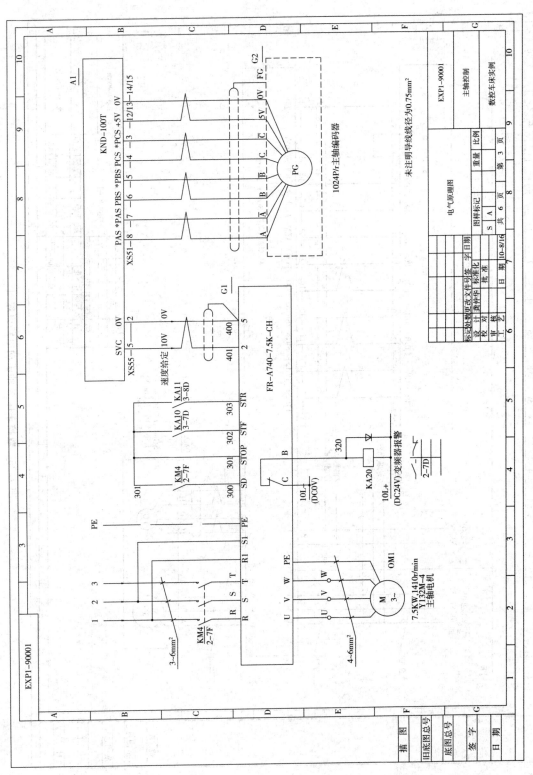

图 7.24 数控车床主轴驱动电路原理图

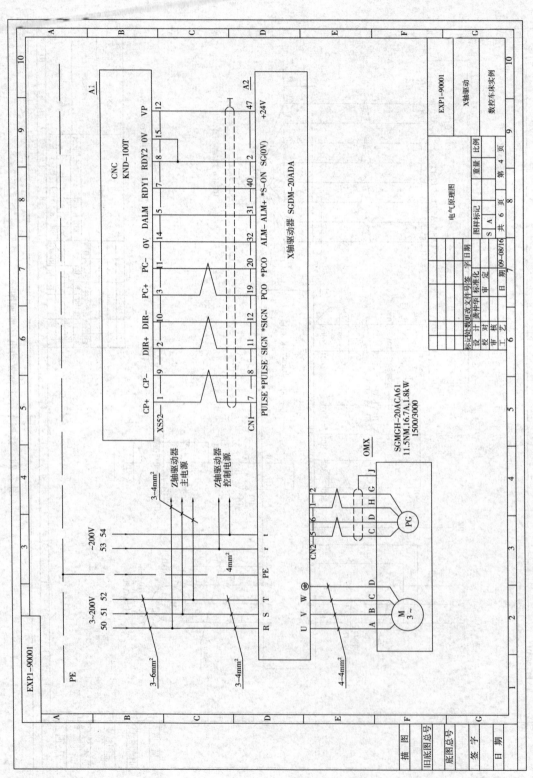

图 7.25 数控车床 X 轴驱动电路原理图

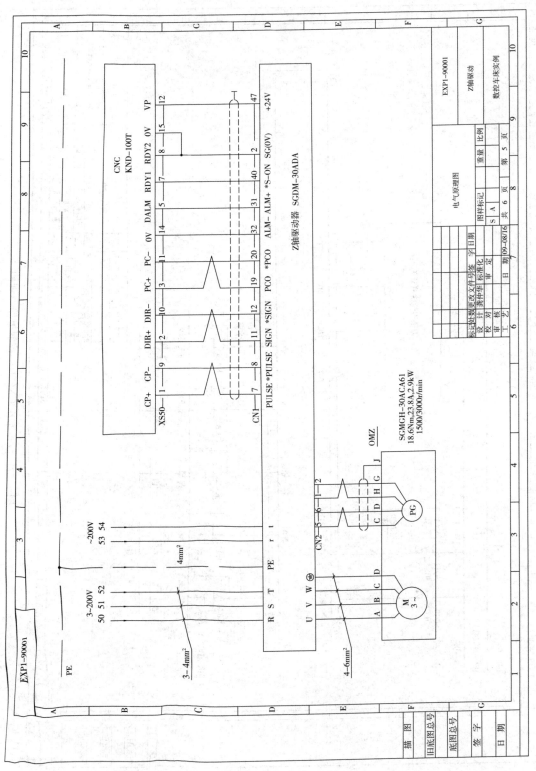

图 7.26 数控车床 Z 轴驱动电路原理图

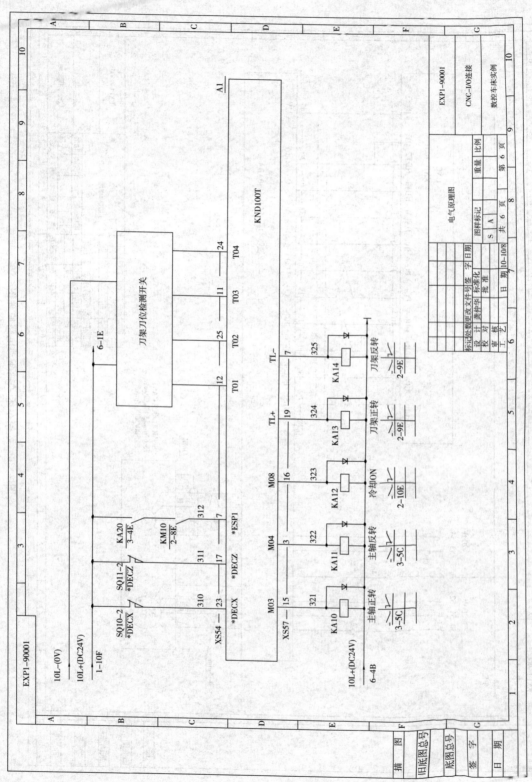

图 7.27 数控车床 CNC-I/O 控制电路原理图

任务2 数控系统功能调试

知识目标：

1. 了解数控系统调试的基本内容；
2. 掌握 CNC 的进给轴参数的计算、设定和进给轴调试方法；
3. 掌握 CNC 的主轴控制参数的计算、设定和主轴调试方法；
4. 掌握国产普及型 CNC 换刀控制参数的设定和自动换刀调试方法。

工作内容：

1. 能进行 CNC 参数的检查、设定；
2. 能计算、设定普及型 CNC 的进给轴参数；
3. 能计算、设定普及型 CNC 的主轴参数；
4. 能设定普及型 CNC 的换刀控制参数；
5. 能完成普及型 CNC 的调试。

【相关知识】

一、CNC 调试的基本内容

数控设备的调试是验证设计思想、实现功能指标、保证动作可靠，直至形成产品的全过程，它需要对 CNC、驱动器及机械、气动、液压、润滑、冷却等部件进行综合的调整和试验。

CNC 调试包括硬件和软件两方面。CNC 硬件调试主要是进行 CNC 控制系统的线路检查与试验，其方法与其他电气控制系统并无区别。CNC 软件调试主要包括 CNC 参数设定、位置与速度调整、定位精度补偿、PLC（PMC）程序调试等；国产普及型 CNC 一般无 PLC 或只有简单的 PLC 功能，因此，通常只需要进行 CNC 功能调试、伺服调试和主轴调试。普及型 CNC 配套的是通用型伺服驱动或步进驱动器。

1. CNC 功能调试

实现 CNC 功能需要准确设定 CNC 参数、按要求提供控制信号，因此，CNC 功能调试实际上是按照设备的控制要求，设定与优化 CNC 参数、协调 I/O 信号动作的过程。通常而言，国产普及型 CNC 的功能调试主要包括如下三方面内容。

① 基本功能调试。基本功能主要是指 CNC 的坐标轴位置控制、操作/显示、编程等功能。在普及型 CNC 上，位置控制和回参考点的参数调整与优化是 CNC 基本功能调试的主要内容，操作/显示、编程等功能调试原则上只需要根据 CNC 使用手册正确设定相关参数即可。

② 辅助功能调试。在 CNC 上，除坐标轴运动控制外的其他功能统称辅助功能，它通常包括主轴速度控制（S 机能）、换刀控制（T 机能）、辅助机能（M、B、E 机能）等。辅助功能调试不但需要设定正确的参数，且还需要准确提供相关 I/O 信号，它是 CNC 参数、PLC 程序、I/O 器件、机械运动部件的联合调整过程，但国产普及型数控的辅助功能十分有限，其调试较为简单。

③ 选择功能调试。选择功能是用来提高 CNC 性能或满足机床特殊控制要求的功能，它需要特殊的软件、硬件支持，有时还需要外部提供 I/O 信号。国产普及型数控只有简单的选择功能，它们可通过参数的设定予以生效，通常不需要进行选择功能的调试。

2. 伺服调试

伺服驱动系统是将 CNC 的位置指令脉冲信号转换为实际机床运动的中间环节，伺服调试的主要目的是通过设定与优化驱动器参数，保证机床的定位位置、运动轨迹、运动速度的稳定，使动态响应快速、稳定、可靠。伺服驱动器与 CNC、机床的匹配以及系统动静态性能的调整是伺服调试的主要内容。

普及型数控系统使用的是具有位置控制功能的通用型伺服驱动器，CNC 和伺服驱动器是相对独立的部件，驱动器有独立的调试用操作/显示单元，因此，只要 CNC 能正确输出位置指令脉冲，驱动系统的位置、速度、转矩控制参数的设定与调整均可直接在驱动器上进行。

3. 主轴调试

主轴驱动系统用来控制金属切削机床的刀具切削速度，它是将 CNC 加工程序中的 S 代码转换为实际主轴速度的中间环节。普及型数控一般不具备位置控制功能，其主轴功能较简单，通常以通用型变频器作为调速装置，有的甚至为纯机械变速，因此，多数情况下只需要保证 CNC 能输出与 S 代码相对应的模拟电压便可。CNC 的主轴模拟量输出可通过变速挡输入信号、模拟量输出调整等功能改变；普及型数控配套的变频器种类繁多，其调试简单、通用，其内容可参见变频器生产厂家提供的说明书。

二、位置控制功能与参数

普及型 CNC 本质上是一种能进行插补运算并输出位置指令脉冲的脉冲发生器，因此位置控制功能调试的目的是通过 CNC 参数的设定与调整，在 CNC 的伺服接口上输出数量、频率分别与移动距离、速度对应的位置指令脉冲，以控制伺服驱动器或步进驱动器，驱动坐标轴（刀具）按要求的速度与距离运动。

KND100 普及型 CNC 的位置控制功能参数如下。

1. 脉冲当量

脉冲当量是指 CNC 输出的一个指令脉冲所对应的坐标轴实际移动量，例如，脉冲当量为 0.001mm 时，若坐标轴需要移动 1mm，则 CNC 应输出 1000 个脉冲等。

国产普及型 CNC 的脉冲当量可通过 CNC 电子齿轮比参数进行设定，KND100 的参数号如下：

① PRM015/016/017（CMRn）分别为 X/Y/Z 轴的电子齿轮比分子（亦称指令倍乘系数，参数代号中的 n 代表 X、Y、Z，下同）；

② PRM018/019/020（CMDn）分别为 X/Y/Z 轴的电子齿轮比分母（亦称指令分频系数）。

电子齿轮比的设定需要注意以下问题。

① KND100 的 CNC 分辨率、插补运算单位均固定为 0.001mm，因此改变电子齿轮比是改变脉冲当量的唯一途径。

② 由于车床控制的 CNC 无 Y 轴，因此在 KND100T 上，参数 PRM016/PRM019 对应

Z 轴，PRM017/PRM020 不使用。

③ 指令倍乘、指令分频是对 CNC 输出脉冲数量的调整，而并不是直接改变单位（脉冲当量）。例如，对于 1mm 移动量，如插补单位为 0.001mm，未经电子齿轮比处理的 CNC 输出的指令脉冲数 P_p 应为 1000；而设定 $CMR=1$、$CMD=2$ 时，CNC 实际输出的指令脉冲数量 P_c 将变为

$$P_c = P_p \times \frac{CMR}{CMD} = \frac{1}{0.001} \times \frac{1}{2} = 500$$

即输出 500 脉冲对应于 CNC 上的 1mm 移动量，也就是说，对于上述设定，其脉冲当量将成为 0.002mm。因此，通过电子齿轮比调整后的指令脉冲当量（单位脉冲的移动量）为

$$\delta = 0.001 \times CMD/CMR \, (mm)$$

参数 CMR、CMD 的设定范围均为 1～127。

④ CMR、CMD 的设定与 CNC 配套的驱动器有关，当 CNC 配套通用交流伺服驱动器时，伺服驱动器也可进行电子齿轮比的设定，为了方便计算，可直接将 CNC 上的参数 CMR、CMD 设定为"1"。然而，如 CNC 配套的是只具有脉冲放大功能的步进驱动器，则必须通过 CMR、CMD 使得机床的实际移动量与 CNC 显示相一致。

2. 脉冲频率

普及型 CNC 的指令脉冲输出频率直接决定了坐标轴的移动速度，KND100 的与此相关的主要参数如下。

① PRM004.7（OTFP）：位置指令脉冲的最高输出频率，设定"1"为 512kHz，设定"0"为 32kHz。

② PRM038/039/040（RPDFn）：分别为 X/Y/Z 轴快速移动速度（G00）设定（mm/min），KND100T 只使用 PRM038/039（X/Z 轴）。

③ PRM045（FEDMX）：X/Y/Z 轴共同的最大切削进给速度（G01）设定（mm/min）。

指令脉冲的最高频率是 CNC 的内部极限值，在任何情况下，CNC 的输出脉冲频率不能超过此设定值，因此，以上参数的设定应满足如下关系（OTFP 需要折算为速度）：

$$FEDMX \leqslant RPDF \leqslant OTFP$$

3. 加减速

加减速参数设定的是指令脉冲频率从 0 上升到最大值或是从最大值下降到 0 的时间。如果 CNC 配套使用伺服驱动器，加减速时间也可在伺服驱动器上设定或修正，先进的驱动器还可以使用 S 型加减速等功能。但是，如 CNC 配套的是步进驱动器，则必须对加减速参数进行正确的设定，以确保步进电机加减速时不产生"失步"。

普及型 CNC 的加减速一般只有两种形式：快速移动时为线性加减速，切削进给和手动进给时为指数加减速。KND100 对应的设定参数如下：

① PRM041/042/043（LINTn）：分别为 X/Y/Z 轴快速移动线性加减速时间设定（ms），KND100T 只使用 PRM041/042（X/Z 轴）；

② PRM047（FEEDT）：所有轴通用的切削进给和手动指数加减速时间设定（ms）。

4. 运动方向

为使得 CNC 的位置显示与实际刀具移动方向一致，普及型 CNC 一般可通过用参数直接

改变指令脉冲的方向（DIR 信号的极性）的方法调整运动方向，KND100 的参数如下：

① PRM008.0/1/2（DIRn）：通过参数设定值"0"与"1"的变换，可改变指令脉冲输出 DIR 信号的极性或变换正/反转脉冲输出，在 KND100T 上，PRM008.0/1 对应 X/Z 轴；

② PRM0011.5（RVDL）：指令脉冲方向信号输出时序，设定"0"，方向信号 DIR 与指令脉冲 CP 同时输出；设定"1"，方向信号 DIR 提前于指令脉冲 CP 输出。

三、回参考点功能与参数

采用增量位置检测器件的数控机床必须通过回参考点操作建立机床坐标系，回参考点操作可以使坐标轴在指定的位置（参考点）准确定位，以得到确定机床坐标系原点的基准。普及型 CNC 也可以通过控制位置指令脉冲输出，实现回参考点动作。

减速开关回参考点是普及型 CNC 常用的回参考点方式，其动作过程如图 7.28 所示。KND100 的与回参考点相关的 CNC 机床参数（PARAM）如下。

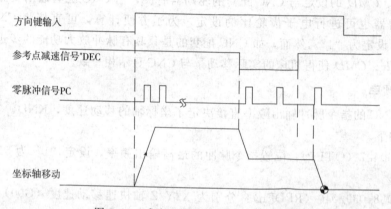

图 7.28　减速开关回参考点的动作过程

1. 功能设定

KND100 的回参考点需要设定的功能参数如下。

① PRM004.5（DECI）：参考点减速信号* DEC 的极性，设定"0"，减速信号* DEC 为"0"时减速（见图 7.28）；设定"1"，减速信号* DEC 为"0"时减速。

② PRM006.0/1/2（ZMn）：X/Y/Z 轴的回参考点运动方向，设定"0"，回参考点运动方向为正；设定"1"，回参考点运动方向为负。在 KND100T 上，PRM006.0/1 对应 X/Z 轴。

③ PRM007.0/1/2（ZCn）：X/Y/Z 轴的回参考点方式选择，设定"0"，减速开关回参考点方式；设定"1"，磁开关回参考点方式（不常用）。在 KND100T 上，PRM007.0/1 对应 X/Z 轴。

④ PRM011.2（ZRNL）：回参考点操作选择，设定"0"，手动回参考点时需要一直按住方向键，直到到达参考点；设定"1"，手动回参考点时只需要短时按一下方向键，便可自动完成回参考点动作。

⑤ PRM012.7（APRS）：机床坐标系自动设定选择，设定"0"，手动回参考点完成后不能自动设定机床坐标系；设定"1"，手动回参考点完成后可自动设定机床坐标系。

⑥ PRM014.0/1/2（ZRSn）：X/Y/Z 轴的回参考点功能选择，在 KND100T 上，

PRM007.0/1 对应 X/Z 轴，设定 "1"，回参考点功能有效；设定 "0"，回参考点功能无效。

2. 速度与位置设定

KND100 的回参考点速度与位置设定参数如下。

① PRM038/039/040（RPDFn）：X/Y/Z 轴快速移动速度设定（mm/min），KND100T 只使用 PRM038/039（X/Z 轴），本参数与 G00 运动通用。

② PRM052（ZRNFL）：回参考点减速时的移动速度（mm/min）。

③ PRM076/077/078（RPDFn）：X/Y/Z 轴参考点在机床坐标系上的位置值，此值可以在回参考点结束时自动设定，KND100T 只使用 PRM076/077（X/Z 轴）。

3. 方向选择

KND100 的手动回参考点操作还可以通过诊断参数 DGN（在 KND 手册中又称 PLC 参数）选定方向键。参数设定如下。

DGN199.0/1/2（MZRNn）：X/Y/Z 轴手动回参考点方向键选择，设定 "0"，执行手动回参考点操作时，只能使用正向键（正向回参考点）；设定 "1"，执行手动回参考点操作时，只能使用负向键（负向回参考点）。

四、主轴功能与参数

普及型 CNC 的主轴功能调试一般包括 S 模拟量输出功能参数和螺纹车削功能参数的设定与调整两部分内容。

S 模拟量输出功能调试的目的是在 CNC 的主轴连接接口上得到和加工程序 S 代码对应的可控制变频器等调速装置的模拟电压，使机床主轴按照 S 指令规定的转速旋转。

普及型 CNC 不具备主轴位置控制功能，但在螺纹加工时，可通过编码器对实际主轴角度检测，使得 Z 轴跟随主轴同步进给，螺纹车削功能调试的目的是建立两者的匹配关系。螺纹车削为 KND100T 的基本功能，只要按照要求连接主轴编码器，并设定相关参数（主轴编码器参数），便能直接使用。

普及型 CNC 的功能较简单，实际机床上较少使用主轴换挡等功能，主轴的转速调整也往往在变频器上进行，因此，本书将有关 S 模拟量输出增益、偏移调整，主轴传动级交换的基本概念一并归入全功能 CNC 的主轴调试中进行介绍（两者相同）。

由于控制要求不同，在 KND100M 与 KND100T 上，S 模拟量输出功能的参数有较大的区别，分别说明如下。

1. KND100M

KND100M 一般不用于螺纹车削加工，故不需要设定主轴编码器参数，S 模拟量输出功能的参数如下。

① PRM001.4（保密参数）：设定 "1"，S 模拟量输出功能有效，使用时 CNC 的 CPU 板上需安装 12 位 D/A 转换器；设定 "0"，S 模拟量输出功能无效。

② PRM044（PSANGN）：模拟量输出增益调整。CNC 的 S 模拟量输出与 S 代码成线性关系，改变最高转速时的模拟电压值，便可改变所有 S 代码下的模拟电压输出，使得编程的 S 代码与实际转速一致。本参数可调整最高编程转速 S 所对应的模拟电压输出值，设定 1000 对应 10V，参数设定范围为 700～1250。

③ PRM046（SPDLC）：模拟量输出偏移调整，利用本参数可以调整编程转速 S0 所对

应的模拟电压输出值，编程转速 S 为 0 时的实际转速接近于 0。

④ PRM056（GRIIMAX）：如果机床主轴附加有齿轮变速机构，本参数设定齿轮高速挡 10V 模拟电压输出所对应的转速。齿轮换挡需要连接相关 I/O 信号，如不使用主轴换挡功能，可直接设定本参数为 9999 或大于 PRM058 的其他任何值。

⑤ PRM057（GRHMIN）：如果机床主轴附加有齿轮变速机构，本参数设定齿轮高速挡的最低转速值，如不使用主轴换挡功能，可直接设定本参数为 0。

⑥ PRM058（GRLMAX）：如果机床主轴附加有齿轮变速机构，本参数设定齿轮低速挡 10V 模拟电压输出所对应的转速；如不使用主轴换挡功能，可直接设定本参数为主轴最高转速值。

⑦ PRM059（SPDMAX）：参数设定的是主轴最高转速时的数字量输出值，KND100 采用 12 位 D/A 转换器，可直接设定为 4095。

⑧ PRM060（SPDMIN）：参数设定的是主轴最低转速时的数字量输出值，可直接设定为 0。

2. KND100T

KND100T 可以进行螺纹车削加工，故需要设定主轴编码器参数，CNC 与主轴控制功能的参数如下。

① PRM001.4（保密参数）：S 模拟量输出功能设定，同 KND100M。

② PRM006.7/6（PSG2/1）：主轴/编码器的减速比。设定"00"为 1：1；"01"为 2：1；"10"为 4：1；"11"为 8：1；为了保证主轴零位唯一，编码器最好与主轴 1：1 连接；如果使用减速器，则必须保证编码器转速低于主轴转速。

③ PRM036（PSANGN）：S 模拟量输出增益调整，同 KND100M 参数 PRM044。

④ PRM056（SPDLC）：S 模拟量输出偏移调整，同 KND100M 参数 PRM046。

⑤ PRM057/058/059（GRLMAX1/2/3）：KND100T 允许使用 4 挡变速，参数设定的是齿轮变速 1/2/3 挡 10V 模拟电压输出所对应的转速，同 KND100M 参数 PRM056。

⑥ PRM060（GRLMAX4）：齿轮变速 4 挡 10V 模拟电压输出对应的转速，同 KND100M 参数 PRM058。

五、换刀功能与参数

普及型 CNC 没有内置式 PLC，功能十分有限，一般也不能实现加工中心换刀所需的主轴定向准停功能，因此，其换刀功能通常只能用于数控车床（T 系列 CNC）的电动刀架控制，而不能用于加工中心（M 系列 CNC）。

在 KND100T 上，电动刀架控制涉及刀号检测、刀架电机正反转输出等 I/O 信号，因此，不但需要设定机床参数，而且还需要进行诊断参数（亦称 PLC 参数）的设定。在调试阶段，应根据实际机床进行参数的设定与调整。

1. 换刀动作

KND100T 的换刀参数按照标准的电动刀架动作设置，电动刀架的动作见图 7.29。

① CNC 执行换刀指令，如现行刀号输入与程序中的 T 代码不一致，CNC 输出刀架正转信号 TL＋。

② 利用 TL＋输出接通刀架电机的正转接触器，刀架电机正转、刀架自动抬起（松开）

并正转选刀。

③ 如需要的到位信号到达（现行刀号输入＝T 代码），TL＋输出断开，刀架电机停止。

④ 经过诊断参数 DGN210 设定的延时时间，CNC 输出刀架反转信号 TL－。

⑤ 利用 TL－输出接通刀架电机的反转接触器，刀架电机反转，刀架自动夹紧。

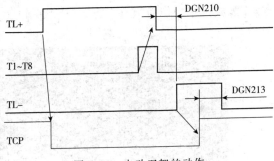

图 7.29 电动刀架的动作

⑥ 如果刀架安装有锁紧检测开关 TCP，则在锁紧开关 TCP 动作后，经过延时诊断参数 DGN213 设定的时间，TL－输出断开，电机停止，换刀结束。如果刀架无锁紧检测开关 TCP，则设定参数 PRM011.0（TCPS）＝0，诊断参数 DGN213 设定的延时即为刀架反转信号 TL－的输出时间，延时时间到达后，TL－输出断开，电机停止，换刀结束。对于后一种情况，诊断参数 DGN213 设定的延时应足够长，以确保刀架可靠锁紧。

2. 机床参数

① PRM011.0（TCPS）：刀架锁紧信号的极性选择，设定"0"，刀架锁紧信号"0"代表锁紧；设定"1"，刀架锁紧信号"1"代表锁紧；如果不使用锁紧信号，应设定为"0"。

② PRM011.1（TSGN）：刀位信号的极性选择，设定"0"，刀位信号"1"代表到位；设定"1"，刀位信号"0"代表到位；对于使用 NPN 集电极开路输出式霍尔元件的电动刀架，应设定为"1"。

3. 诊断参数

① DGN203：现行刀号，首次调试时设定此值与实际刀号一致，换刀时可自动设定。

② DGN212：电动刀架的刀位总数（KND100T 最大允许 8）。

③ DGN205/204（Ta）：极限换刀时间设定，二进制格式数据，单位为 64ms。如果在本时间内 T 代码指定的到位信号没有到达，将产生换刀时间过长（ALM05）报警。

④ DGN210（T1）：刀架反转延时，设定从正转信号 TL＋输出断开到反转信号 TL－输出的延时。

⑤ DGN211（Tb）：刀架允许的最大锁紧时间，二进制格式数据，单位为 64ms。如果在刀架反转信号 TL－输出后，在本设定时间内未收到刀架锁紧信号，将产生锁紧时间过长（ALM11）报警。

⑥ DGN213（T2）：刀架锁紧延时，二进制格式数据，单位为 64ms。设定锁紧信号输入到刀架反转信号 TL－输出断开的延时，不使用锁紧信号时直接指定刀架反转锁紧时间。

【任务实施】

一、KND100 操作面板布置

KND100 的 CNC、MDI/LCD 单元、I/O 模块、机床操作面板集成一体，称为 CNC 基本单元，其外形如图 7.30 所示，操作界面分为 LCD 与软功能键（左上方）、MDI 键盘（右上方）、集成机床操作面板（下方）三大部分。

图 7.30　KND100 的 CNC 基本单元

① LCD 与软功能键。KND100 可选择 6 英寸（640×480）单色或 7.4 英寸彩色 LCD；LCD 下有图 7.31 所示的 F1～F5 五个软功能键和菜单扩展、返回键，可用于显示切换。

② MDI 键盘。KND100 的 MDI 键盘布置如图 7.32 所示。

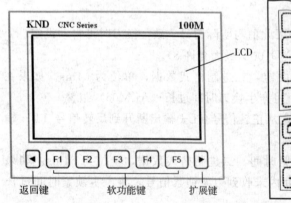

图 7.31　LCD 与软功能键

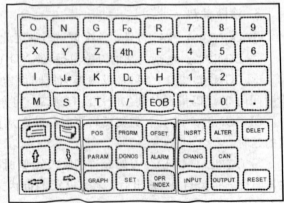

图 7.32　MDI 键盘布置

③ 集成机床操作面板。KND 集成机床操作面板用于机床控制，外观布置如图 7.33 所示。面板布置有 CNC 操作方式选择、程序运行控制、坐标轴手动操作键以及主轴、冷却、换刀等机床常用操作控制的按键，可基本满足机床的操作需要。

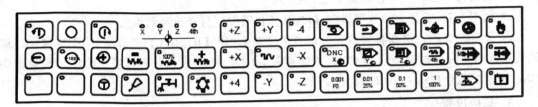

图 7.33 集成机床操作面板布置

二、KND100 调试操作

1. 参数保护及解除

CNC 调试需要设定参数，正常使用时，CNC 的参数处在"写入保护"状态，设定前需要通过以下操作取消写入保护功能。

① 将 CNC 的操作方式置"录入（MDI）"方式，并打开附加机床操作面板上的程序编辑保护开关。

② 按操作面板上的【SET】键，选择"设定"页面。

③ 按选页键或软功能键【设置 2】，可显示图 7.34 所示的参数保护页面。

④ 按光标移动键，将参数开关设置为"开"，CNC 显示 P/S100 报警。

⑤ 进行机床参数和诊断参数的设定、修改。

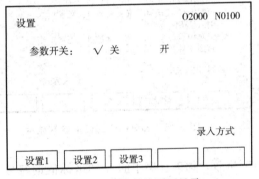

图 7.34 参数保护页面显示

⑥ 设定完成后重新将参数开关设置为"关"。

⑦ 用【RESET】键清除 P/S100 报警。

2. 参数的设定

KND100 的参数包括刀具补偿参数、设定参数、机床参数、诊断参数四类，可分别通过 MDI 键盘上的功能键【OFSET】、【SET】、【PARAM】、【DGNOS】在 LCD 上显示，并根据实际需要进行设定与调整。

刀具补偿参数（OFSET）：车刀刀尖半径和位置偏置值或铣刀半径补偿和长度偏置值。

设定参数（SET）：与编程相关的参数（包括用户宏程序参数等）。

机床参数（PARAM）：与 CNC 功能、I/O 信号相关的参数，这是 CNC 调试的主要内容。

诊断参数（DGNOS）：与维修相关的参数。

参数设定的操作步骤如下。

① 将 CNC 的操作方式置"录入（MDI）"方式，并打开附加机床操作面板上的程序编辑保护开关。

② 解除参数保护功能。

③ 按相应的参数选择键，显示需要设定的参数。

④ 利用选页键、光标移动键选定参数号。

⑤ 利用 MDI 键盘上的数字键和【INPUT】键设定与修改参数值。

⑥ 设定完成后，重新将参数开关设置为"关"，用【RESET】键清除 P/S100 报警。如果被修改的参数需要重新启动 CNC 才能生效，CNC 将显示 000 号报警，此时只需要关闭 CNC 电源，重新启动 CNC 即可。

3. 其他设置

KND100 的四类参数中，刀具补偿参数（OFSET）是加工程序输入的一部分，属于数控机床操作与编程的内容；诊断参数（DGNOS）多用于维修。机床参数（PARAM）和设定参数（SET）是普及型数控系统调试时需要进行设定与调整的主要参数。

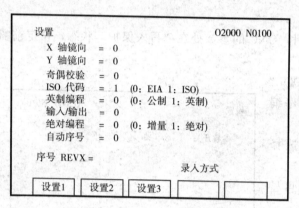

图 7.35　KND100 的设定参数显示

KND100 的设定参数（SET）包括【设置1】、【设置2】、【设置3】三类，【设置2】为参数保护功能设置，作用见前述；【设置3】为用户宏程序参数设置，也属于加工程序的范围；【设置1】中的部分参数与 CNC 调试有关，如图 7.35 所示。

X 轴镜像（序号 REVX）：设定"1"生效，加工程序中的 Y 轴坐标值的符号（方向）将被自动取反，其实际加工轨迹和编程轨迹为 X 轴对称。

Y 轴镜像（序号 REVY）：设定"1"生效，加工程序中的 X 轴坐标值的符号（方向）将被自动取反，其实际加工轨迹和编程轨迹为 Y 轴对称。

奇偶校验（序号 TVON）：KND100 目前不使用该功能。

ISO 代码（序号 ISO）：设定"1"，加工程序为 ISO 标准代码；设定"0"，加工程序为 EIA 标准代码。

英制编程：设定"1"生效，加工程序应以英制尺寸编程。

输入/输出：设定"0"，RS232C 接口按机床参数 PRM068 设定的波特率输入/输出。

绝对编程：当 KND100 选择在 MDI 方式下执行运动指令时，设定"0"，坐标尺寸为绝对值输入；设定"1"，坐标尺寸为增量值输入。

自动序号：当 KND100 选择 EDIT 方式输入程序时，设定"1"，自动插入程序段号 N，N 以参数 PRM066 设定值增加。

三、位置控制参数计算

CNC 的电子齿轮比参数 CMR/CMD、脉冲频率的设定与 CNC 配套的驱动器有关。当 CNC 配套通用交流伺服驱动器时，由于驱动系统具有足够的加减速转矩，且能通过伺服驱动器上的电子齿轮比参数来调整实际移动距离，因此，可直接将 CNC 的 CMR/CMD 参数设定为"1"，最高脉冲频率选择为 512kHz。

如 CNC 配套步进驱动器，由于驱动器只具有脉冲放大功能，且步进电机受最高运行频率的制约，所以必须准确设定 CMR/CMD，使得机床的实际移动量与 CNC 显示一致；并合理确定坐标轴的运动速度，确保电机不"失步"。

假设某配套 KND100T 的经济型 CNC 车床采用 STEPDRIVE C/C⁺ 系列步进驱动器和 BYG55 系列步进电机，进给系统主要参数如下：

X 轴：电机与滚珠丝杠直接连接，丝杠导程为 4mm/r，步进驱动器的电机每转步数设定为 1000p/r；

Z 轴：电机与滚珠丝杠直接连接，丝杠导程为 6mm/r，步进驱动器的电机每转步数设定为 1000p/r。

根据进给系统参数，可得到 X、Z 轴的进给系统的脉冲当量分别为：

$$\delta_X = 4/1000 = 0.004(\text{mm})$$

$$\delta_Z = 6/1000 = 0.006(\text{mm})$$

因此，如果设定 X、Z 轴的 $CMR=1$，则根据前述的脉冲当量计算式有：

$$CMD_X = \frac{\delta_X \times CMR_X}{0.001} = 4$$

$$CMD_Z = \frac{\delta_Z \times CMR_Z}{0.001} = 6$$

该 KND100T 的电子齿轮比设定为：

X 轴：PRM015=1，PRM018=4；

Z 轴：PRM016=1，PRM019=6。

假设经济型 CNC 车床要求的 X、Z 轴快进速度为分别为 3m/min、6m/min，最大切削进给速度为 1m/min，计算 KND100T 在快速移动和切削进给时的最高输出脉冲频率，确定 CNC 的相关参数，并验证步进电机是否存在"失步"。

根据脉冲当量，可得到 CNC 的位置指令脉冲输出频率 f 的计算式为：

$$f = \frac{F}{60 \times \delta}$$

式中，F 为实际移动速度，mm/min；δ 为脉冲当量，mm。

因此，机床在快速移动时 CNC 的最高输出脉冲频率分别为：

$$f_{RX} = 3000/(60 \times 0.004) = 12500(\text{Hz})$$

$$f_{RZ} = 6000/(60 \times 0.006) = 16667(\text{Hz})$$

在切削进给时 CNC 的最高输出脉冲频率为：

$$f_{FX} = 1000/(60 \times 0.004) = 4167(\text{Hz})$$

$$f_{FZ} = 1000/(60 \times 0.006) = 2778(\text{Hz})$$

BYG55 系列步进电机的最高运行频率为 20kHz，可满足机床的快速要求，故 KND100T 的脉冲频率参数可以设定为：

PRM004.7=0，CNC 的指令脉冲输出最高频率为 32kHz；

PRM038=3000，PRM039=6000，X、Z 轴快进速度为分别为 3m/min、6m/min；

PRM045=1000，X、Z 轴的最大切削进给速度为 1m/min。

假设某配套 KND100T 的经济型 CNC 车床配套三相反应式步进电机驱动系统，X 轴进给系统的主要参数如下：

机械结构：电机与滚珠丝杠直接连接，丝杠导程为 5mm/r；

步进驱动：步进电机型号为 110BC380C，步距角为 0.75°，空载最高运行频率 12kHz，步进驱动器无细分功能。

对于无细分功能的步进电机驱动系统，脉冲当量的计算式为：

$$\delta = \frac{\alpha}{360}h$$

式中　α——电机步距角，(°)；

　　　h——电机每转移动量，mm；

　　　δ——脉冲当量，mm。

本机床电机与丝杠直接连接，电机每转移动量就是丝杠导程，因此可得：

$$\delta_x = 0.75 \times 5/360 = 0.0104 \text{(mm)}$$

故可得到 CNC 的电子齿轮比参数为：

$$\frac{CMD}{CMR} = \frac{\delta_x}{0.001} = \frac{125}{12}$$

故 KND100T 的电子齿轮比可以设定为：PRM015＝12，PRM018＝125。

快进速度 V_m 应根据步进电机的空载最高运行频率 f_m 计算，其计算式为：

$$V_m \leqslant f_m \times \delta \times 60 \text{(mm/min)}$$

对于本机床有：$V_m \leqslant 7500 \text{mm/min}$。

为此，可以初步设定 X 轴的快进速度为 6000mm/min 左右，由于机床实际能够达到的快进速度与机械传动系统的结构、摩擦阻力、运动部件的质量等诸多因素有关，机床最终的快进速度需要通过实际运行试验，并在此基础上进行修正。

【思考与练习】

试参照任务一中的相关技术参数确定具有以下技术要求的机床的相关参数（包括诊断参数），完成表 7.6。

① X 轴：快进速度 6mm/min，脉冲当量 0.001mm，回参考点方向为正向，参考点坐标值为"0"；Z 轴：快进速度 12mm/min，脉冲当量 0.001mm，回参考点方向为正向，参考点坐标值为"0"。

② 刀架：使用 4 刀位标准电动刀架，刀位检测信号为 NPN 晶体管集电极开路输出式霍尔元件，刀架不使用锁紧信号，初始刀号为"1"。刀架反转延时为 1s，反转锁紧时间为 4s，极限换刀时间为 40s。

③ 主轴：转速范围 0～1800r/min，编码器与主轴直接连接。

表 7.6　数控车床主要参数设定表

类别	参数代号	参数号	意　义	设定值	说　明
位置控制参数	CMRX	PRM015	X 轴电子齿轮比分子	1	CMR/CMD 在驱动器上设定
	CMRZ	PRM016	Z 轴电子齿轮比分子	1	
	CMDX	PRM018	X 轴电子齿轮比分子	1	
	CMDZ	PRM019	Z 轴电子齿轮比分子	1	
	RPDFX				
	RPDFZ				
	OTFP				

续表

类别	参数代号	参数号	意　义	设定值	说　明
回参考点参数	DECI				
	ZMX				
	ZMZ				
	ZCX				
	ZCZ				
	APRS				
	ZRSX				
	ZRSZ				
	PRSX				
	PRSZ				
	MZRNX				
	MZRNZ				
主轴参数	—	PRM001.4			
	PSG2/1				
	GRLMAX1				
	GRLMAX2				
	GRLMAX3				
	GRLMAX4				
刀架参数	TCPS				
	TSGN				
	Ta				
	T1				
	T2				
	—	DGN203			
	—	DGN212			

项目八

→ 工业机器人技术与应用

机器人（Robot）自从 1959 年问世以来，由于能够协助、代替人类完成那些重复、频繁、单调、长时间的工作，或进行危险、恶劣环境下的作业，发展非常迅速。随着人们对机器人研究的不断深入，出现了 Robotics（机器人学）这一新兴的综合性学科。

工业机器人（Industrial Robot，简称 IR）是用于工业生产环境的机器人的总称。用工业机器人替代人工操作，不仅可保障人身安全、改善劳动环境、减轻劳动强度、提高劳动生产率，而且还能够起到提高产品质量、节约原材料消耗及降低生产成本等多方面作用，因而，它在工业生产各领域的应用越来越广泛。

任务1 工业机器人结构与性能

知识目标：

1. 了解机器人的产生、发展和分类；
2. 熟悉工业机器人的组成与特点；
3. 熟悉工业机器人的结构形态；
4. 熟悉工业机器人的主要技术参数。

能力目标：

1. 能区分工业机器人和服务机器人；
2. 能区分垂直串联、水平串联、并联机器人；
3. 能根据作业要求选择工业机器人的结构和主要技术参数。

【相关知识】

一、机器人的产生、发展与分类

1. 机器人的产生

机器人（Robot）一词源自捷克著名剧作家 Karel Čapek（卡雷尔·恰佩克）1921 年创作的剧本《Rossumovi univerzální roboti》（罗萨姆的万能机器人，简称 R. U. R），由于 R. U. R 剧中的人造机器被取名为 Robota（捷克语，即奴隶、苦力），因此，英文 Robot 一词开始代表机器人。

机器人概念一经出现，便引起了科幻小说家的关注。自 20 世纪 20 年代起，机器人成为很多科幻小说、电影的主人公，如星球大战中的 C3P 等。科幻小说家的想象力是无限的，为了预防机器人可能引发的人类灾难，1942 年，美国科幻小说家 Isaac Asimov（艾萨克·阿西莫夫）在《I，Robot》的第 4 个短篇《Runaround》中，首次提出了"机器人学三原则"，它被称为"现代机器人学的基石"，这也是"机器人学（Robotics）"这个名词在人类历史上的首度亮相。

机器人学三原则的主要内容如下。

原则 1：机器人不能伤害人类，或因其不作为而使人类受到伤害。

原则 2：机器人必须执行人类的命令，除非这些命令与原则 1 相抵触。

原则 3：在不违背原则 1、原则 2 的前提下，机器人应保护自身不受伤害。

随后，Isaac Asimov 等科幻作家又对机器人学三原则提出了部分补充、修正意见，但这些大都是科幻作家对想象中机器人所施加的限制；实际上，目前人类的认识和科学技术还远未达到制造科幻片中的机器人的水平，制造具有类似人类智慧、感情、思维的机器人仍属于科学家的梦想和追求。

现代机器人的研发起源于 20 世纪中叶的美国。二战期间（1938—1945），随着军事、核工业的发展，在原子能实验室的恶劣环境下，需要有操作机械来代替人类进行放射性物质的处理。为此，美国的 Argonne National Laboratory（阿尔贡国家实验室）首先开发了一种遥控机械手（Teleoperator），接着在 1947 年又开发出了一种伺服控制的主-从机械手（Master-Slave Manipulator），这些都是工业机器人的雏形。

工业机器人的概念由美国发明家 George Devol（乔治·德沃尔）最早提出，他在 1954 年申请了专利，并在 1961 年获得授权。1958 年，美国著名的机器人专家 Joseph F·Engelberger（约瑟夫·恩盖尔柏格）建立了 Unimation 公司，并利用 George Devol 的专利，于 1959 年研制出了图 8.1 所示的世界上第一台真正意义上的工业机器人 Unimate，开创了机器人发展的新纪元。

图 8.1　工业机器人 Unimate

Joseph F·Engelberger 对世界机器人工业的发展作出了杰出的贡献，被人们称为"机器人之父"。1983 年，就在工业机器人销售日渐增长的情况下，他又毅然地将 Unimation 公司出让给了美国 Westinghouse Electric Corporation 公司（西屋电气，又译威斯汀豪斯电气公司），并创建了 TRC 公司，前瞻性地开始了服务机器人的研发工作。

从 1968 年起，Unimation 公司先后将机器人的制造技术转让给了日本 KAWASAKI（川崎）和英国 GKN 公司，机器人开始在日本和欧洲得到快速发展。据有关方面的统计，目前世界上至少有 48 个国家在发展机器人，其中的 25 个国家已在进行智能机器人开发，美国、日本、德国、法国等都是机器人的研发和制造大国，无论在基础研究还是产品研发、制造方面，都居世界领先水平。

2. 机器人的定义

由于机器人的应用领域众多、发展速度快，加上它又涉及人类的有关概念，因此，对于机器人，世界各国标准化机构，甚至同一国家的不同标准化机构，至今尚未形成一个统一、准确、公认的严格定义。

欧美国家一般认为，机器人是一种"由计算机控制、可通过编程改变动作的多功能、自动化机械"；而作为机器人生产大国的日本，则将机器人分为"能够执行人体上肢（手和臂）类似动作"的工业机器人和"具有感觉和识别能力、并能够控制自身行为"的智能机器人两大类。我国 GB/T 12643 标准所定义的工业机器人是一种"能够自动定位控制，可重复编程的、多功能的、多自由度的操作机，能搬运材料、零件或操持工具，用于完成各种作业"。

客观地说，欧美国家的机器人定义侧重其控制方式和功能，其定义和现行的工业机器人较接近；而日本的机器人定义，关注的是机器人的结构和行为特性，且已经考虑到了现代智能机器人的发展需要，其定义更为准确。

科学技术对未来是无限开放的，当代智能机器人无论在外观还是在功能、智能化程度等方面，都已超出了传统工业机器人的范畴；机器人正在源源不断地向人类活动的各个领域渗透，它所涵盖的内容越来越丰富，其应用领域和发展空间正在不断延伸和扩大，这也是机器人与其他自动化设备的重要区别。

3. 机器人的发展

机器人最早用于工业领域，主要用来协助人类完成重复、频繁、单调、长时间的工作，或进行高温、粉尘、有毒、辐射、易燃、易爆等恶劣、危险环境下的作业。随着社会进步、科学技术发展和智能化技术研究的深入，各式各样具有感知、决策、行动和交互能力，可适应不同领域特殊要求的智能机器人相继被研发，机器人已开始进入人们生产、生活的各个领域，并在某些领域逐步取代人类独立从事相关作业。根据机器人现有的技术水平，人们一般将机器人产品分为如下三代。

① 第一代机器人。第一代机器人一般是指能通过离线编程或示教操作生成程序，并再现动作的机器人，见图 8.2。第一代机器人所使用的技术和数控机床十分相似，它既可通过离线编制的程序控制机器人的运动，也可通过手动示教操作（数控机床称为 teach in 操作），记录运动过程并生成程序，并进行运动再现。

第一代机器人的全部行为完全由人控制，它没有分析和推理能力，不能改变程序动作，无智能性，其控制以示教、再现为主，故又称示教再现机器人。大多数工业机器人都属于第一代机器人。

② 第二代机器人。第二代机器人装备有一定数量的传感器，它能获取作业环境、操作对象等的简单信息，并通过计算机的分析与处理，作出简单的推理，并适当调整自身的动作和行为。例如，在图 8.3 所示的第二代机器人上，可通过所安装的摄像头及视觉传感系统识别图像，判断和规划探测车的运动轨迹，它对外部环境具有一定的适应能力。

图 8.2　第一代机器人

图 8.3　第二代机器人

第二代机器人已具备一定的感知和简单推理等能力，有一定的智能，故又称感知机器人或低级智能机器人，当前使用的大多数服务机器人或多或少都已经具备第二代机器人的特征。

③ 第三代机器人。第三代机器人具有高度的自适应能力，它有多种感知动能，可通过复杂的推理，作出判断和决策，自主决定机器人的行为，具有相当程度的智能，故称为智能机器人。第三代机器人目前主要用于家庭、个人服务及军事、航天等领域，总体尚处于实验和研究阶段，目前还只有美国、日本、德国等少数发达国家能掌握和应用。

例如，日本 HONDA（本田）公司最新研发的图 8.4（a）所示的 Asimo 机器人，不仅能完成跑步、爬楼梯、跳舞等动作，且还能进行踢球、倒饮料、打手语等简单智能动作。日本 Riken Institute（理化学研究所）最新研发的图 8.4（b）所示的 Robear 护理机器人，其肩部、关节等部位都安装有测力感应系统，可模拟人的怀抱感，它能够像人一样，柔和地将卧床者从床上扶起，或将坐着的人抱起，其样子亲切可爱、充满活力。

（a）Asimo机器人

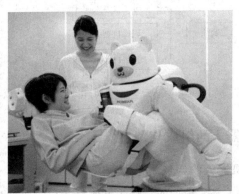
（b）Robear机器人

图 8.4　第三代机器人

4. 机器人的分类

机器人的分类方法很多,但由于人们观察问题的角度有所不同,直到今天,还没有一种分类方法为世所公认。总体而言,通常的机器人分类方法主要有专业分类法和应用分类法两种,简介如下。

① 专业分类法。专业分类法一般是机器人设计、制造和使用厂家技术人员所使用的分类方法,其专业性较强,业外较少使用。目前,专业分类可按机器人控制系统的技术水平、机械机构形态和运动控制方式3种方式进行分类。

根据机器人目前的控制系统技术水平,一般可分为前述的示教再现机器人(第一代)、感知机器人(第二代)、智能机器人(第三代)三类。根据机器人现有的机械结构形态,有人将其分为圆柱坐标、球坐标、直角坐标及关节型、并联型等。根据机器人的控制方式,有人将其分为顺序控制型、轨迹控制型、远程控制型、智能控制型等。

② 应用分类法。应用分类法是根据机器人应用环境(用途)进行分类的大众分类方法,其定义通俗,易为公众所接受。参照国际机器人联合会(IFR)的相关定义,根据机器人的应用环境,它可分为工业机器人(Industrial Robot,简称 IR)和服务机器人(Personal Robot,简称 PR)两类,前者用于环境已知的工业领域,后者用于环境未知的非生产性服务领域。如进一步细分,目前常用的机器人基本上可分为图 8.5 所示的几类。

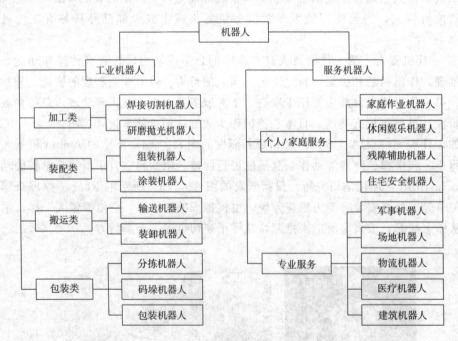

图 8.5 机器人的分类

二、工业机器人的组成与特点

1. 工业机器人的组成

工业机器人是一种功能完整、可独立运行的典型机电一体化设备,它有自身的控制器、驱动系统和操作界面,能依靠自身的控制能力来实现所需要的功能。广义上的工业机器人的组成如图 8.6 所示,它总体可分为机械部件和电气控制系统两大部分。

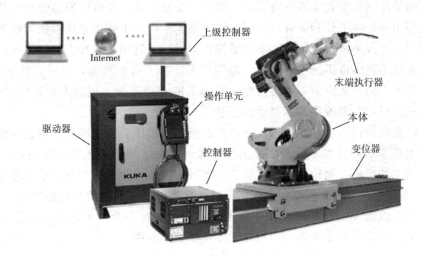

图 8.6　工业机器人的组成

　　工业机器人（以下简称机器人）系统的机械部件包括机器人本体、末端执行器、变位器等；控制系统主要包括控制器、驱动器、操作单元、上级控制器等。其中，机器人本体、末端执行器以及控制器、驱动器、操作单元是机器人必需的基本组成部件，在所有机器人上都必须配备。

　　末端执行器又称工具，它是机器人的作业机构，与作业对象和要求有关，其种类繁多，一般需要由机器人制造厂和用户共同设计、制造与集成。变位器用于机器人或工件的整体移动，或进行协同作业，可根据需要选配。

　　在控制系统中，上级控制器是用于机器人系统协同控制、管理的附加设备，既可用于机器人与机器人、机器人与变位器的协同作业控制，也可用于机器人和数控机床、机器人和自动生产线其他机电一体化设备的集中控制，此外，还可用于机器人的操作、编程与调试。上级控制器同样可根据实际系统的需要选配，在柔性加工单元（FMC）、自动生产线等自动化设备上，上级控制器的功能也可直接由数控机床所配套的数控系统（CNC）、生产线控制用的 PLC 等承担。

　　① 机器人本体。机器人本体又称操作机，它是用来完成各种作业的执行机构，包括机械部件及安装在机械部件上的驱动电机、传感器等。

　　机器人本体的形态各异，但绝大多数都是由若干关节（Joint）和连杆（Link）连接而成。以常用的 6 轴垂直串联型（Vertical Articulated）工业机器人为例，其运动主要包括整体回转（腰关节）、下臂摆动（肩关节）、上臂摆动（肘关节）、腕回转和弯曲（腕关节）等，本体的典型结构如图 8.7 所示，其主要组成部件包括手部、腕部、上臂、下臂、腰部、基座等。

图 8.7　工业机器人本体的典型结构

1—末端执行器；2—手部；3—腕部；4—上臂；

5—下臂；6—腰部；7—基座

机器人的手部用来安装末端执行器，它既可以安装手爪，也可以安装吸盘或其他各种作业工具；腕部用来连接手部和手臂，起到支撑手部的作用；上臂用来连接腕部和下臂。上臂可绕下臂摆动，实现手腕大范围的上下（俯仰）运动；下臂用来连接上臂和腰部，并可绕腰部摆动，以实现手腕大范围的前后运动；腰部用来连接下臂和基座，它可以在基座上回转，以改变整个机器人的作业方向；基座是整个机器人的支持部分。机器人的基座、腰、下臂、上臂通称机身；机器人的腕部和手部通称手腕。

机器人的末端执行器安装在机器人手腕上。例如，用于装配、搬运、包装的机器人需要配置吸盘、手爪等用来抓取零件、物品的夹持器，而加工类机器人需要配置用于焊接、切割、打磨等加工的焊枪、割枪、铣头、磨头等各种工具或刀具，这些都属于末端执行器。

② 变位器。它既可选配机器人生产厂家的标准部件，也可由用户根据需要设计、制作。变位器用来增加机器人的自由度和作业空间，或用来实现作业对象或其他机器人的协同运动，增强机器人的功能和作业能力。机器人变位器主要有图 8.8 所示的回转变位器和直线变位器两类。

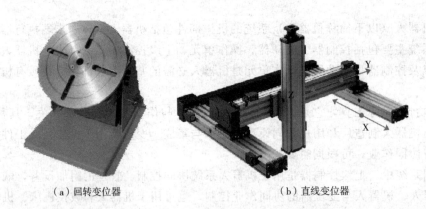

（a）回转变位器　　　　　　　　　（b）直线变位器

图 8.8　变位器

回转变位器与数控机床回转工作台类似，可用于机器人或作业对象的大范围回转；直线变位器与数控机床工作台类似，多用于机器人本体的大范围直线运动。简单机器人系统的变位器一般由机器人控制器直接控制，复杂机器人的变位器需要由上级控制器进行集中控制。

③ 电气控制系统。工业机器人本质上也是一种运动轨迹控制系统，因此，其控制系统与数控系统并无本质区别，系统一般由上级控制器、机器人控制器、操作单元、伺服驱动器等部件组成。

上级控制器仅用于复杂系统中各种机电一体化设备的协同控制、运行管理和调试编程，它属于机器人电气控制系统的外部设备。机器人控制器是用于机器人坐标轴位置和运动轨迹控制的装置；输出运动轴的插补脉冲，其功能与 CNC 类似。操作单元又称示教器，它是工业机器人的操作、显示装置，由于工业机器人编程一般以现场示教的方式进行，它对操作单元的移动性要求较高，故操作单元以手持式为主。伺服驱动器用于插补脉冲的功率放大，它与数控系统所使用的伺服驱动器完全相同。

2. 工业机器人的特点

工业机器人是集机械、电子、控制、检测、计算机、人工智能等多学科先进技术于一体的典型机电一体化设备，其主要技术特点如下。

① 拟人。在结构形态上，大多数工业机器人的本体有类似人类的腰转、大臂、小臂、手腕、手爪等部件，并接受其控制器的控制。在智能工业机器人上，还安装有模拟人类等生物的传感器，如模拟感官的接触传感器、力传感器、负载传感器、光传感器，模拟视觉的图像识别传感器，模拟听觉的声传感器、语音传感器等。智能工业机器人具有类似人类的环境自适应能力。

② 柔性。工业机器人有完整、独立的控制系统，可通过编程来改变其动作和行为，还可通过安装不同的末端执行器来满足不同的应用要求，因此它具有适应对象变化的柔性。

③ 通用。除了部分专用工业机器人外，大多数工业机器人都可通过更换工业机器人手部的末端执行器，如手爪、夹具、工具等，来完成不同的作业。因此，它具有一定的执行不同作业任务的通用性。

三、工业机器人的结构形态

从运动学原理上说，绝大多数工业机器人的本体都是由若干关节（Joint）和连杆（Link）组成的运动链。根据关节间的连接形式，多关节工业机器人的典型结构主要有垂直串联、水平串联（或 SCARA）和并联 3 大类。

1. 垂直串联机器人

垂直串联（Vertical Articulated）结构是工业机器人最常见的结构形式，机器人的本体部分一般由 5～7 个关节在垂直方向依次串联而成，它可以模拟人类从腰部到手腕的运动，用于加工、搬运、装配、包装等各种场合。

图 8.9（a）所示的 6 轴串联是垂直串联机器人的典型结构。机器人的 6 个运动轴分别为腰部回转轴 S（Swing）、下臂摆动轴 L（Lower Arm Wiggle）、上臂摆动轴 U（Upper Arm Wiggle）、腕回转轴 R（Wrist Rotation）、腕弯曲轴 B（Wrist Bending）、手回转轴 T（Turning）；其中，图用实线表示的腰部回转轴 S、腕回转轴 R、手回转轴 T 为可在 4 象限进行 360°或接近 360°回转，称为回转轴（Roll）；用虚线表示的下臂摆动轴 L、上臂摆动轴 U、腕弯曲轴 B 一般只能在 3 象限内进行小于 270°回转，称摆动轴（Bend）。

6 轴垂直串联结构机器人的末端执行器作业点的运动由手臂和手腕、手的运动合成，其中，腰、下臂、上臂 3 个关节可用来改变手腕基准点的位置，称为定位机构；手腕部分的腕回转、腕弯曲和手回转 3 个关节可用来改变末端执行器的姿态，称为定向机构。

6 轴垂直串联结构机器人较好地实现了三维空间内的任意位置和姿态控制，它对于各种作业都有良好的适应性，故可用于加工、搬运、装配、包装等各种场合。但是，由于结构所限，这种机器人存在运动干涉区域，其下部作业、反向作业非常困难，为此，现在先进的工业机器人有时也采用图 8.9（b）所示的 7 轴垂直串联结构。

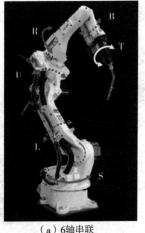
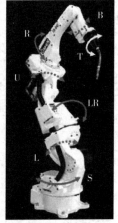

（a）6轴串联　　　　（b）7轴串联

图 8.9　垂直串联结构

7轴机器人在6轴机器人的基础上增加了下臂回转轴LR（Lower Arm Rotation），使定位机构扩大到腰回转、下臂摆动、下臂回转、上臂摆动4个关节，手腕基准点（参考点）的定位更加灵活。当机器人运动受到限制时，它仍能通过下臂的回转避开干涉区，完成下部作业与反向作业。

机器人末端执行器的姿态与作业要求有关，在部分作业场合，有时可省略1～2个运动轴，简化为4～5轴垂直串联结构的机器人。例如，对于以水平面作业为主的搬运、包装机器人，可省略腕回转轴R，以简化结构，增强刚性。

2. 水平串联机器人

水平串联（Horizontal Articulated）结构是日本山梨大学在1978年发明的一种建立在圆柱坐标上的机器人特殊结构形式，又称SCARA（Selective Compliance Assembly Robot Arm，选择顺应性装配机器手臂）结构。

SCARA机器人的基本结构如图8.10（a）所示。这种机器人的手臂由2～3个轴线相互平行的水平旋转关节C1、C2、C3串联而成，以实现平面定位；整个手臂可通过垂直方向的直线移动轴Z进行升降运动。

SCARA机器人结构简单、外形轻巧、定位精度高、运动速度快，它特别适合于平面定位、垂直方向装卸的搬运和装配作业，故首先被用于3C行业（计算机Computer、通信Communication、消费性电子Consumer Electronic）印刷电路板的器件装配和搬运作业，随后用于光伏行业的LED、太阳能电池的安装，并在塑料、汽车、药品、食品等行业的平面装配和搬运领域得到了较为广泛的应用。SCARA结构机器人的工作半径通常为100～1000mm，承载能力一般在1～200kg之间。

采用SCARA基本结构的机器人结构紧凑、动作灵巧，但水平旋转关节C1、C2、C3的驱动电机均需要安装在基座侧，其传动链长，传动系统结构较为复杂；此外，垂直轴Z需要控制3个手臂的整体升降，其运动部件质量较大，升降行程通常较小，因此，实际使用时经常采用图8.10（b）所示的执行器升降机构。

采用执行器升降机构的SCARA机器人不但可扩大Z轴升降行程、减轻升降部件的重量、提高手臂刚性和负载能力，同时，还可将C2、C3轴的驱动电机安装位置前移，以缩短传动链、简化传动系统结构。但是，这种结构的机器人回转臂的体积大，结构不如基本型结构紧凑，因此，多用于垂直方向运动不受限制的平面搬运和部件装配作业。

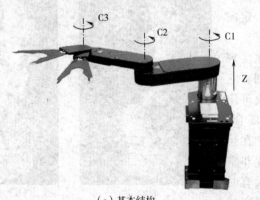

（a）基本结构　　　　　　　　　　（b）执行器升降机构

图8.10　SCARA结构

3. 并联机器人

并联结构的工业机器人简称并联机器人（Parallel Robot），这是一种多用于电子电工、食品药品等行业的装配、包装、搬运的高速、轻载机器人。

并联机器人的结构设计源于 1965 年英国科学家 Stewart 在《A Platform with Six Degrees of Freedom》文中提出的 6 自由度飞行模拟器，即 Stewart 平台机构；1978 年澳大利亚学者 Hunt 首次将 Stewart 平台机构引入机器人；到了 1985 年，瑞士洛桑联邦理工学院（Swiss Federal Institute of Technology in Lausanne，简称 EPFL）的 Clavel 博士发明了一种 3 自由度空间平移并联机器人，并称之为 Delta 机器人（Delta 机械手）。

Delta 机器人如图 8.11 所示，一般采用悬挂式布置，其基座上置，手腕通过空间均布的 3 根并联连杆支撑，通过对连杆摆动角控制，可使手腕在一定的空间范围内定位。

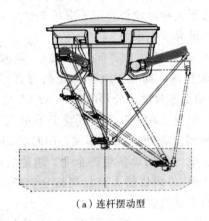

（a）连杆摆动型　　　　　　（b）直线驱动型

图 8.11　Delta 机器人

Delta 机器人具有结构简单、运动控制容易、安装方便等优点，因而成为目前并联机器人的基本结构。但是，这种机器人的承载能力通常较小，为了增强结构刚性，使之能够适应大型物品的搬运、分拣等要求，大型并联机器人经常采用图 8.11 所示的直线驱动结构，这种机器人以伺服电机和滚珠丝杠驱动的连杆拉伸直线运动代替了摆动，不但提高了机器人的结构刚性和承载能力，而且还可以提高定位精度、简化结构设计，其最大承载能力可达 1000kg。

【任务实施】

一、典型产品应用

1. 主要生产企业

目前，日本和欧盟是全球工业机器人的主要生产基地，主要企业有日本的 FANUC（发那科）、YASKAWA（安川）、KAWASAKI（川崎）、瑞士的 ABB、德国的 KUKA（库卡）、REIS（徕斯，现为 KUKA 成员）等。

日本 FANUC（发那科）公司是目前全球最大、最著名的数控系统（CNC）生产厂家和全球产量最大的工业机器人生产厂家，其产品的技术水平居世界领先地位。FANUC（发那科）公司从 1956 年起就开始从事数控和伺服系统的研发，1972 年正式成立 FANUC 公司，

1974 年开始研发、生产工业机器人，2008 年成为全球首家突破 20 万台工业机器人的生产企业，工业机器人总产量位居全世界第一。

日本 YASKAWA（安川）公司成立于 1915 年，是全球著名的伺服电机、伺服驱动器、变频器和工业机器人生产厂家，其工业机器人的总产量目前名列全球第二。YASKAWA（安川）公司在 1977 年成功研发了垂直多关节工业机器人 MOTOMAN-L10，创立了 MOTOMAN 工业机器人品牌，2003 年机器人总销量突破 10 万台，成为当时全球工业机器人产量最大的企业之一，2008 年销量突破 20 万台，与 FANUC 公司同时成为全球工业机器人总产量超 20 万台的企业。

日本 KAWASAKI（川崎）公司成立于 1878 年，是具有悠久历史的日本著名大型企业集团，业务范围涵盖航空航天、军事、电力、铁路、造船、摩托车、机器人等众多领域。KAWASAKI（川崎）公司的工业机器人研发始于 1968 年，是日本最早研发、生产工业机器人的著名企业，曾研制出了日本首台工业机器人和全球首台用于摩托车车身焊接的弧焊机器人等标志性产品，在焊接机器人技术方面居世界领先水平。

ABB（Asea Brown Boveri）集团公司是由原总部位于瑞典的 ASEA（阿西亚）和总部位于瑞士的 Brown Boveri Co.，Ltd.（布朗勃法瑞，简称 BBC）两个具有百年历史的著名电气公司于 1988 年合并而成，集团总部位于瑞士苏黎世。公司的前身 ASEA 公司和 BBC 公司都是全球著名的电力和自动化设备大型生产企业。ASEA 公司成立于 1890 年，1969 年研发出全球第一台喷涂机器人，开始进入工业机器人的研发制造领域；BBC 公司成立于 1891 年，是全球著名的高压输电设备、低压电器、电气传动设备生产企业。组建后的 ABB 集团是世界电力和自动化领域的领导厂商之一。ABB 公司机器人产品规格全、产量大，是世界著名的工业机器人制造商和我国工业机器人的主要供应商。

德国 KUKA（库卡）公司最初的主要业务为室内及城市照明，后开始从事焊接设备、大型容器、市政车辆的研发生产。KUKA（库卡）公司的工业机器人研发始于 1973 年，1995 年成立 KUKA 机器人有限公司，1973 年研发出世界首台 6 轴工业机器人 FAMULUS，2014 年并购德国 REIS（徕斯）公司。KUKA（库卡）公司是世界著名的工业机器人制造商之一，其产品规格全、产量大，是我国目前工业机器人的主要供应商。

目前，日本的工业机器人产量约占全球的 50%，为世界第一；中国的工业机器人年使用量位居世界第一。

2. 典型产品与应用

根据工业机器人的功能与用途，其大致可分为图 8.5 所示的加工、装配、搬运、包装 4 大类。

① 加工类。加工类机器人直接用于工业产品加工作业，常用的有金属材料焊接、切割、折弯、冲压、研磨、抛光等；此外，也有部分用于建筑、木材、石材、玻璃等行业的非金属材料切割、研磨、雕刻、抛光等加工作业。

焊接、切割、研磨、雕刻、抛光加工的环境通常较恶劣，加工时所产生的强弧光、高温、烟尘、飞溅、电磁干扰等都有害于人体健康。这些加工采用机器人自动作业，不仅可改善工作环境，避免人体伤害，而且还可自动连续工作，提高工作效率和改善加工质量。

焊接机器人（Welding Robot）是目前工业机器人中产量最大、应用最广的产品，被广泛用于汽车、铁路、航空航天、军工、冶金、电器等行业。自 1969 年美国 GM 公司（通用汽车）在美国 Lordstown 汽车组装生产线上装备首台汽车点焊机器人以来，机器人焊接技术已日臻成熟。采用机器人自动化焊接作业，可提高生产率，确保焊接质量，改善劳动环境。

材料切割是工业生产不可缺少的加工方式，从传统的金属材料火焰切割、等离子切割到可用于多种材料的激光切割加工，都可通过机器人完成。目前，薄板类材料的切割大多采用数控火焰切割机、数控等离子切割机和数控激光切割机等数控机床加工，但异形、大型设备或船舶、车辆等的大型废旧设备的切割已开始逐步使用工业机器人。

研磨、雕刻、抛光机器人主要用于汽车、摩托车、工程机械、家具建材、电子电气、陶瓷卫浴等行业的表面处理。使用研磨、雕刻、抛光机器人，不仅能使操作者远离高温、粉尘、有毒、易燃、易爆的工作环境，而且能够提高加工质量和生产效率。

② 装配类。装配机器人（Assembly Robot）可将不同的零件或材料组合成组件或成品，常用的有组装和涂装 2 大类。

计算机（Computer）、通信（Communication）和消费性电子（Consumer Electronic）行业（简称 3C 行业）是目前组装类机器人最大的应用领域。3C 行业是典型的劳动密集型产业，采用人工装配，不仅需要大量的员工，而且操作工人的工作高度重复，劳动强度极大，致使人工难以承受；此外，随着电子产品不断向轻薄化、精细化方向发展，产品零部件装配的精细程度在日益提高，部分作业人工已无法完成。

涂装类机器人用于部件或成品的涂漆、喷涂等表面处理，这类作业环境通常含有影响人体健康的有害、有毒气体，采用机器人自动作业后，不仅可改善工作环境，避免有害、有毒气体的危害；而且还可自动连续工作，提高工作效率和改善加工质量。

③ 搬运类。搬运机器人（Transfer Robot）是从事物体搬运作业的工业机器人的总称，常用的主要有输送机器人和装卸机器人 2 大类。

工业生产中的输送机器人以无人搬运车（Automated Guided Vehicle，简称 AGV）为主。AGV 具有自身的计算机控制系统和路径识别传感器，能够自动行走和定位停止，广泛应用于机械、电子、纺织、卷烟、医疗、食品、造纸等行业的物品搬运和输送。在机械加工行业，AGV 大多用于无人化工厂、柔性制造系统（Flexible Manufacturing System，简称 FMS）的工件、刀具的搬运、输送，它通常需要与自动化仓库、刀具中心及数控加工设备、柔性加工单元（Flexible Manufacturing Cell，简称 FMC）的控制系统互连，以构成无人化工厂、柔性制造系统的自动化物流系统。

装卸机器人多用于机械加工设备的工件装卸（上下料），它通常和数控机床等自动化加工设备组合，构成柔性加工单元（FMC），成为无人化工厂、柔性制造系统（FMS）的一部分。装卸机器人还经常用于冲剪、锻压、铸造等设备的上下料，替代人工完成高风险、高温等恶劣环境下的危险作业或繁重作业。

④ 包装类。包装机器人（Packaging Robot）是用于物品分类、成品包装、码垛的工业机器人，常用的主要有分拣、包装和码垛 3 类。

计算机、通信和消费性电子行业和化工、食品、饮料、药品工业是包装机器人的主要应用领域。3C 行业的产品产量大，周转速度快，成品包装任务繁重；化工、食品、饮料、药品包装由于行业特殊性，人工作业涉及安全、卫生、清洁、防水、防菌等方面的问题，因此，两者都需要利用装配机器人来完成物品的分拣、包装和码垛作业。

根据国际机器人联合会（IFR）等部门的最新统计，当前工业机器人的应用行业分布情况大致如图 8.12 所示。其中，汽车制造业、电子电气工业、金属制品加工业是工业机器人

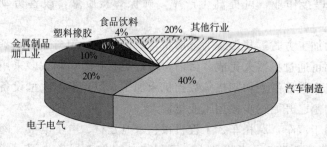

图 8.12　工业机器人应用行业分布

主要应用领域。

　　汽车及汽车零部件制造业历来是工业机器人用量最大的行业，其使用量长期保持在工业机器人应用总量的 40％以上，使用的产品以加工、装配类机器人为主，是焊接、研磨、抛光及装配、涂装机器人的主要应用领域。

　　电子电气（包括计算机、通信、家电、仪器仪表等）是工业机器人应用的另一主要行业，其使用量也保持在工业机器人应用总量的 20％以上，使用的主要产品为装配、包装类机器人。金属制品加工业的机器人用量大致在工业机器人应用总量的 10％左右，使用的产品主要为搬运类的输送机器人和装卸机器人。建筑、化工、橡胶、塑料以及食品、饮料、药品等其他行业的机器人用量都在工业机器人应用总量的 10％以下，橡胶、塑料、化工、建筑行业使用的机器人种类较多，食品、饮料、药品行业使用的机器人通常以加工、包装类为主。

二、工业机器人的技术参数识读

1. 技术参数

　　由于机器人的结构、用途和要求不同，机器人的性能也有所不同。一般而言，机器人样本和说明书中所给的主要技术参数有控制轴数（自由度）、承载能力、工作范围（作业空间）、运动速度、位置精度等；此外，还有安装方式、防护等级、环境要求、供电电源要求、机器人外形尺寸与重量等与使用、安装、运输相关的其他参数。

　　以 ABB 公司 IRB 140T 和安川公司 MH6 两种 6 轴通用型机器人为例，产品样本和说明书所提供的主要技术参数如表 8.1 所示。

表 8.1　6 轴通用型机器人主要技术参数表

	机器人型号	IRB 140T	MH6
规格（Specification）	承载能力（Payload）	6kg	6kg
	控制轴数（Number of axes）	6	
	安装方式（Mounting）	地面/壁挂/框架/倾斜/倒置	
工作范围 （Working Range）	第 1 轴（Axis 1）	360°	−170°～+170°
	第 2 轴（Axis 2）	200°	−90°～+155°
	第 3 轴（Axis 3）	−280°	−175°～+250°
	第 4 轴（Axis 4）	不限	−180°～+180°
	第 5 轴（Axis 5）	230°	−45°～+225°
	第 6 轴（Axis 6）	不限	−360°～+360°
最大速度 （Maximum Speed）	第 1 轴（Axis 1）	250°/s	220°/s
	第 2 轴（Axis 2）	250°/s	200°/s
	第 3 轴（Axis 3）	260°/s	220°/s

机器人型号		IRB 140T	MH6
最大速度 （Maximum Speed）	第 4 轴（Axis 4）	360°/s	410°/s
	第 5 轴（Axis 5）	360°/s	410°/s
	第 6 轴（Axis 6）	450°/s	610°/s
重复精度定位 RP（Position repeatability）		0.03mm/ISO 9238	±0.08/JISB8432
工作环境（Ambient）	工作温度（Operation temperature）	+5～+45℃	0～+45℃
	储运温度（Transportation temperature）	−25～+55℃	−25～+55℃
	相对湿度（Relative humidity）	≤95%RH	20%～80%RH
电源（Power Supply）	电压（Supply voltage）	200～600V/50～60Hz	200～400V/50～60Hz
	容量（Power consumption）	4.5kVA	1.5kVA
外形（Dimensions）	长/宽/高（Width/Depth/Height）	800×620×950	640×387×1219
重量（Weight）		98kg	130kg

工业机器人的性能与机器人的用途、作业要求、结构形态等有关。大致而言，对于不同用途的机器人，其常见的结构形态以及对控制轴数（自由度）、承载能力、重复定位精度等主要技术指标的要求如表 8.2 所示。

表 8.2　各类机器人的主要技术指标要求

类　别		常见形态	控制轴数	承载能力	重复定位精度
加工类	弧焊、切割	垂直串联	6～7	3～20kg	0.05～0.1
	点焊	垂直串联	6～7	50～350kg	0.2～0.3
装配类	通用装配	垂直串联	4～6	2～20kg	0.05～0.1
	电子装配	SCARA	4～5	1～5kg	0.05～0.1
	涂装	垂直串联	6～7	5～30kg	0.2～0.5
搬运类	装卸	垂直串联	4～6	5～200kg	0.1～0.3
	输送	AGV	—	5～6500kg	0.2～0.5
包装类	分拣、包装	垂直串联、并联	4～6	2～20kg	0.05～0.1
	码垛	垂直串联	4～6	50～1500kg	0.5～1

工业机器人的安装方式与规格、结构形态等有关。一般而言，大中型机器人通常需要采用底面（Floor）安装；并联机器人则多数为倒置安装；水平串联（SCARA）和小型垂直串联机器人则可采用底面（Floor）、壁挂（Wall）、倒置（Inverted）、框架（Shelf）、倾斜（Tilted）等多种安装方式。工业机器人的其他主要技术参数说明如下。

2. 工作范围

工作范围（Working Range）又称作业空间，是指机器人在未安装末端执行器时，其手腕参考点所能到达的空间，它是衡量机器人作业能力的重要指标。

机器人的工作范围取决于各关节运动的极限范围，它与机器人结构有关。工作范围应剔除机器人在运动过程中可能产生自身碰撞的干涉区；在实际使用时，还需要考虑安装末端执行器后可能产生的碰撞，因此，实际工作范围还应剔除执行器碰撞的干涉区。

机器人的工作范围内还可能存在奇异点（Singular Point）。所谓奇异点，是山于结构的约束，导致关节失去某些特定方向自由度的点，奇异点通常存在于作业空间的边缘；如奇异点连成一片，则称为"空穴"。机器人运动到奇异点附近时，由于自由度逐步丧失，关节的姿态急剧变化，驱动系统会承受很大的负荷而产生过载，因此，对于存在奇异点的机器人来说，其工作范围还需要剔除奇异点和空穴。

机器人的工作范围与机器人的结构形态有关。直角坐标、SCARA、Delta 结构的机器人通常无运动干涉区，机器人能够在整个工作范围内进行作业。直角坐标机器人的作业空间为立方体，Delta 机器人的作业范围为 3 维空间的锥底圆柱体；SCARA 机器人的作业范围为 3 维空间的圆柱体。圆柱坐标和垂直串联机器人存在运动干涉区，只能进行部分空间作业。

3. 承载能力

承载能力（Payload）是指机器人在作业空间内所能承受的最大负载，它一般用质量、力、转矩等技术参数表示。

搬运、装配、包装类机器人的承载能力是指机器人能抓取的物品质量，产品样本所提供的承载能力是指不考虑末端执行器、假设负载重心位于手腕参考点时，机器人高速运动可抓取的物品重量。

焊接、切割等加工机器人无需抓取物品，因此，其承载能力是指机器人所能安装的末端执行器质量。切削加工类机器人需要承担切削力，其承载能力通常是指切削加工时所能够承受的最大切削进给力。

机器人的承载能力还与负载重心位置有关，负载重心离手腕中心越远，承载能力就越小。因此，为了能够准确反映负载重心的变化情况，机器人承载能力有时也可用允许转矩（Allowable moment）或机器人承载能力随负载重心位置变化图来详细表示。

4. 自由度

自由度（Degree of Freedom）是衡量机器人动作灵活性的重要指标。所谓自由度，就是整个机器人运动链所能够产生的独立运动数，包括直线、回转、摆动运动，但不包括执行器本身的运动（如刀具旋转等）。机器人的每一个自由度原则上都需要有一个伺服轴进行驱动，因此，在产品样本和说明书中，通常以控制轴数（Number of axes）表示。

机器人的自由度与作业要求有关，自由度越多，执行器的动作就越灵活，适应性也就越强，但其结构和控制也就越复杂。一般而言，机器人进行直线运动或回转运动所需要的自由度为 1；进行平面运动（水平面或垂直面）所需要的自由度为 2；进行空间运动所需要的自由度为 3。如果机器人能进行 X、Y、Z 方向直线运动和绕 X、Y、Z 轴的回转运动，具有 6 个自由度，执行器就可在 3 维空间上任意改变姿态，实现完全控制。如果机器人的自由度超过 6 个，多余的自由度称为冗余自由度（Redundant Degree of Freedom），冗余自由度一般用来回避障碍物。

机器人的每一个关节都可驱动执行器产生 1 个主动运动，这一自由度称为主动自由度。主动自由度一般有平移、回转、绕水平轴线的垂直摆动、绕垂直轴线的水平摆动 4 种，在结构示意图中，它们分别用图 8.13 所示的符号表示。

当机器人有多个串联关节时，只需要根据其机械结构，依次连接各关节来表示机器人的自由度。例如，图 8.14 所示为常见的 6 轴垂直串联和 3 轴水平串联机器人的自由度的表示

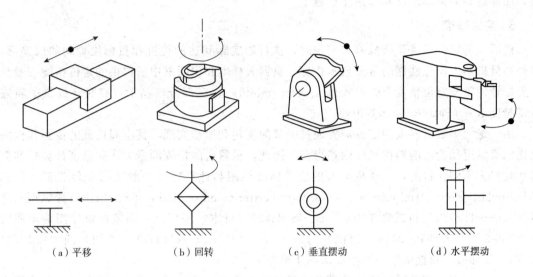

| （a）平移 | （b）回转 | （c）垂直摆动 | （d）水平摆动 |

图 8.13　自由度的表示

方法，其他结构形态机器人的自由度表示方法类似。

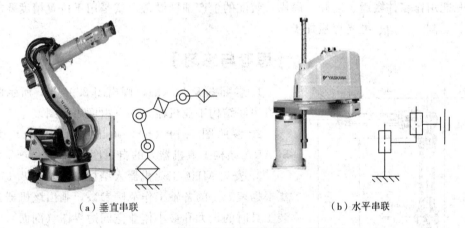

| （a）垂直串联 | （b）水平串联 |

图 8.14　多关节串联机器人的自由度表示

5. 运 动 速 度

运动速度决定了机器人的工作效率，它是反映机器人性能水平的重要参数。样本和说明书中所提供的运动速度，一般是指机器人在空载、稳态运动时所能够达到的最大运动速度（Maximum Speed）。

机器人运动速度用参考点在单位时间内能够移动的距离（mm/s）、转过的角度或弧度 [（°）/s 或 rad/s] 表示，它按运动轴分别进行标注。当机器人进行多轴同时运动时，其空间运动速度应是所有参与运动的轴的速度合成。

机器人的实际运动速度与机器人的结构刚性、运动部件的质量和转动惯量、驱动电机的功率、实际负载的大小等因素有关。对于多关节串联结构的机器人，越靠近末端执行器的运动轴，其运动部件的质量、转动惯量就越小，因此能够达到的运动速度和加速度也越大；而越靠近安装基座的运动轴，对结构部件的刚性要求就越高，运动部件的质量、转动惯量就越大，能够达到的运动速度和加速度也越小。

6. 定位精度

机器人的定位精度是指机器人定位时，执行器实际到达的位置和目标位置间的误差值，它是衡量机器人作业性能的重要技术指标。机器人样本和说明书中所提供的定位精度一般是各坐标轴的重复定位精度 RP（Position Repeatability），在部分产品上，有时还提供了轨迹重复精度 RT（Path Repeatability）。

由于绝大多数机器人的定位需要通过关节的旋转和摆动实现，其空间位置的控制和检测远比以直线运动为主的数控机床困难得多，因此，机器人的位置测量方法和精度计算标准都与数控机床不同。目前，工业机器人的位置精度检测和计算标准一般采用 ISO 9283—1998《Manipulating industrial robots—performance criteria and related test methods（操纵型工业机器人——性能规范和试验方法）》或 JIS B8432（日本）等标准；而数控机床则普遍使用 ISO 230-2、VDI/DGQ 3441（德国）、JIS B6336（日本）、NMTBA（美国）或 GB 10931（国标）等标准。数控机床的标准要求高于机器人。

机器人的定位需要通过运动学模型来确定末端执行器的位置，其理论位置和实际位置之间本身就存在误差，加上结构刚性、传动部件间隙、位置控制和检测等多方面的原因，其定位精度与数控机床、三坐标测量机等精密加工、检测设备相比，还存在较大的差距，因此，它一般只能用作零件搬运、装卸、码垛、装配的生产辅助设备，或是用于位置精度要求不高的焊接、切割、打磨、抛光等粗加工。

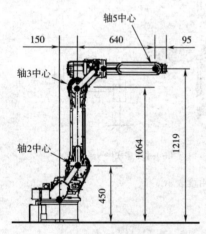

图 8.15　MH6 工业机器人结构参数

【思考与练习】

1. 参照图 8.14（a），画出图 8.9（b）所示的 7 轴垂直串联结构工业机器人的自由度表示图。

2. 参照图 8.14（b），画出图 8.10（a）所示的 SCARA 结构工业机器人的自由度表示图。

3. 安川 MH6 工业机器人结构参数如图 8.15 所示，试根据表 8.1 的各轴工作范围参数，画出该机器人未安装工具时的最大和最小作业空间边界图（剖面）。

任务2　工业机器人控制系统

知识目标：

1. 了解工业机器人控制系统的结构与组成；

2. 熟悉典型控制系统的连接要求；

3. 熟悉典型控制系统的部件原理。

能力目标：

1. 能连接工业机器人控制系统；
2. 能更换控制系统部件。

【相关知识】

一、控制系统组成与结构

1. 控制系统组成

工业机器具有完整、独立的电气控制系统，这是它和普通工业机械手的最大区别。但是，目前还没有专业生产厂家统一生产、销售通用的工业机器人控制系统，现行的控制系统大都是由机器人生产厂商研发、设计和制造，因而不同机器人的控制系统外观、结构各不相同。

工业机器人控制系统（以下简称控制系统）主要用于运动轴的位置和轨迹控制，在组成和功能上与机床数控系统无本质的区别，系统同样需要有控制器、伺服驱动器、操作单元、辅助控制电路等基本控制部件。

工业机器人控制器简称 IR 控制器，它是控制坐标轴位置和轨迹、输出插补脉冲以及进行 DI/DO 信号逻辑运算处理、通信处理的装置，其功能与 CNC（数控装置）相同。IR 控制器可由工业 PC 机、接口板及相关软件构成，也可像 PLC 一样，由 CPU 模块、轴控模块、测量模块等构成。

操作单元是用于工业机器人操作、编程及数据输入/显示的人机界面。操作单元的主要功能是通过现场示教，生成机器人作业程序，故又称示教器。为了便于示教操作，操作单元以可移动手持式为主。

伺服驱动器用于插补脉冲的功率放大，它具有闭环位置、速度和转矩控制的功能。工业机器人的驱动器以交流伺服驱动器为主，早期的直流伺服驱动器、步进电机驱动器现已很少使用。

辅助电路主要用于控制器、驱动器电源的通断控制和接口信号的转换。由于工业机器人的控制要求基本相同，为了缩小体积、方便安装，辅助控制电路的器件常被统一安装在相应的控制模块或单元上。

不同用途的工业机器人虽在用途、外形、结构等方面有所区别，但它们对电气控制的要求类似，因此，IR 控制器对同一生产厂家的机器人具有通用性。日本安川公司既是世界著名的工业机器人生产企业，又是全球闻名的变频器、交流伺服驱动产品生产企业，其机器人控制系统的技术水平同样居世界领先地位，以下将以该公司的 DX100 通用型控制系统为例，来介绍工业机器人的电气控制系统。

2. DX100 系统结构

安川 DX100 控制系统的外形及基本组成如图 8.16 所示，系统由控制柜和示教器两大部分组成。

DX100 的示教器就是手持式操作单元，采用有线连接，面板按键及显示信号通过网络电缆连接，急停按钮连接线直接连接至控制柜。

除示教器以及安装在机器人本体上的伺服驱动电机、行程开关外，控制系统的全部电气

（a）正门　　　　　　　　　　（b）内部

图 8.16　安川 DX100 控制系统的外形及基本组成

件都安装在控制柜内。DX100 控制柜的正门左上方安装有机器人的进线总电源开关，它用来断开控制系统的全部电源，使设备与电网隔离；正门右上方安装有急停开关，它可在机器人出现紧急情况时，快速分断系统电源、紧急停止机器人的全部动作，确保设备安全。

　　DX100 控制系统的电路和部件采用的是通用型设计，但是，系统配套的伺服驱动器的控制轴数、容量等与工业机器人的规格有关，因此，控制柜的外形、配套的伺服驱动器以及输入电源的容量等稍有不同。DX100 控制柜的内部器件布置如图 8.17 所示，控制柜采用了风机冷却，前门内侧安装有冷却风机 11；后部设计有隔离散热区。

　　DX100 控制系统的控制器件以单元或模块的形式安装。伺服电源通断控制用的 ON/OFF 单元 4、安全单元 3 安装在控制柜上部；伺服驱动器 8 与伺服电源模块 6、制动单元 7 及连接机器人输入/输出信号的 I/O 单元 15 安装在中部；电源单元 9、IR 控制器 10 安装在控制柜下方；控制柜风机 13、驱动器制动电阻 14 安装在后部隔离散热区。

二、控制系统连接总图

　　根据电路原理，工业机器人控制系统通常可分为辅助控制回路、机器人控制器和伺服驱动器 3 大部分。辅助控制回路主要用于伺服电源的通断控制；机器人控制器用于运动轴的位置控制；伺服驱动器用于运动轴信号的功率放大。

　　工业机器人的控制要求基本相同，辅助控制电路通常以模块或单元的形式安装，而机器人控制器、伺服驱动器本身就为单元型结构，因此，在进行工业机器人控制系统设计时，只需要正确选配模块、单元，并按规定进行模块和单元间的电源、信号电缆连接。

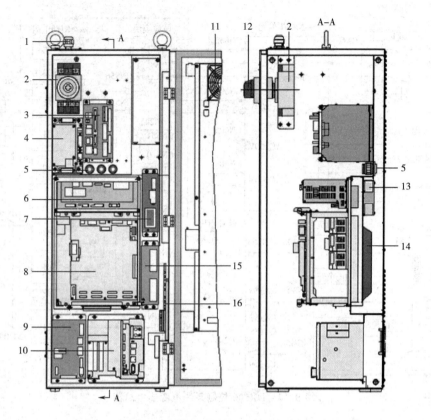

图 8.17　DX100 控制柜内部器件布置

1—电源进线；2—总开关；3—安全单元；4—ON/OFF 单元；5—电缆插头；
6—伺服电源模块；7—制动单元；8—伺服驱动器；9—电源单元；10—IR 控制器；
11,13—风机；12—手柄；14—制动电阻；15—I/O 单元；16—接线端

1. 电源连接

安川 DX100 控制系统的电源连接总图如图 8.18 所示。

DX100 控制系统的进线电源为三相 AC200V，系统电源容量与配套的伺服驱动电机数量、规格有关。进线电源可通过安装在控制柜门上的总开关 QF1 通断，总开关具有设备短路保护的功能。

DX100 控制系统的伺服驱动器的主回路电源为三相 AC200V；IR 控制器、电源单元、驱动器控制电源以及风机、辅助强电控制电路采用单相 AC200V。控制 AC200V 电源通断的强电回路以及接触器、熔断器、滤波器等器件都统一安装在 ON/OFF 单元上；在 ON/OFF 单元上，三相 AC200V 输入主电源被分为驱动器主电源、单相 AC200V 风机电源和单相 AC200V 控制电源 3 部分。

系统伺服驱动器的主电源为三相 AC200V，所有轴的驱动器由伺服电源模块统一供电。伺服电源模块有集成型和分离型两种结构。容量小于 4kVA 的小规格系统，电源模块和伺服模块采用集成型结构；容量大于 4kVA 的控制系统，伺服电源模块和伺服模块分离。伺服电源模块主要用来产生驱动器 PWM 逆变主回路的直流母线电压，输入电源经伺服电源模块的三相整流，可转换成 DC310V 左右的直流母线电压，提供给各伺服模块的 PWM 逆变主回

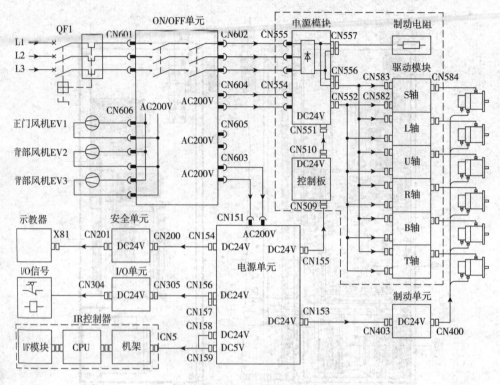

图 8.18　DX100 控制系统电源连接总图

路。驱动器主电源的通断由 ON/OFF 单元的两只接触器进行安全冗余控制。主接触器的通断由安全单元控制，正常情况下，主接触器可利用示教器上的伺服 ON/OFF 开关控制通断，当机器人出现紧急情况时，可通过安全单元紧急分断驱动器主电源。

风机电源需要在电源总开关 QF1 合上后直接启动，因此，它直接取自三相 AC200V 输入电源。电源短路保护熔断器安装在 ON/OFF 单元上。

单相 AC200V 控制电源用于主接触器通断控制、伺服电源模块控制及系统电源单元（CPS 单元）的 AC200V 供电。

控制系统的 IR 控制器、安全单元、I/O 单元和 DI/DO 器件、驱动器轴控模块，以及伺服电机的制动器、编码器电源模块均采用 DC 24V 直流供电；IR 控制器的电子电路采用 DC5V 供电；控制系统的 DC 24V/5V 直流电源由电源单元（CPS 单元）统一提供。

2. 信号连接

DX100 控制系统的信号连接总图如图 8.19 所示。

ON/OFF 单元是控制伺服主电源、控制电源通断的强电控制装置，使用 DI/DO 信号控制，控制电源通断的 DI 信号来自安全单元。主接触器的辅助触点需要作为 DO 信号输出到制动单元，控制伺服电机的制动器通断。

安全单元是控制整个系统电源正常通断和紧急分断的装置，它需要连接位于控制柜正门、示教器上的急停按钮以及机器人上的超程开关、防护门开关等安全器件，如需要，还可连接来自外部控制装置的电源通断、超程等输入信号。安全单元输出的控制信号包括 ON/OFF 单元的主接触器控制信号、风机控制信号及驱动器控制信号等，来自驱动器的安全控

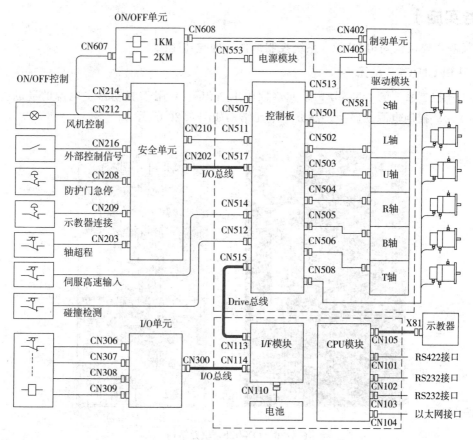

图 8.19 DX100 控制系统信号连接总图

制信号通过 DI/DO 接口和 I/O 总线进行连接。

I/O 单元实际上就是 IR 控制器的 DI/DO 模块，其功能与使用方法与 PLC 的 I/O 模块类似，它将来自机器人或其他装置的外部开关量输入信号（DI）转换为 IR 控制器的可编程逻辑信号，将 IR 控制器的可编程逻辑状态转换为控制外部执行元件通断的开关量输出信号（DO）。DX100 系统的基本 I/O 单元最大可连接 40/40 点 DI/DO，部分信号的功能已被定义。用于弧焊机器人控制时，可以选择进行 I/O 单元的扩展。I/O 单元和 IR 控制器间通过 I/O 总线进行通信。

驱动器的控制板和 IR 控制器间通过并行 Drive 总线通信；驱动器和安全单元间的 DI/DO 信号通过 I/O 总线通信；驱动器和电机编码器间通过串行数据总线通信。伺服控制板一般还可连接少量由驱动器控制板直接处理的急停、碰撞检测等高速输入信号；驱动器控制板的输出信号主要有电源模块的控制信号、伺服电机的制动器通断控制信号和伺服模块的 PWM 控制信号等。

IR 控制器的信号通常都通过通信总线连接。IR 控制器和示教器、外部设备之间可通过 CPU 模块上的 LAN 总线、USB 接口、RS232C 接口进行连接；IR 控制器与驱动器控制板之间通过接口模块（I/F 模块）上的并行 Drive 总线连接。

【任务实施】

本任务主要认识安川 DX100 系统控制部件结构与功能。

1. 认识 ON/OFF 单元

DX100 控制系统的 ON/OFF 单元（JZRCR-YPU01）用于驱动器主电源的通断控制和系统 AC200V 控制电源的保护、滤波，单元结构如图 8.20 所示。

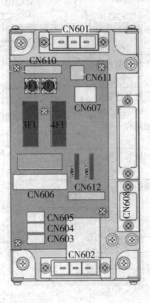

图 8.20 ON/OFF 单元结构

ON/OFF 单元的电路原理如图 8.21 所示。ON/OFF 单元由基架和控制板组成。用于驱动器主电源通断控制的主接触器 1KM、2KM 及 AC200V 控制电源的滤波器 LF1 等大功率器件安装在基架上；AC200V 保护熔断器 1FU～4FU 及继电器 1RY、2RY 等小型控制器件安装在控制板上；基架和控制板间通过内部连接器 CN609～CN612 连接。ON/OFF 单元的连接器功能如表 8.3 所示。

表 8.3 ON/OFF 单元连接器功能表

连接器编号	功　　能	连　接　对　象
CN601	三相 AC200/220V 主电源输入	电源总开关 QF1(二次侧)
CN602	三相 AC200/220V 驱动器主电源输出	伺服驱动器电源模块 CN555
CN603	AC200V 控制电源输出 1	电源单元(CPS 单元)CN151
CN604	AC200V 控制电源输出 2	伺服驱动器电源模块 CN554
CN605	AC200V 控制电源输出 3	备用,用于其他控制装置供电
CN606	AC200V 风机电源	控制柜风机
CN607	主接触器通断控制信号输入	安全单元 CN214
CN608	伺服电机制动器控制信号输出	制动单元 CN402
CN609～CN612	单元内部连接器	控制板与基架连接

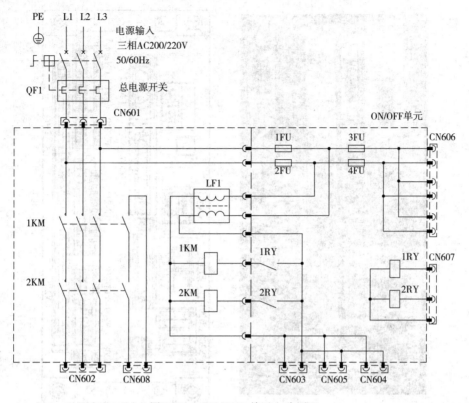

图 8.21 ON/OFF 单元电路原理

ON/OFF 单元的主电源输入连接器 CN601 直接与总电源开关 QF1 连接，QF1 具有短路保护功能，其操作手柄安装在控制柜的正门上，当控制柜门关闭后，可进行电源通断操作。

伺服驱动器主电源的通断由主接触器 1KM、2KM 串联安全冗余电路控制，主电源通过连接器 CN602 连接至伺服驱动电源模块。主接触器的通断由单元内部的继电器 1RY、2RY 控制；1RY、2RY 控制信号来自安全单元，从连接器 CN607 输入。主接触器 1KM、2KM 的辅助触点可通过连接器 CN608 连接到制动单元，控制伺服电机制动器。

DX100 系统的单相 AC200V 控制电源从三相 AC200V 上引出，并安装有保护熔断器 1FU/2FU（250V/10A）。在单元内部，AC200V 控制电源分为风机电源和控制装置电源两部分。安装在控制柜正门和背部的 2 个冷却风机电源均从连接器 CN606 上输出，风机电源安装有独立的短路保护熔断器 3FU/4FU（200V/2.5A）。系统的控制装置电源经滤波器 LF1 的滤波后从连接器 CN603～CN605 上输出。在通常情况下，CN603 用于系统电源单元（CPS 单元）供电；CN604 用于驱动器控制电源；CN605 则用于其他控制装置的 AC200V 供电（备用电源）。

2. 认识安全单元

DX100 系统的安全单元（JZNC-YSU01）实际上是一个多功能安全继电器，它可用于 DX100 系统的三相 AC200V 伺服驱动器的主电源紧急分断、外部伺服 ON/OFF 开关控制、安全防护门开关控制、超程保护等，单元结构如图 8.22 所示。

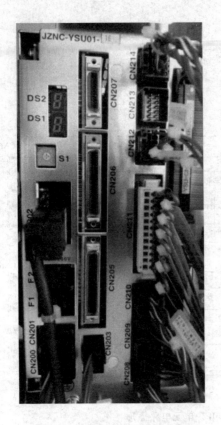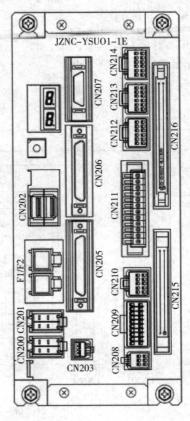

图 8.22　安全单元结构

安全单元内部设计有主接触器通断控制安全电路、伺服驱动器安全控制电路、I/O 总线通信接口等，电源输入回路安装有 2 个 250V/3.15A 的短路保护快速熔断器 F1/F2。安全单元连接器功能如表 8.4 所示。

表 8.4　安全单元连接器功能表

连接器	功　能	连 接 对 象
CN200	DC 24V 电源输入	电源单元（CPS 单元）CN155
CN201	DC 24V 电源输出	示教器 DC 24V 电源 X81
CN202	I/O 总线接口	伺服控制板 CN517
CN203	超程开关输入	机器人超程开关
CN205	安全单元互连接口（输出）	其他安全单元 CN206（一般不使用）
CN206	安全单元互连接口（输入）	其他安全单元 CN205（一般不使用）
CN207	安全单元互连接口	其他安全单元 CN207（一般不使用）
CN208	防护门急停输入	安全防护门开关
CN209	示教器急停输入	示教器急停按钮
CN210	伺服安全控制信号输出	伺服控制板 CN511
CN211 接线端	附加轴安全输入信号连接端	伺服使能、超程保护开关输入连接端

续表

连接器	功 能	连接对象
CN212	风机控制、指示灯输出	指示灯、风机(一般不使用)
CN213	主接触器控制输出2	一般不使用
CN214	主接触器控制输出1	ON/OFF单元CN607
CN215	系统扩展接口	一般不使用
CN216(MXT)	外部安全信号输入连接器	外部安全信号(见下述)

安全单元的大多数连接器均用于6轴标准型机器人的系统内部信号连接,这些连接已在控制柜出厂时完成,用户无需改变。但是,对于带有附加轴(如变位器等)或其他辅助控制装置的工业机器人系统,一般需要通过连接器CN211、CN216连接部分安全信号。辅助控制装置的安全信号连接要求如下。

① CN211:接线端CN211用于外部伺服使能信号和第2超程开关信号的连接。安全输入信号必须使用2对以上同步动作的安全冗余输入触点;外部安全输入在系统出厂时一般被短接(不使用),用户使用时,应去掉出厂短接端。

② CN216:连接器CN216为系统远程控制时的安全信号输入连接器;在DX100控制柜内,CN216已通过端子转换器转换为通用接线端MXT。在不使用远程控制功能的系统上,CN216(MXT)在系统出厂时一般被短接(信号不使用),用户使用远程控制功能是,需要去掉出厂短接端。

安川DX100系统CN216(MXT)允许连接的安全信号及功能如表8.5所示。

安全单元的输入信号SAF、外部急停输入信号EX ESP一般用于机器人工作现场的安全防护门控制,其他信号可用来控制机器人现场的附加操纵台。在附加操纵台上,可通过安全单元的EX SVON输入信号控制伺服驱动器通断,利用EX DSW输入信号控制急停,利用EX HOLD输入信号控制进给保持,利用FS T、S SP输入信号调整运动速度等。

表8.5 CN216允许连接的安全信号及功能表

引脚	信号代号	功 能	典型应用	备 注
9/10	SAF F1	自动运行安全信号、冗余输入	安全门开关	信号对示教方式无效,出厂时短接。
11/12	SAF F2			
19/20	EX ESP1	外部急停信号、冗余输入	外部急停按钮	出厂时短接。
21/22	EX ESP2			
23/24	FS T1	全速测试信号、冗余输入	速度调节按钮	ON:100%示教速度测试;OFF:低速测试
25/26	FS T2			
27/28	S SP	低速测试速度倍率选择信号	速度调节按钮	ON:16%;OFF:2%
29/30	EX SVON	外部伺服ON信号	伺服ON输入	使用方法见下
31/32	EX HOLD	外部进给保持信号	进给保持输入	出厂时短接。
33/34	EX DSW1	安全信号、冗余输入	急停按钮等	出厂时短接。
35/36	EX DSW2			

3. I/O 单元

DX100 系统的 I/O 单元结构及接口电路原理如图 8.23 所示。

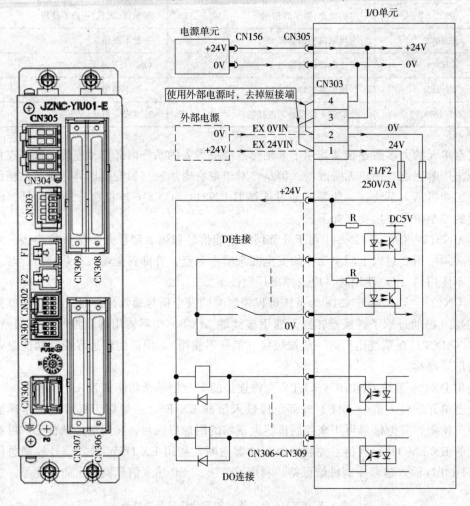

图 8.23 DX100 系统 I/O 单元结构及接口电路原理

I/O 单元（JZNC-YIU01）的功能是将机器人或其他设备上的 DI 信号转换为 IR 控制器可编程逻辑信号，将 IR 控制器的可编程逻辑状态转换为外部执行元件通断控制信号，单元和 IR 控制器间通过 I/O 总线连接。

I/O 单元的 DC 24V 基本工作电源由 DX100 系统的电源单元（CPS）提供；用于 DI/DO 接口的 DC 24V 电源可采用下述两种方式供给。

① 使用内部 DC 24V 电源。此时，I/O 单元上的电源输入连接端 CN303-1/2 应直接和 CN303-3/4 短接（出厂设置），CN303-1/2 无需再连接外部电源。但由于容量的限制，DX100 电源单元（CPS）可提供给 I/O 单元接口电路使用的电能大致为 DC 24V/1A（最大不得超过 1.5A），因此必要时应使用外部电源供电。

② 使用外部 DC 24V 电源。接口电路使用外部电源供电时，DC 24V 电源应连接至 I/O 单元的连接端 CN303-1/2 上，同时，还必须断开连接 CN303-1/2 和 CN303-3/4 的短接线，以防止 DC 24V 电源短路。

外部 DC 24 电源的容量选择取决于系统同时接通的 DI/DO 点数及负载容量，每一 DI 点的正常工作电流为 DC 24V/8mA，每一光耦输出 DO 点的最大负载电流为 DC 24V/50mA；继电器触点输出的 DO 点容量决定于负载（每点的极限为 DC 24V/500mA）。

I/O 单元的连接器 CN306～CN309 最大可连接 40/40 点 DI/DO 信号，这些 DI/DO 信号都有对应的 IR 控制器可编程地址，可通过逻辑控制指令进行编程。CN306～309 的 DI/DO 信号编程地址已由安川分配，部分 DI/DO 的功能也已规定，有关内容可参见安川公司技术资料；连接器 CN306～CN309 为 40 芯微型连接器，为了便于接线，实际使用时一般需要通过端子转换器及电缆转换为接线端子。

DX100 的 DI 信号采用"汇点输入（Sink）"连接方式，输入光耦的驱动电源由 I/O 单元提供。输入触点信号为 ON 时，IR 控制器的内部信号为"1"，光耦的工作电流大约为 DC 24V/8mA。

DX100 的 DO 信号分 NPN 达林顿光耦晶体管输出（32 点）和继电器触点输出（8 点，CN307 连接）两类。光耦输出接口电路原理见图 8.23，IR 控制器的内部状态为"1"时，光耦晶体管接通；光耦输出的驱动能力为 DC 24V/50mA。连接器 CN307 上的 8 点继电器输出为独立触点输出，其驱动能力为 DC 24V/500mA。

4. 电源与 IR 控制器

DX100 控制系统的电源单元和 IR 控制器如图 8.24 所示，由于结构、安装方式相同，两者通常并列安装，组成类似于模块式 PLC 的控制单元。

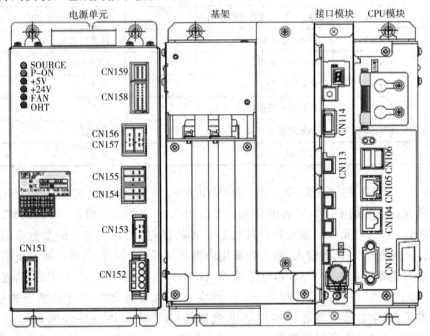

图 8.24　电源单元和 IR 控制器

电源单元（CPS 单元，JZNC-YPS01）是一个 AC200 输入、DC 24V/5V 输出的直流稳压电源。DC 24V 主要用于 IR 控制器接口电路、示教器、安全单元、I/O 单元、伺服驱动器控制板等部件的供电；伺服电机的 DC 24V 制动器控制电源也可由电源单元提供。DC5V 主要用于 IR 控制器内部电子电路的供电。

IR 控制器（JZNC-YRK01）是控制工业机器人坐标轴位置和轨迹、输出插补脉冲、进行 I/O 信号逻辑运算及通信处理的装置，其功能与机床数控装置（CNC）类似。DX100 系统的 IR 控制器出基架（JZNC-YBB01）、接口模块（I/F 模块，JZNC-YIF01）、CPU 模块（JZNC-YCP01）组成。CPU 模块是用于控制系统通信处理、运动轴插补运算、DI/DO 逻辑处理的中央控制器，模块安装有连接示教器和外部设备的 RS232C、Ethernet（LAN）、USB 接口。通信接口模块（I/F 模块）主要用于工业机器人内部的 I/O 总线、Drive 总线的通信控制。

电源单元和 IR 控制器的连接器功能如表 8.6 所示。

表 8.6　电源单元和 IR 控制器的连接器功能表

部件	连接器	功　能	连接对象
电源单元	CN151	AC200～240V 电源输入(2.8～3.4A)	ON/OFF 单元 CN603
	CN152 接线端	外部(REMOTE)ON 信号连接端	外部 ON 控制信号
	CN153	DC 24V3 制动器电源输出(最大 3A)	制动单元 CN403
	CN154	DC 24V1/DC 24V2 电源输出	安全单元 CN200
	CN155	DC 24V1/DC 24V2 电源输出	伺服控制板 CN509
	CN156	DC 24V2 电源输出(最大 1.5A)	I/O 单元 CN305
	CN157	DC 24V2 电源输出(最大 1.5A)	—
	CN158	DC5V 控制总线接口	IR 控制器基架 CN5
	CN159	DC 24V 控制总线接口	IR 控制器基架 CN5
IR 控制器	CN113	Drive 总线接口	伺服控制板 CN515
	CN114	I/O 总线接口	I/O 单元 CN300
	CN103	RS232C 通信接口	外设
	CN104	Ethernet 通信接口	外设
	CN105	示教器通信接口	示教器
	CN106	USB 接口	外设

电源单元（CPS）的输入为 AC200～240V/2.8～3.4A，输入电源和启/停控制信号来自 ON/OFF 单元；单元的 DC 24V 输出分为 24V1、24V2、24V3 三组，24V1/24V2 可用于系统的安全单元、I/O 单元、伺服控制板等控制装置的供电；24V3 用于伺服电机的制动器控制。在 DX100 系统上，以上输入/输出均采用内部连接线路，它们已通过标准电缆连接。

IR 控制器机架控制总线 CN5 和电源单元（CPS）连接器 CN158/CN159 的连接在系统出厂时已完成；CPU 模块、接口模块（I/F 模块）与基架间直接通过基架上的总线连接。CPU 模块和示教器之间可通过标准网络电缆连接；CPU 模块与外设间的通信接口均为 USB、RS232C、LAN 等通用标准串行接口，可直接使用标准网络电缆。接口模块（I/F 模块）的 Drive 总线接口 CN113 需要通过系统的标准网络电缆和伺服驱动器的控制板连接；模块的 I/O 总线接口 CN114 可通过系统配套的标准网络电缆和 DX100 的 I/O 单元连接。

5. 伺服驱动器

DX100 系统的基本控制轴数为 6 轴，最大可以到 8 轴；为了缩小体积、降低成本，系统采用了集成型结构，伺服驱动器由伺服电源模块、伺服控制板和逆变模块等部件组成。

① 伺服电源模块。伺服电源模块主要用来产生逆变所需要的公共直流母线电压和驱动器内部控制电压。DX100 系统的电源模块有分离型（4～5kVA）和集成型（1～2kVA）两种结构形式，两者只是体积、安装方式上的区别，模块的作用、原理及连接器布置、连接要求均一致。伺服电源模块结构及连接器功能分别如图 8.25、表 8.7 所示。

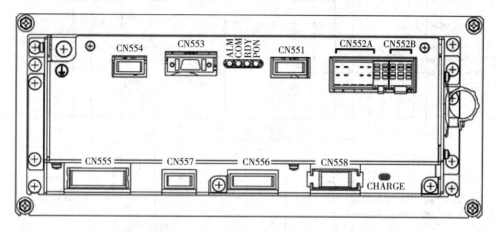

图 8.25　伺服电源模块结构

表 8.7　伺服电源模块连接器功能表

连接器	功　　能	连接对象
CN551	DC 24V 电源输入	伺服控制板 CN510
CN552	逆变控制电源输出	6 轴逆变模块 CN582
CN553	整流控制信号输入	伺服控制板 CN501
CN554	AC200V 控制电源输入	ON/OFF 单元 CN604
CN555	三相 AC200V 主电源输入	ON/OFF 单元 CN602
CN556	直流母线输出	6 轴逆变模块 CN583
CN557	制动电阻连接	制动电阻
CN558	附加轴直流母线输出	附加轴逆变模块（一般不使用）

电源模块的电路原理如图 8.26 所示，三相 200V 主电源和 AC200V 控制电源均安装有过电压保护器件，模块内部还设计有电压检测、控制和故障指示电路。

在电源模块上，来自 ON/OFF 单元的三相 200V 主电源从 CN555 接入后，可通过模块内部的三相桥式整流电路转换成 DC270～300V 的直流电源，并通过 CN556 输出到 6 轴 PWM 逆变模块上。电源模块启动时，可通过内部继电器 RY 进行直流母线预充电控制；模块工作后，可通过 IPM（功率集成电路）对制动电阻的控制消耗电机制动时的能量，对母线电压进行闭环自动调节。

从 CN554 输入的 AC200V 控制电源可通过整流电路与直流调压电路转换为伺服驱动器内部电子线路使用的±5V、±12V 直流电源和 PG5V 编码器的电源。模块的 DC 24V 控制电源来自伺服控制板的输出。

② 伺服控制板。伺服控制板主要用于运动轴位置、速度和转矩控制，产生 PWM 控制

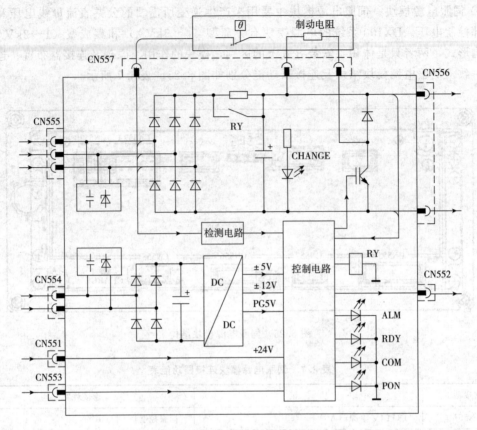

图 8.26　电源模块电路原理

信号，控制板安装在逆变模块上方，其结构及连接器功能分别如图 8.27、表 8.8 所示。

表 8.8　伺服控制板连接器功能表

连接器	功　　能	连接对象
CN501～CN506	第 1～6 轴 PWM 控制及检测信号连接	各轴逆变模块 CN581
CN507	整流控制信号输出	电源模块 CN553
CN508	第 1～6 轴编码器信号输入	S/L/U/R/B/T 轴伺服电机编码器
CN509	DC 24V 电源输入	电源单元(CPS)CN155
CN510	DC 24V 电源输出	电源模块 CN551
CN511	伺服安全控制信号输入	安全单元 CN210
CN512	碰撞开关输入及编码器电源单元供电	机器人碰撞开关及编码器电源单元
CN513	电机制动器控制信号输出	制动单元 CN405
CN514	驱动器直接输入信号	外部检测开关
CN515	Drive 并行总线接口(输入)	I/R 控制器接口模块 CN113
CN516	Drive 并行总线接口(输出)	其他伺服控制板(一般不使用)
CN517	I/O 总线接口(输入)	安全单元 CN202
CN518	I/O 总线接口(输出)	终端电阻

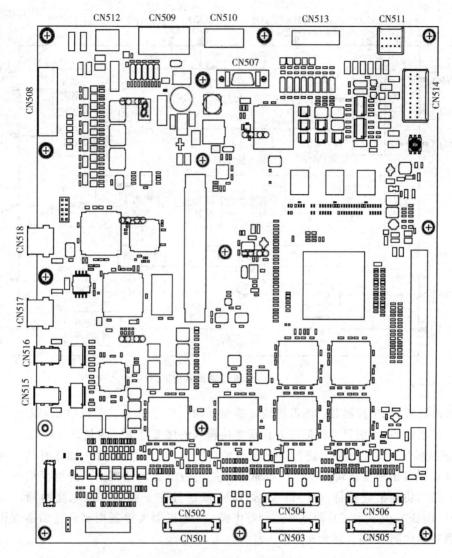

图 8.27　伺服控制板结构

伺服控制板的原理如图 8.28 所示，控制板安装有统一的伺服处理器、6 轴独立的位置控制处理器以及相关的接口电路。

伺服处理器主要用于并行 Drive 总线、串行 I/O 总线的通信处理以及公共电源模块整流控制、伺服电机制动器控制，并向各伺服轴的位置控制处理器发送位置控制命令。如果需要，控制板还可利用连接器 CN512、CN514 连接碰撞开关、测量开关等高速 DI 信号装置；高速 DI 信号可不通过 IR 控制器，直接控制驱动器中断。

各轴独立的位置控制处理器用于该轴的位置控制，其内部包含有位置、速度、电流（转矩）3 个闭环控制电路，以及 PWM 脉冲生成、编码器分解、硬件基极封锁等电路。位置、速度反馈信号来自伺服电机内置编码器输入连接器 CN508，编码器输入信号可通过控制板的编码器分解电路的处理，转换为位置、速度检测信号；电流（转矩）反馈信号来自逆变模块的伺服电机电枢检测输入（见逆变模块连接）；硬件基极封锁信号来自安全单元输出，该信号可在电机紧急制动时，直接封锁逆变管，断开电机电枢输出。

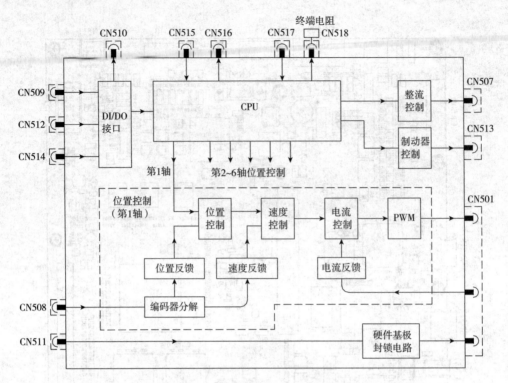

图 8.28　伺服控制板原理框图

伺服控制板和 IR 控制器、电源模块、逆变模块、安全单元、电源单元等的连接均为内部连接；控制板的 DI 信号可根据需要直接连接输入的碰撞开关、测量开关信号。

③ 逆变模块。逆变模块是进行 PWM 信号功率放大的器件，每一轴都有独立的逆变模块。DX100 系统的逆变模块安装在伺服驱动器控制板下方的基架上。逆变模块安装有三相逆变主回路的功能集成器件（IPM）以及 IPM 基极控制、伺服电机电流检测、动态制动（Dynamic Braking，简称 DB 制动）控制等电路。6 轴机器人控制用驱动器的逆变模块结构及连接器功能如图 8.29、表 8.9 所示。

表 8.9　逆变模块连接器功能表

连接器	功　　能	连接对象
CN581	PWM 控制及检测信号连接	伺服控制板 CN501～CN506
CN582	逆变控制电源输入	驱动器电源模块 CN552
CN583	直流母线输入	驱动器电源模块 CN556
CN584	伺服电机电枢输出	伺服电机电枢

逆变模块的原理框图如图 8.30 所示。

逆变模块主要包括功能集成器件（IPM）、控制电路、电流检测、DB 制动等部分。IPM 的容量与驱动电机的功率有关，不同容量的 IPM 外形、体积稍有区别，但连接方式相同。IPM 的直流母线电源来自驱动器电源模块输出，它们通过连接器 CN583 连接；IPM 的三相逆变输出可通过连接器 CN584 连接各自的伺服电机电枢；IPM 的基极由伺服控制板的 PWM 输出信号控制。

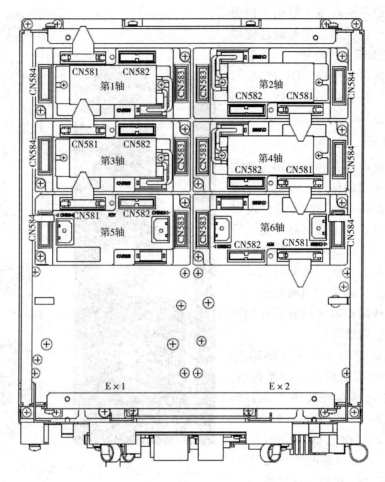

图 8.29　逆变模块结构

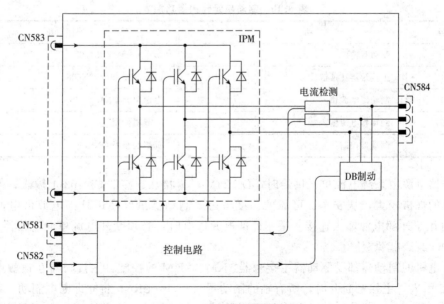

图 8.30　逆变模块原理框图

逆变模块的电流检测信号用于伺服控制板的闭环电流控制，信号通过连接器 CN581 反馈至伺服控制板。动态制动电路用于伺服电机的急停，DB 制动时，电机的三相绕组将直接加入直流，以控制电机快速停止。

6. 制动单元

为了使工业机器人的运动轴能够在控制系统电源关闭时保持关机前的位置不变，同时也能在系统出现紧急情况时使运动轴快速停止，工业机器人的所有运动轴一般都需要安装机械制动器。

为缩小体积、方便安装和调试，工业机器人通常直接采用带制动器的伺服电机驱动，机械制动器直接安装在伺服电机内（称内置制动器）。

DX100 系统的制动单元（JANCD-YBK01）用于伺服电机的制动器控制，单元结构及连接器功能如图 8.31、表 8.10 所示；电路原理图如图 8.32 所示。

伺服电机采用 DC 24V 制动器电源，DC 24V 电源可由系统的电源单元供给，或使用外部 DC 24V 电源进行供电。

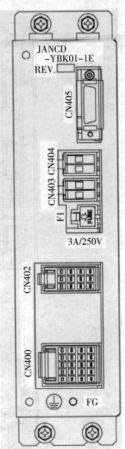

图 8.31　制动单元结构

表 8.10　制动单元连接器功能表

连接器	功　　能	连接对象
CN400	制动器输出	第 1～6 轴伺服电机
CN402	主接触器互锁信号	ON/OFF 单元 CN608
CN403	制动器电源输入 1	电源单元 CN153
CN404	制动器电源输入 2	一般不使用
CN405	制动器控制信号输入	伺服控制板 CN513

制动器电源由系统电源单元供给时，DC 24V 可直接从连接器 CN403 上输入；但是，如伺服电机的规格较大，从安全、可靠的角度考虑，制动器最好使用外部电源供电，连接器 CN404 可用于外部电源输入连接。采用外部电源供电时，必须断开电源单元连接器 CN403，以防止 DC 24V 电源短路。

所有电机的制动器都受驱动器主接触器 1KM、2KM 的控制，主接触器互锁触点从连接器 CN402 引入，主接触断开时，所有轴的制动器（BK1～BK6）将立即断电制动。

伺服系统正常工作时，制动器由伺服控制板上的伺服 ON 信号控制。当伺服信号为 ON 时，伺服控制板在开放逆变模块的 IPM、使电机电枢通电的同时，将输出对应轴的制动器

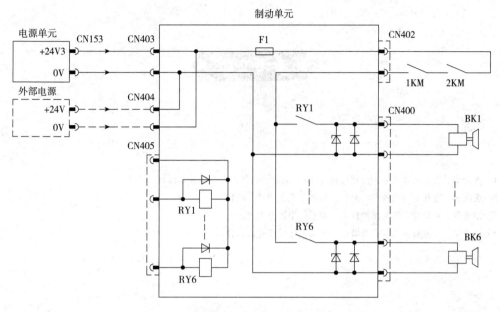

图 8.32　制动单元原理图

松开信号，接通制动单元的继电器 RYn，松开制动器 BKn。伺服信号为 OFF 时，将经过规定的延时后，撤销制动器松开信号，制动器制动。

【思考与练习】

1. 根据实验条件，认识其他工业机器人控制系统，并画出控制系统连接总图、说明组成部件功能。

2. 条件允许时，进行工业机器人控制系统部件安装和连接实验。

◆ 参考文献 ◆

[1] 龚仲华. 工业机器人从入门到应用 [M]. 北京：机械工业出版社，2016.

[2] 张燕宾. 变频器应用教程. 北京：机械工业出版社，2011.

[3] 刘美俊. 变频器应用与维护技术. 北京：中国电力出版社，2013.

[4] 龚仲华. 工业机器人结构及维护. 北京：化学工业出版社，2017.